计算机"十三五"规划教材

中文版 Illustrator CC 平面设计实例教程

主 编 朴承哲 吕 虹 赵 林
副主编 沈长银 于 玲 魏红伟 龚明明
　　　　杨海峰 李京静

北京希望电子出版社
Beijing Hope Electronic Press
www.bhp.com.cn

内 容 简 介

本书详细介绍了 Illustrator CC 软件的使用方法，以及如何应用 Illustrator CC 进行平面设计与处理，帮助读者快速掌握 Illustrator CC 的平面设计技能。

全书共 12 章，主要包括 Illustrator CC 基础入门、管理图形图像文件、绘制基本图形对象、使用钢笔与路径工具、填充与描边图形对象、调整图形对象的形状、编辑图层与蒙版对象、应用画笔与符号工具、应用特殊的图形效果、应用文本与图表对象、优化与输出打印文件、商业广告效果的设计等。读者学习后可以融会贯通、举一反三，制作出更多专业水准的平面广告效果。

本书既可作为应用型本科院校、职业院校的教材，也可供具备一定 Illustrator 操作技能并希望进一步提高的读者阅读。

图书在版编目（CIP）数据

中文版 Illustrator CC 平面设计实例教程 / 朴承哲，吕虹，赵林主编. -- 北京 : 北京希望电子出版社，2019.7（2023.8 重印）

ISBN 978-7-83002-700-1

Ⅰ. ①中… Ⅱ. ①朴… ②吕… ③赵… Ⅲ. ①平面设计－图形软件－教材 Ⅳ. ①TP391.412

中国版本图书馆 CIP 数据核字（2019）第 127351 号

出版：北京希望电子出版社	封面：赵俊红
地址：北京市海淀区中关村大街 22 号 　　　中科大厦 A 座 10 层	编辑：全　卫
	校对：薛海霞
邮编：100190	开本：787mm×1092mm 1/16
网址：www.bhp.com.cn	印张：16
电话：010-82626270	字数：410 千字
传真：010-62543892	印刷：廊坊市广阳区九洲印刷厂
经销：各地新华书店	版次：2023 年 8 月 1 版 2 次印刷

定价：68.00 元

前 言

　　Illustrator CC 是由 Adobe 公司推出的一款功能强大的矢量图形绘制软件，它集图形制作、文字编辑和高品质输出等功能于一体，现已广泛应用于企业标识设计、版式设计、插画设计、广告设计和包装设计等领域，是目前世界上专业的矢量绘图软件之一，深受广大平面设计者的青睐。

　　为了帮助广大读者快速掌握 Illustrator CC 平面设计技术，我们特别组织专家和一线骨干教师编写了《中文版 Illustrator CC 平面设计实例教程》一书。本书主要具有以下特点。

　　（1）全面介绍 Illustrator CC 的基本功能及实际应用，以各种主要技术为主线，对每种技术中的重点内容进行详细介绍。

　　（2）采用全新的写作手法和写作思路，使读者能够快速掌握软件操作技能，真正成为 Illustrator CC 平面设计的行家里手。

　　（3）以实用为教学出发点，以培养读者实际操作能力为目标，通过手把手地讲解平面图形设计过程中的要点与难点，使读者全面掌握 Illustrator CC 平面设计知识。

　　本书合理安排知识点，运用简练、流畅的语言，结合丰富、实用的实例，由浅入深地对 Illustrator CC 平面图形设计功能进行全面、系统的讲解，让读者在最短的时间内掌握最有用的知识，迅速成为 Illustrator CC 图形设计高手。本书结构安排如下。

　　第 1 章　Illustrator CC 基础入门。通过本章的学习，读者可以掌握 Illustrator CC 软件的安装、卸载、启动与退出；认识 Illustrator CC 工作界面的各组成部分；优化 Illustrator CC 软件的方法。

　　第 2 章　管理图形图像文件。通过本章的学习，读者可以掌握图形文件的基本操作；图形的多种显示方式；使用辅助工具管理图形文件。

　　第 3 章　绘制基本图形对象。通过本章的学习，读者可以掌握绘制直线段、弧线、螺旋线、矩形和正方形、圆角矩形、圆形和椭圆形、多边形以及星形的方法；掌握操作基本图形对象的方法。

　　第 4 章　使用钢笔与路径工具。通过本章的学习，读者可以掌握钢笔工具的绘图技巧；自由绘图工具的使用；编辑锚点与路径对象；图像描摹操作。

　　第 5 章　填充与描边图形对象。通过本章的学习，读者可以掌握填色和描边图形对象；实时上色图形对象；渐变填充图形对象。

　　第 6 章　调整图形对象的形状。通过本章的学习，读者可以掌握图形的缩放与变形处理；使用封套扭曲变形图形；剪切和分割图形对象。

第 7 章　编辑图层与蒙版对象。通过本章的学习，读者可以掌握选择与管理图层；使用混合模式；使用蒙版对象。

第 8 章　应用画笔与符号工具。通过本章的学习，读者可以掌握使用画笔绘制图形；使用符号与符号库。

第 9 章　应用特殊的图形效果。通过本章的学习，读者可以掌握应用常见的图形效果；应用图形样式库特效。

第 10 章　应用文本与图表对象。通过本章的学习，读者可以掌握创建文本对象；设置文本属性；创建与更改图表。

第 11 章　优化与输出打印文件。通过本章的学习，读者可以掌握应用动作批处理文件；优化图像选项；运用切片管理图像；打印与输出图像。

第 12 章　商业广告效果的设计。通过本章的学习，读者可以掌握企业 VI 设计、卡片设计、海报设计以及包装设计的设计方法。

本书由辽宁民族师范高等专科学校的朴承哲、贵州职业技术学院的吕虹和广西电力职业技术学院的赵林担任主编，由昆明幼儿师范高等专科学校的沈长银、河北青年管理干部学院的于玲、张家界航空工业职业技术学院的魏红伟、湖南外国语职业学院的龚明明、北京京北职业技术学院的杨海峰和武威职业学院的李京静担任副主编。本书的相关资料和售后服务可扫封底的微信二维码或登录 www.zzwh.com 下载获得。

由于编者水平有限，书中难免有疏漏或不妥之处，恳请广大师生和读者批评指正。

编 者

目 录

第 1 章　Illustrator CC 基础入门 1

【本章导读】 1
【本章重点】 1
1.1　掌握 Illustrator CC 软件操作 1
　1.1.1　安装 Illustrator CC 软件 1
　1.1.2　卸载 Illustrator CC 软件 4
　1.1.3　启动 Illustrator CC 软件 5
　1.1.4　退出 Illustrator CC 软件 7
1.2　认识 IIlustrator CC 工作界面 8
　1.2.1　认识菜单栏 9
　1.2.2　使用预设工作区 11
　1.2.3　自定义工作区 12
　1.2.4　认识工具面板 14
　1.2.5　熟悉浮动面板 16
　1.2.6　使用控制面板 17
　1.2.7　认识状态栏 18
1.3　优化 Illustrator CC 软件 18
　1.3.1　设置自定义快捷键 18
　1.3.2　设置暂存盘 20
　1.3.3　设置 GPU 性能 21
本章小结 21
课后习题 21

第 2 章　管理图形图像文件 23

【本章导读】 23
【本章重点】 23
2.1　掌握图形文件的基本操作 23
　2.1.1　新建 Illustrator 图形文件 23
　2.1.2　打开 Illustrator 图形文件 26
　2.1.3　置入 Illustrator 图形文件 27

　2.1.4　导出 Illustrator 图形文件 28
　2.1.5　打包 Illustrator 图形文件 29
　2.1.6　还原和恢复图形文件ֹ 31
2.2　图形的多种显示方式 32
　2.2.1　切换图形显示模式 32
　2.2.2　使用"轮廓"显示模式 33
　2.2.3　使用"预览"显示模式 33
　2.2.4　使用"叠印预览"显示模式 34
　2.2.5　使用"像素预览"模式 35
　2.2.6　使用菜单命令缩放图形对象 35
　2.2.7　使用抓手工具查看图形对象 37
2.3　使用辅助工具管理图形文件 38
　2.3.1　使用标尺 38
　2.3.2　使用参考线和智能参考线 39
　2.3.3　使用网格和透明度网格 41
本章小结 42
课后习题 43

第 3 章　绘制基本图形对象 44

【本章导读】 44
【本章重点】 44
3.1　绘制基本图形对象 44
　3.1.1　绘制直线段 44
　3.1.2　绘制弧线 46
　3.1.3　绘制螺旋线 48
　3.1.4　绘制矩形和正方形 50
　3.1.5　绘制圆角矩形 50
　3.1.6　绘制圆形和椭圆形 52
　3.1.7　绘制多边形 52
　3.1.8　绘制星形 54
　3.1.9　绘制矩形网格 54

3.1.10　绘制极坐标网格........................56
　　3.1.11　绘制光晕图形............................57
　3.2　操作基本图形对象............................58
　　3.2.1　选择图形对象..............................58
　　3.2.2　移动图形对象..............................59
　　3.2.3　编组图形对象..............................60
　　3.2.4　排列图形对象..............................61
　　3.2.5　对齐图形对象..............................62
　　3.2.6　复制图形对象..............................64
　　3.2.7　镜像图形对象..............................64
　本章小结..65
　课后习题..65

第 4 章　使用钢笔与路径工具.................66

　【本章导读】..66
　【本章重点】..66
　4.1　钢笔工具的绘图技巧........................66
　　4.1.1　绘制直线路径..............................66
　　4.1.2　绘制曲线路径..............................67
　　4.1.3　绘制转角曲线..............................68
　　4.1.4　绘制闭合路径..............................69
　4.2　自由绘图工具的应用........................70
　　4.2.1　运用铅笔工具绘制图形................71
　　4.2.2　运用平滑工具修饰路径................72
　　4.2.3　运用路径橡皮擦工具修饰图形....72
　　4.2.4　运用剪刀工具剪切路径................74
　4.3　编辑锚点与路径对象........................75
　　4.3.1　选择路径对象..............................75
　　4.3.2　移动锚点对象..............................76
　　4.3.3　转换路径锚点..............................76
　　4.3.4　添加与删除锚点..........................77
　　4.3.5　连接开放路径..............................79
　4.4　图像描摹操作....................................79
　　4.4.1　描摹图像......................................79
　　4.4.2　使用色板描摹图像......................81

　　4.4.3　自定义描摹图像..........................83
　　4.4.4　转换为矢量图形..........................85
　　4.4.5　释放描摹对象..............................86
　本章小结..88
　课后习题..88

第 5 章　填充与描边图形对象.................89

　【本章导读】..89
　【本章重点】..89
　5.1　填色和描边图形对象........................89
　　5.1.1　运用填色工具上色......................89
　　5.1.2　运用描边工具上色......................90
　　5.1.3　运用控制面板上色......................91
　　5.1.4　运用吸管工具上色......................92
　　5.1.5　删除填色和描边..........................93
　5.2　实时上色图形对象............................94
　　5.2.1　运用实时上色工具上色..............94
　　5.2.2　运用实时上色选择工具上色......96
　　5.2.3　运用"色板"面板上色..............97
　　5.2.4　运用"颜色"面板上色..............99
　5.3　渐变填充图形对象..........................101
　　5.3.1　填充渐变颜色............................101
　　5.3.2　编辑渐变颜色............................103
　　5.3.3　编辑线性渐变............................104
　　5.3.4　编辑径向渐变............................105
　　5.3.5　运用渐变网格............................106
　本章小结..107
　课后习题..108

第 6 章　调整图形对象的形状...............109

　【本章导读】..109
　【本章重点】..109
　6.1　图形的缩放与变形处理..................109
　　6.1.1　应用整形工具处理图形............109
　　6.1.2　应用变形工具处理图形............110
　　6.1.3　应用旋转扭曲工具处理图形.....111

6.1.4　应用倾斜工具处理图形 112
　　6.1.5　应用缩拢工具处理图形 113
　　6.1.6　应用膨胀工具处理图形 114
　　6.1.7　应用扇贝工具处理图形 115
　　6.1.8　应用晶格工具处理图形 116
　　6.1.9　应用皱褶工具处理图形 118
　6.2　使用封套扭曲变形图形 119
　　6.2.1　用变形建立封套扭曲 120
　　6.2.2　用网格建立封套扭曲 120
　　6.2.3　用顶层对象建立封套扭曲 122
　　6.2.4　编辑封套内容 123
　　6.2.5　释放封套扭曲 124
　6.3　剪切和分割图形对象 125
　　6.3.1　裁剪图形对象 125
　　6.3.2　擦除图形对象 126
　　6.3.3　分割图形对象 127
　本章小结 128
　课后习题 128

第 7 章　编辑图层与蒙版对象 129

　【本章导读】.. 129
　【本章重点】.. 129
　7.1　选择与管理图层 129
　　7.1.1　图层的创建操作 129
　　7.1.2　图层的排序操作 130
　　7.1.3　图层的显示操作 131
　　7.1.4　图层的锁定操作 132
　　7.1.5　图层的合并操作 133
　　7.1.6　图层的删除操作 134
　7.2　使用混合模式 135
　　7.2.1　变暗与变亮混合模式 135
　　7.2.2　颜色加深与颜色减淡混合模式 ... 136
　　7.2.3　正片叠底与叠加混合模式 137
　　7.2.4　柔光与强光混合模式 138
　　7.2.5　明度与混色混合模式 139

　　7.2.6　色相与饱和度混合模式 140
　　7.2.7　滤色混合模式 140
　7.3　使用蒙版对象 141
　　7.3.1　创建路径蒙版 141
　　7.3.2　创建文字蒙版 142
　　7.3.3　创建不透明蒙版 142
　　7.3.4　创建反相蒙版 144
　　7.3.5　编辑剪切蒙版 145
　　7.3.6　释放蒙版对象 145
　本章小结 146
　课后习题 147

第 8 章　应用画笔与符号工具 148

　【本章导读】.. 148
　【本章重点】.. 148
　8.1　使用画笔绘制图形 148
　　8.1.1　创建画笔 148
　　8.1.2　添加画笔描边 149
　　8.1.3　使用画笔库 150
　　8.1.4　编辑画笔 152
　　8.1.5　使用画笔绘制图形 153
　　8.1.6　修改画笔参数 154
　　8.1.7　修改画笔样本图形 154
　　8.1.8　删除画笔图形对象 156
　　8.1.9　反转描边方向 157
　8.2　使用符号与符号库 158
　　8.2.1　新建符号 158
　　8.2.2　编辑符号 159
　　8.2.3　复制和删除符号 160
　　8.2.4　替换符号 161
　　8.2.5　使用符号库 162
　　8.2.6　用工具喷射符号 163
　本章小结 164
　课后习题 164

第 9 章　应用特殊的图形效果 165

【本章导读】 165
【本章重点】 165
9.1　应用常见的图形效果 165
9.1.1　应用 3D 效果 165
9.1.2　应用 "变形" 效果 166
9.1.3　应用 "扭曲与变换" 效果 167
9.1.4　应用 "路径" 效果 168
9.1.5　应用 "风格化" 效果 169
9.1.6　应用 "像素化" 效果 170
9.1.7　应用 "扭曲" 效果 170
9.1.8　应用 "模糊" 效果 172
9.1.9　应用 "画笔描边" 效果 172
9.1.10　应用 "素描" 效果 174
9.1.11　应用 "纹理" 效果 174
9.1.12　应用 "艺术效果" 效果 175
9.2　应用图形样式库特效 176
9.2.1　应用涂抹效果 176
9.2.2　应用霓虹效果 177
9.2.3　应用图像效果样式 178
9.2.4　应用文字效果样式 179
9.2.5　应用照亮样式效果 180
本章小结 181
课后习题 181

第 10 章　应用文本与图表对象 182

【本章导读】 182
【本章重点】 182
10.1　创建文本对象 182
10.1.1　创建横排文本内容 182
10.1.2　创建直排文本内容 183
10.1.3　创建区域文本内容 185
10.1.4　创建路径文本内容 186
10.1.5　置入其他文本内容 187
10.2　设置文本属性 188

10.2.1　设置文本字距与行距 188
10.2.2　设置文字偏移与旋转 189
10.2.3　转换文本方向 190
10.2.4　填充文本框 191
10.2.5　图文混排操作 191
10.3　创建与更改图表 192
10.3.1　创建柱形图表效果 192
10.3.2　创建条形图表效果 193
10.3.3　创建堆积柱形图表效果 194
10.3.4　更改图表的类型 195
10.3.5　添加图表投影样式 196
本章小结 196
课后习题 197

第 11 章　优化与打印输出文件 198

【本章导读】 198
【本章重点】 198
11.1　使用动作批处理文件 198
11.1.1　创建一个新动作 198
11.1.2　录制需要的动作 200
11.1.3　播放录制的动作 201
11.1.4　批处理图形对象 202
11.2　优化图像选项 203
11.2.1　存储为 Web 所用格式 203
11.2.2　选择最佳的文件格式 204
11.2.3　优化图像的像素尺寸 205
11.2.4　优化颜色表 205
11.3　使用切片管理图像 206
11.3.1　创建一个用户切片 206
11.3.2　选择需要的切片 207
11.3.3　调整切片的大小 207
11.4　打印与输出图像 208
11.4.1　设置打印区域大小 209
11.4.2　预览显示打印颜色条 210
11.4.3　改变打印的方向 211

11.4.4 改变打印输出时的渲染方法 ..212
11.4.5 设置打印分辨率 213
11.4.6 查看打印信息 214
本章小结 215
课后习题 216

第 12 章 商业广告效果的设计实例 217

【本章导读】 217
【本章重点】 217
12.1 VI 设计：制作企业标志 217
　　12.1.1 制作 VI 整体效果 218
　　12.1.2 制作 VI 细节效果 223
12.2 卡片设计：制作会员卡片 226

12.2.1 制作卡片正面效果 226
12.2.2 制作卡片背面效果 230
12.3 海报设计：制作车类广告 234
　　12.3.1 制作广告背景效果 235
　　12.3.2 添加汽车图片广告 236
　　12.3.3 制作广告文字效果 238
12.4 包装设计：制作手提袋包装 240
　　12.4.1 制作包装的平面效果 241
　　12.4.2 制作包装的文字效果 243
　　12.4.3 制作包装的立体效果 244
本章小结 246

第 1 章　Illustrator CC 基础入门

【本章导读】

　　Illustrator 是 Adobe 公司开发的功能强大的工业标准矢量图形制作软件，广泛应用于平面广告设计和网页图形设计领域，功能非常强大，无论对新手还是对专业人士来说，它都能提供所需的工具，从而获得专业的图形质量效果。本章主要介绍 Illustrator CC 软件的基础知识。

【本章重点】

- 掌握 Illustrator CC 软件操作
- 认识 Illustrator CC 工作界面
- 优化 Illustrator CC 软件

1.1　掌握 Illustrator CC 软件操作

　　安装与卸载 Illustrator CC 前，用户应先关闭正在运行的所有应用程序，包括其他 Adobe 应用程序、Microsoft Office 和浏览器窗口等。安装好 Illustrator CC 软件后，用户还要掌握启动与退出 Illustrator CC 软件的方法，熟练掌握软件的基本操作。

1.1.1　安装 Illustrator CC 软件

　　Illustrator CC 是一款大型矢量图形制作软件，同时也是一个大型的工具软件包，建议认真阅读实战中的安装介绍，以便了解软件的安装步骤。下面介绍 Illustrator CC 的安装方法。

步骤 01　进入 Illustrator CC 安装文件夹，选择 Illustrator CC 安装程序，如图 1-1 所示。

步骤 02　在 Illustrator CC 安装程序上单击鼠标右键，在弹出的快捷菜单中选择"打开"选项，如图 1-2 所示。

图 1-1　进入 Illustrator CC 安装文件夹

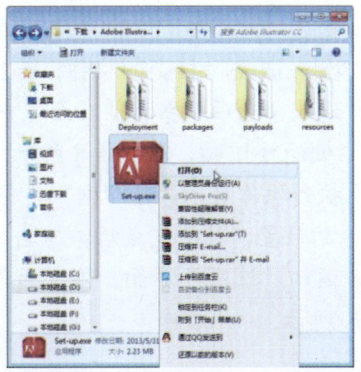

图 1-2　选择"打开"选项

步骤 03 执行操作后,弹出对话框,系统提示正在初始化安装程序,并显示初始化安装进度,如图1-3所示。

步骤 04 待程序初始化完成后,即可进入"欢迎"界面,在左下方单击"试用"按钮,如图1-4所示。

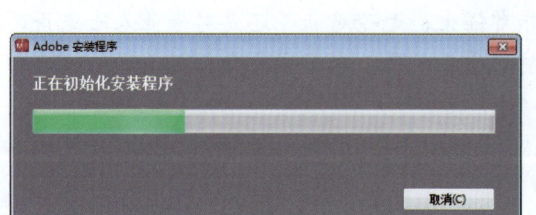

图 1-3 显示初始化安装进度　　　　　　图 1-4 单击"试用"按钮

步骤 05 执行操作后,进入"需要登录"界面,单击"登录"按钮,如图1-5所示。

步骤 06 此时,界面中提示无法连接到Internet,单击界面右下方的"以后登录"按钮,如图1-6所示。(在此,需要注意的是,安装前将网络断开)

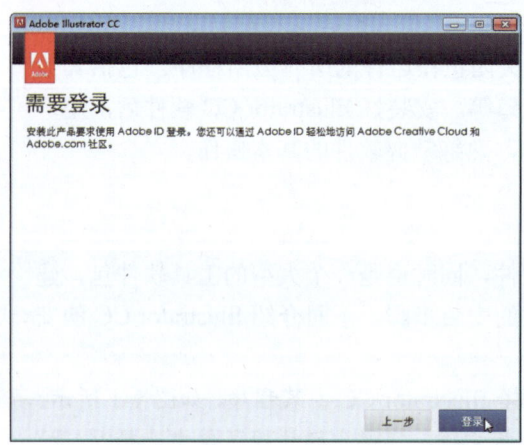 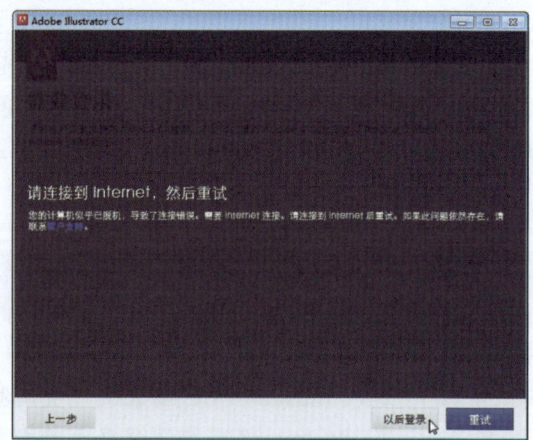

图 1-5 单击"登录"按钮　　　　　　图 1-6 单击"以后登录"按钮

步骤 07 稍后进入"Adobe 软件许可协议"界面,请用户仔细阅读许可协议条款的内容,单击"接受"按钮,如图1-7所示。

步骤 08 进入"选项"界面,在面板中选中需要安装的软件复选框,单击"位置"右侧的按钮,如图1-8所示。

步骤 09 执行操作后,弹出"浏览文件夹"对话框,选择Illustrator CC 软件需要安装的位置,设置完成后,单击"确定"按钮,如图1-9所示。

步骤 10 返回"选项"界面,在"位置"显示了刚设置的软件安装位置,如图 1-10 所示。

第 1 章　Illustrator CC 基础入门

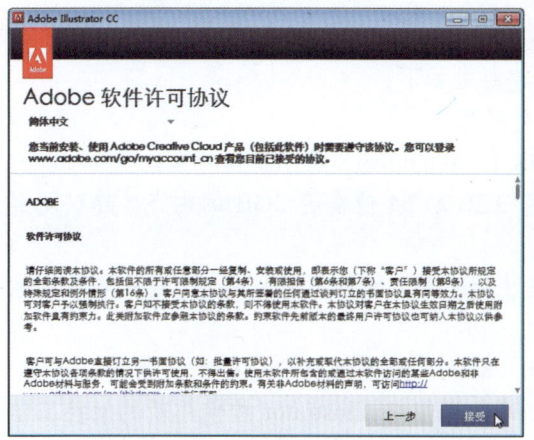

图 1-7　单击"接受"按钮　　　　图 1-8　单击"位置"右侧的按钮

图 1-9　单击"确定"按钮　　　　图 1-10　显示软件安装位置

步骤 11　单击"安装"按钮，开始安装 Illustrator CC 软件，显示安装进度，如图 1-11 所示。

步骤 12　稍等片刻，待软件安装完成后，进入"安装完成"界面，单击"关闭"按钮，如图 1-12 所示，即可完成 Illustrator CC 软件的安装操作。

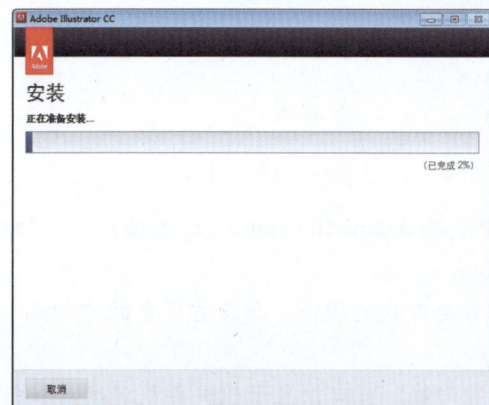

图 1-11　显示软件安装进度　　　　图 1-12　单击"关闭"按钮

> ▶ 专家指点
>
> 在 Windows 系统中，Illustrator CC 的安装要求如下。
> （1）Intel Pentium 4 或 AMD Athlon 64 处理器。
> （2）Microsoft Windows 7 含 Service Pack 1、Windows 8 或 Windows 8.1。
> （3）32 位需要 1GB 的内存（建议使用 3GB）；64 位需要 2GB 的内存（建议使用 8GB）。
> （4）2GB 的可用硬盘空间进行安装，安装期间需要额外可用空间（无法安装在可抽换快闪储存装置上）。
> （5）1024×768 显示器（建议使用 1280×800）。若要以 HiDPI 模式检视 Illustrator，用户的屏幕必须支持 1920×1080 以上的分辨率。若要在 Illustrator 中使用新的触控工作区，用户必须使用执行 Windows 8.1 且有触控屏幕的平板计算机/屏幕。
> （6）必须能够宽带网络连接并完成注册，才能激活软件、验证会员资格并获得在线服务。

1.1.2 卸载 Illustrator CC 软件

当用户不需要再使用 Illustrator CC 软件时，可以将 Illustrator CC 进行卸载操作，以提高电脑的运行速度。下面介绍卸载 Illustrator CC 的操作方法。

步骤 01 打开 Windows 菜单，单击"控制面板"命令，如图 1-13 所示。

步骤 02 打开"控制面板"窗口，单击"程序和功能"图标，如图 1-14 所示。

图 1-13 单击"控制面板"命令

图 1-14 单击"程序和功能"图标

步骤 03 在弹出的"卸载或更改程序"窗口中选择 Adobe Illustrator CC 选项，单击"卸载"按钮，如图 1-15 所示。

步骤 04 在弹出的"卸载选项"窗口中选中需要卸载的软件，单击右下角的"卸载"按钮，如图 1-16 所示。

步骤 05 执行操作后，系统开始卸载，进入"卸载"窗口，显示软件卸载进度，如图 1-17 所示。

第 1 章　Illustrator CC 基础入门

步骤 06　稍等片刻，弹出相应窗口，单击右下角的"关闭"按钮，如图 1-18 所示，即可完成软件卸载。

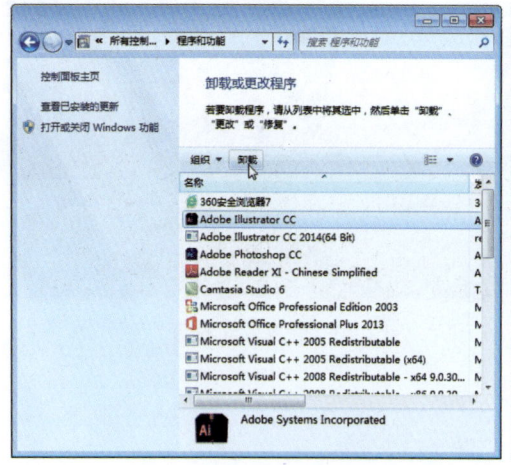

图 1-15　单击"卸载"按钮

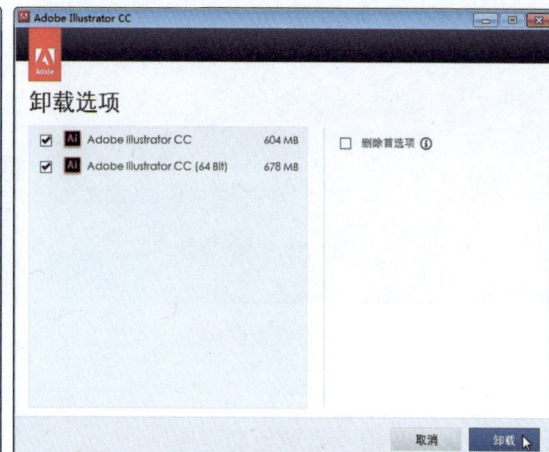

图 1-16　单击"卸载"选项

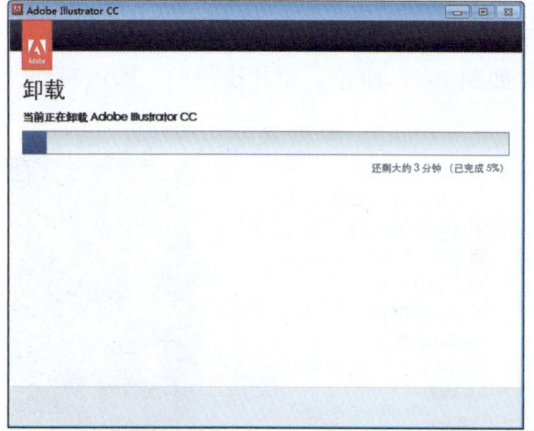

图 1-17　显示卸载进度

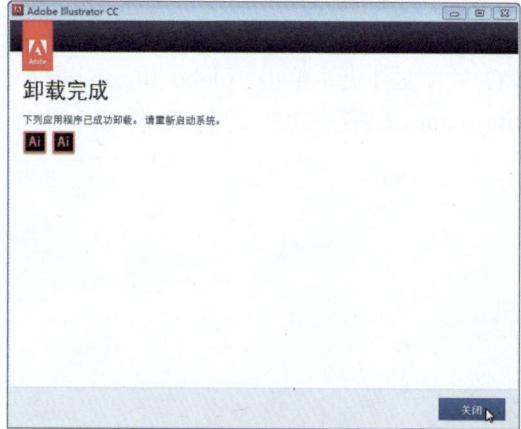

图 1-18　单击"关闭"按钮

1.1.3　启动 Illustrator CC 软件

Illustrator CC 安装至计算机之后，接下来详细介绍启动 Illustrator CC 的操作方法，主要包括 3 种：从桌面图标启动、从"开始"菜单启动和通过 AI 格式的 Illustrator CC 源文件来启动软件。

1. 从桌面图标启动程序

在使用 Illustrator CC 之前，首先需要启动软件程序。下面介绍启动 Illustrator CC 软件的操作方法。

移动鼠标指针至桌面上的 Illustrator CC 快捷图标 上，双击鼠标左键，如图 1-19 所示。执行操作后，弹出 Illustrator 启动界面，显示程序启动信息，如图 1-20 所示。

中文版 Illustrator CC 平面设计实例教程

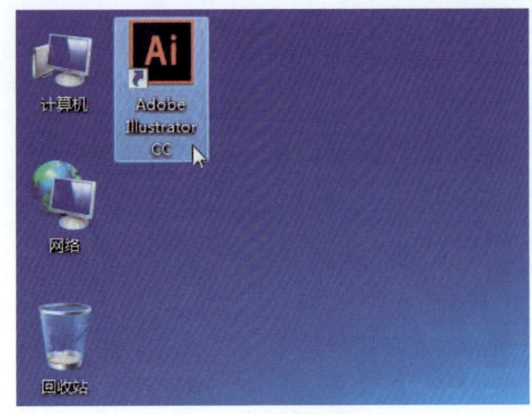

图 1-19　双击桌面图标　　　　　　　图 1-20　进入启动界面

2．从"开始"菜单启动程序

当 Illustrator CC 成功安装之后，该软件的程序会存在于计算机的"开始"菜单中，此时用户可以通过"开始"菜单来启动 Illustrator CC。

在 Windows 桌面上，单击"开始"菜单，如图 1-21 所示；在弹出的菜单中找到 Illustrator CC 软件文件夹，单击 Adobe Illustrator CC，如图 1-22 所示。执行操作后，即可启动 Illustrator CC 应用软件，进入软件工作界面。

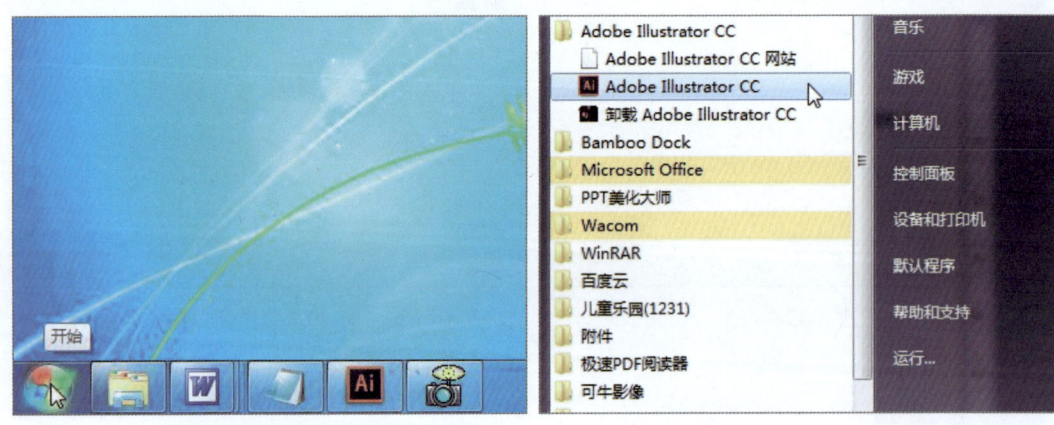

图 1-21　单击"开始"菜单　　　　　　　图 1-22　启动 Illustrator CC

3．从 AI 文件启动程序

AI 格式是 Illustrator CC 软件存储时的源文件格式，在该源文件上双击鼠标左键，或单击鼠标右键，选择"打开"选项，都可以快速启动 Illustrator CC 应用软件。

在选择需要打开的项目文件，双击鼠标左键，如图 1-23 所示。执行操作后，即可启动 Illustrator CC，进入 Illustrator CC 工作界面，如图 1-24 所示。

第 1 章　Illustrator CC 基础入门

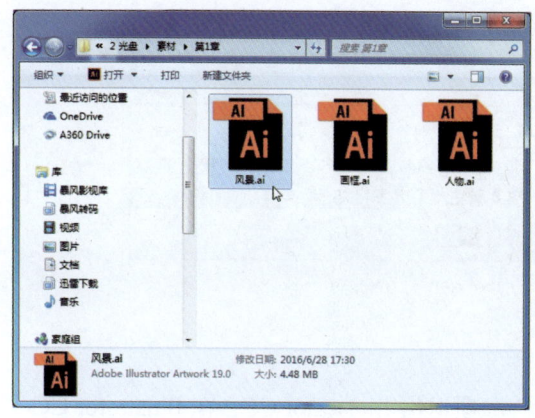

图 1-23　双击项目文件

图 1-24　进入工作界面

1.1.4　退出 Illustrator CC 软件

在 Illustrator CC 完成绘图之后，若用户不再需要该程序，就可以采用以下方法退出程序。

1．使用"退出"命令退出程序

在 Illustrator CC 中，使用"文件"菜单下的"退出"命令，可以退出 Illustrator CC。进入 Illustrator CC 的工作界面后，单击"文件"→"退出"命令，如图 1-25 所示。若在工作界面中进行了部分操作，在退出该软件时，将弹出信息提示框（如图 1-26 所示），单击"是"按钮，将保存文件；单击"否"按钮，将不保存文件；单击"取消"按钮，将不退出 Illustrator CC。

图 1-25　单击"退出"命令

图 1-26　弹出信息提示框

2．使用"关闭"按钮退出程序

用户编辑完文件后，一般都会采用"关闭"按钮的方法退出 Illustrator CC，该方法是最简单、最方便的。

单击 Illustrator CC 应用程序窗口右上角的"关闭"按钮，如图 1-27 所示，执行操作后，即可快速退出 Illustrator CC。

图 1-27 单击"关闭"按钮

3．使用"关闭"选项退出程序

在 Illustrator CC 中，用户可以使用"关闭"选项退出 Illustrator CC。在 Illustrator CC 工作界面左上角的程序图标上 Ai，单击鼠标左键，即可弹出列表框，在其中选择"关闭"选项，如图 1-28 所示，也可以快速退出 Illustrator。

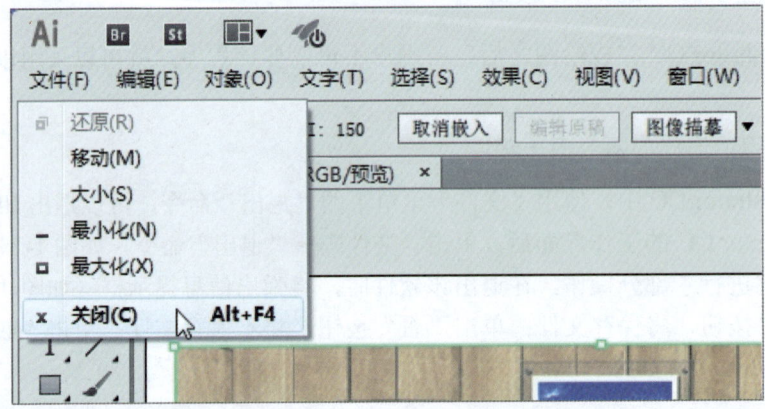

图 1-28 选择"关闭"选项

1.2　认识 Illustrator CC 工作界面

Illustrator CC 的工作界面典雅而实用，工具的选取、面板的访问、工作区的切换等都十分方便。不仅如此，用户还可以自定义工具面板，调整工作界面的亮度，以便凸显图稿。诸多设计的改进，为用户提供了更加流畅和高效的编辑体验。本节主要介绍 Illustrator CC 工作界面的相关知识和界面操作技巧。

运行 Illustrator CC 后，单击"文件"|"打开"命令，打开一个文件，如图 1-29 所示。可以看到，Illustrator CC 的工作界面由标题栏、菜单栏、控制面板、状态栏、文档窗口、面板和工具面板等组成。

第 1 章　Illustrator CC 基础入门

图 1-29　Illustrator CC 的工作界面

- **标题栏**：在此可以设置文档排列方式、GPU 性能、工作区等选项。当文档窗口以最大化显示时，以上项目将显示在程序窗口的菜单栏中。
- **菜单栏**：菜单栏包含可以执行的各种命令，单击菜单名称即可打开相应的菜单。
- **控制面板**：显示了与当前所选工具有关的选项。
- **工具面板**：工具面板包含用于创建和编辑图像、图稿和页面元素的各种操作工具。
- **状态栏**：状态栏显示打开文档的大小、尺寸、当前工具和窗口缩放比例等信息。
- **文档窗口**：文档窗口是用于编辑和显示图稿的区域。
- **面板**：面板用来帮助用户编辑图像，设置编辑内容和设置颜色属性。

▶ 专家指点

　　在启动 Illustrator CC 后，默认状态下，工具面板是嵌入在屏幕左侧的，用户可以根据需要拖动到任意位置。工具面板提供了大量具有强大功能的工具，如绘制路径、编辑路径、制作图表、添加符号等都可以通过工具面板来实现，熟练地运用这些工具，可制作出许多精致的设计作品。

1.2.1　认识菜单栏

　　菜单栏位于 Illustrator CC 工作界面中的顶部，为了方便用户使用，Illustrator CC 将各命令按照其所管理的操作类型进行排列划分，如图 1-30 所示。

图 1-30　菜单栏

菜单栏中的各项命令及其功能如下。

- **文件**：基本的文件操作命令，包括文件的新建、打开、保存、关闭等。
- **编辑**：包括对象的复制、剪贴等基本的对象编辑命令。
- **对象**：针对对象进行的操作，包括变换、路径、混合等命令。

> **文字**：有关文本的操作命令，包括字体、字号、段落等。
> **选择**：有效确定选取范围。
> **效果**：可以将对象进行扭曲，以及添加阴影、光照等效果。
> **视图**：一些辅助绘图的命令，包括显示模式、标尺、参考线等。
> **窗口**：控制工具面板和所有浮动面板的显示和隐藏。
> **帮助**：有关 Illustrator CC 的帮助和版本信息。

下面介绍菜单栏的常用操作方法。

步骤 01 在 Illustrator CC 中，单击一个菜单即可打开菜单，如单击"编辑"命令，如图 1-31 所示。

步骤 02 菜单中带有黑色三角标记的命令表示包含下一级的子菜单，如"编辑颜色"子菜单，如图 1-32 所示。

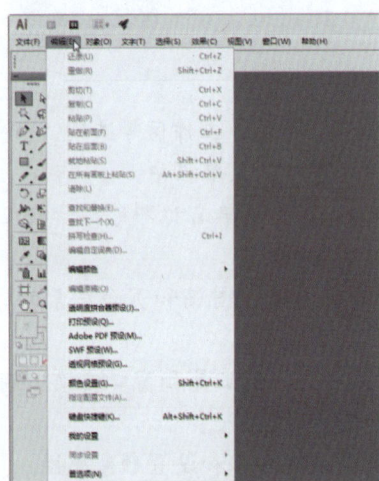
图 1-31　打开菜单

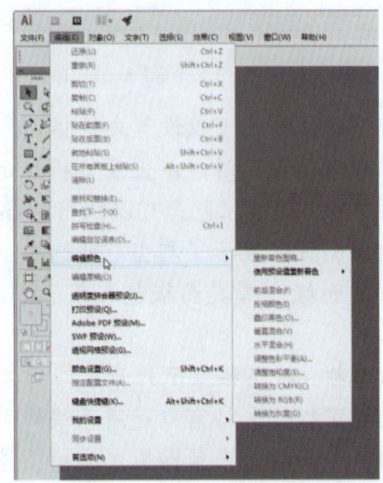
图 1-32　打开子菜单

步骤 03 在菜单栏中，命令名称右侧带"..."状符号的，表示执行该命令时会弹出一个对话框，如单击"文件"|"新建"命令，即可弹出"新建文档"对话框，如图 1-33 所示。

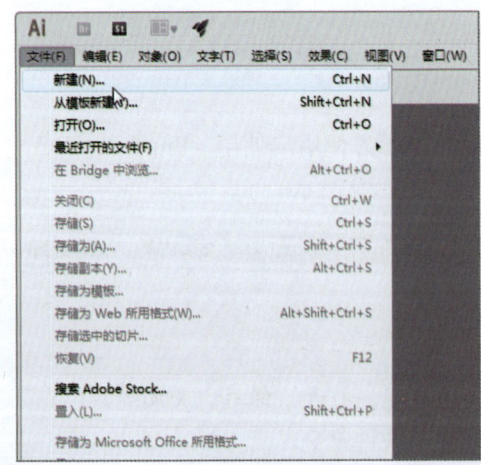
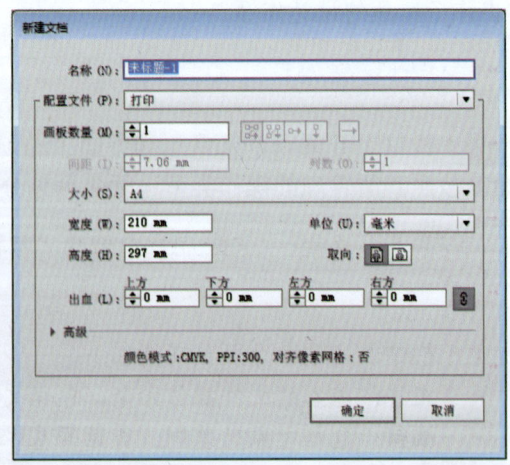

图 1-33　执行相应的菜单命令

第 1 章　Illustrator CC 基础入门

> ▶ 专家指点
>
> 用户在使用菜单命令时，注意以下几点。
> （1）菜单命令呈灰色时，表示该命令在当前状态下不可使用。
> （2）菜单命令后标有黑色小三角按钮符号，表示该菜单命令中还有下级子菜单。
> （3）菜单命令后标有快捷键，表示按该快捷键，即可执行该项命令。
> （4）菜单命令后标有省略符号，表示选择该菜单命令，将会打开一个对话框。

1.2.2　使用预设工作区

　　Illustrator CC 为用户提供了适合不同任务的预设工作区，用户可以更好地利用和编排它。在"窗口"|"工作区"菜单命令中，包含了 Illustrator CC 提供的预设工作区，它们是专门为简化某些任务而设计的。下面介绍选择预设工作区的操作方法。

步骤 01　打开素材图像（素材\第1章\天空素材.ai），如图 1-34 所示。

步骤 02　单击"窗口"|"工作区"|"自动"命令，如图 1-35 所示。

图 1-34　打开素材图像

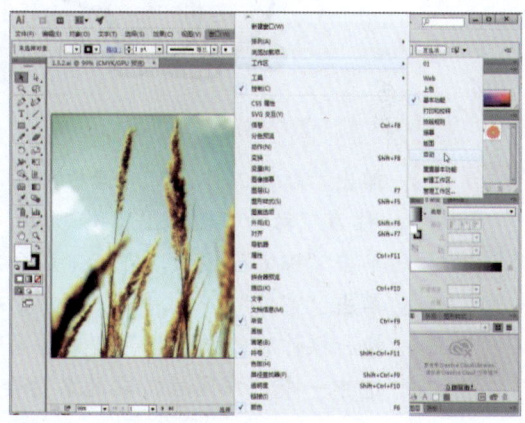
图 1-35　单击"自动"命令

步骤 03　执行操作后，即可使用"自动"工作区模式，如图 1-36 所示。

图 1-36　"自动"工作区模式

1.2.3 自定义工作区

用户创建自定义工作区时可以将经常使用的面板组合在一起，简化工作界面，从而提高工作的效率。下面介绍设置自定义工作区的操作方法。

步骤 01 打开素材图形（素材\第1章\可爱小猫.ai），如图1-37所示。

步骤 02 单击"窗口"|"工作区"|"新建工作区"命令，如图1-38所示。

图1-37 打开素材图形

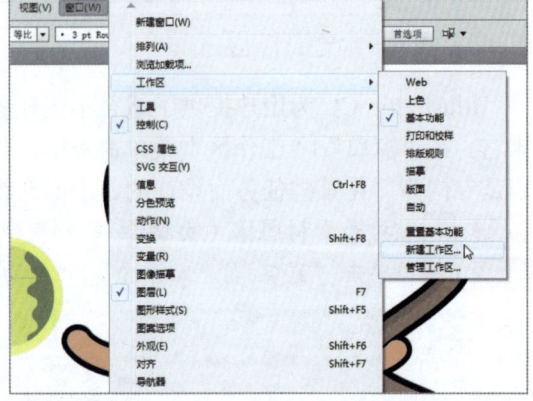
图1-38 单击"新建工作区"命令

步骤 03 弹出"新建工作区"对话框，在"名称"右侧的文本框中，设置工作区的名称为"动物"，如图1-39所示。

步骤 04 单击"确定"按钮，即可完成自定义工作区的创建，如图1-40所示。

步骤 05 单击"窗口"|"工作区"|"管理工作区"命令，如图1-41所示。

步骤 06 执行操作后，弹出"管理工作区"对话框，如图1-42所示。

步骤 07 选中一个工作区后，它的名称会显示在对话框下面的文本框中，如图1-43所示。

步骤 08 此时可在文本框中修改名称，如图1-44所示。

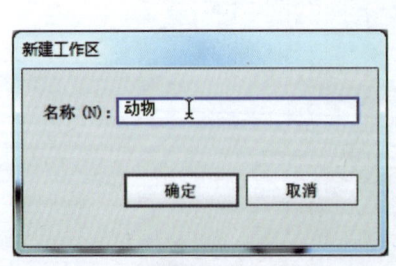
图1-39 设置工作区名称

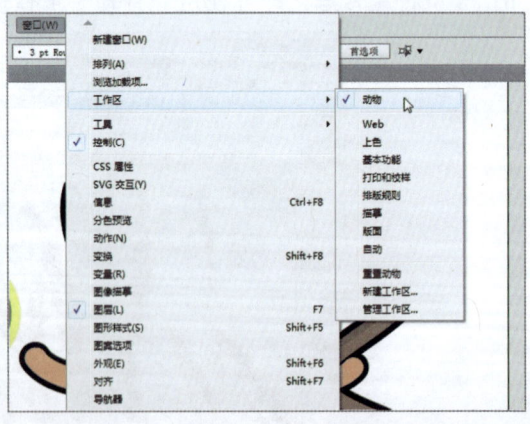
图1-40 创建自定义工作区

第 1 章　Illustrator CC 基础入门

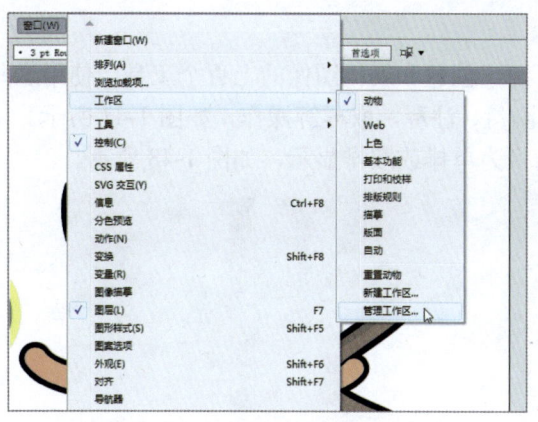

图 1-41　单击"管理工作区"命令

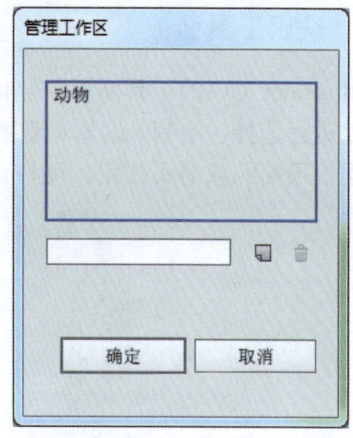

图 1-42　"管理工作区"对话框

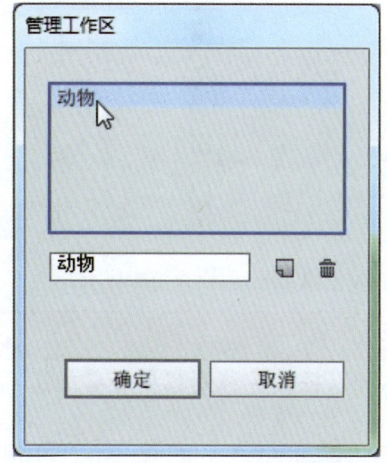

图 1-43　选中一个工作区

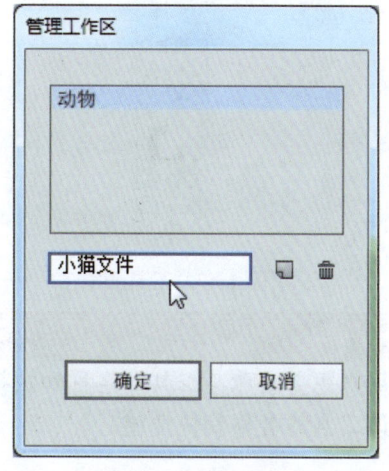

图 1-44　修改名称

步骤 09　单击"新建工作区"按钮,可以新建一个工作区,如图 1-45 所示。

步骤 10　选择"小猫文件"工作区,单击"删除工作区"按钮,即可删除所选择的工作区,如图 1-46 所示。

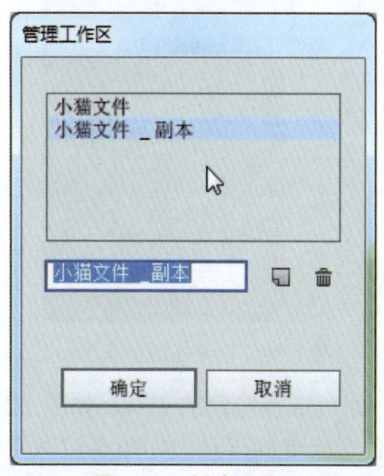

图 1-45　新建工作区

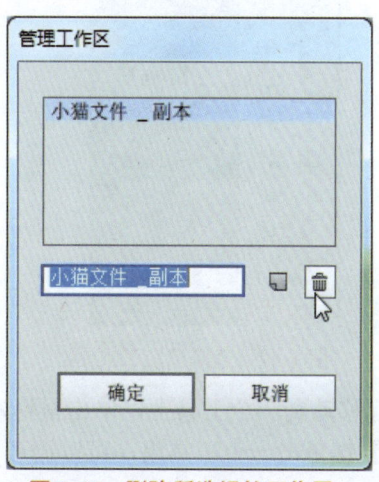

图 1-46　删除所选择的工作区

1.2.4 认识工具面板

Illustrator CC 的工具面板中包括了用于创建和编辑图像的上百个工具，使用这些工具可以进行选择、绘制、编辑、观察、测量、注释、取样等操作，如图 1-47 所示。单击工具面板顶部的双箭头按钮，可将其切换为单排或双排显示，如图 1-48 所示。

图 1-47　工具面板　　　　　　图 1-48　切换为单排显示

> ▶ 专家指点
>
> 如果用户想要查看某工具的名称和快捷键，可以将鼠标移到想要查看的工具上，系统自动显示该工具的名称和快捷键。

单击一个工具，即可选择该工具，如图 1-49 所示。如果工具右下角有三角形图标，表示这是一个工具组，在这样的工具上单击右键可以显示隐藏的工具，如图 1-50 所示。

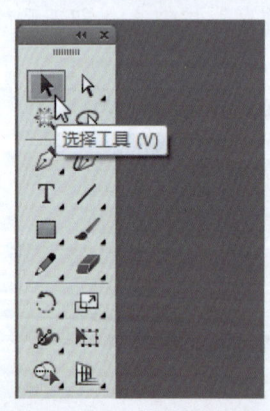
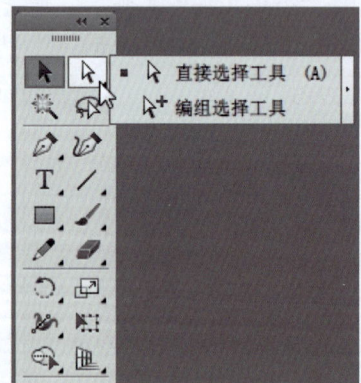

图 1-49　选择相应工具　　　　　图 1-50　显示隐藏的工具

将光标移动到一个工具上，单击鼠标左键，即可选择隐藏的工具，如图 1-51 所示。按住【Alt】键单击一个工具组，可以循环切换各个隐藏的工具，如图 1-52 所示。

第 1 章 Illustrator CC 基础入门

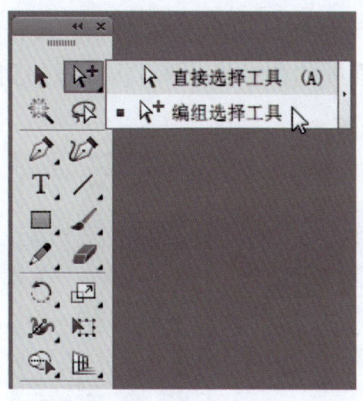
图 1-51 选择隐藏的工具

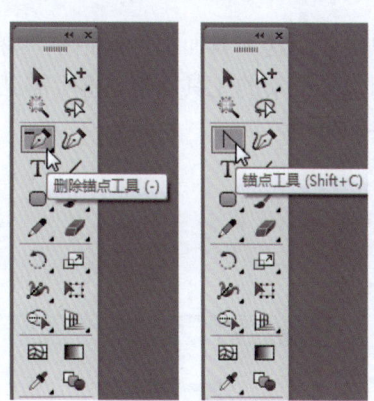
图 1-52 循环切换各个隐藏的工具

展开工具组，将鼠标指针移至工具组最右侧的按钮上，单击鼠标左键，即可将该工具组与工具面板分开，显示隐藏的工具，如图 1-53 所示。

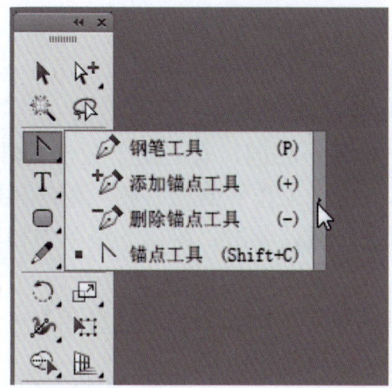

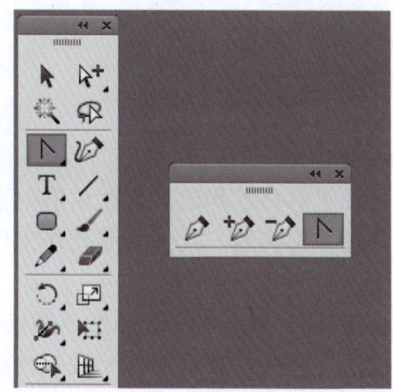

图 1-53 弹出独立的工具面板

将鼠标指针放在面板的标题栏上，单击并向工具面板边界处拖拽，即可将其与工具面板摆放在一起，如图 1-54 所示。如果经常使用某些工具，可以将它们整合到一个新的工具面板中，以方便使用。单击"窗口"|"工具"|"新建工具面板"命令，如图 1-55 所示。

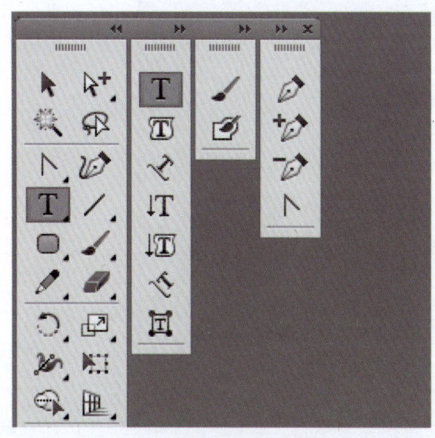
图 1-54 组合工具面板

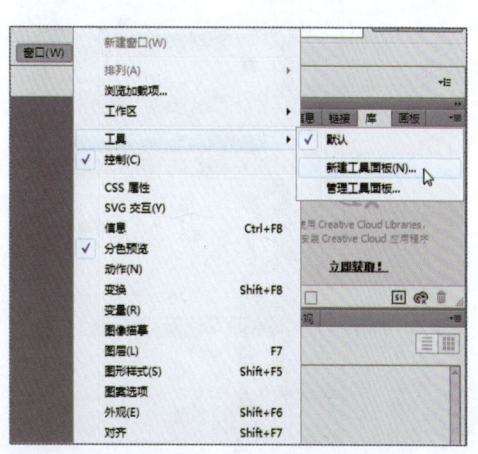
图 1-55 单击"新建工具面板"命令

弹出"新建工具面板"对话框，单击"确定"按钮，如图1-56所示。执行操作后，即可创建一个新的工具面板，将所需工具拖入该面板的加号处，即可将其添加到面板中，如图1-57所示。

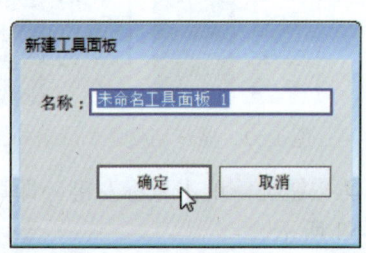

图1-56 "新建工具面板"对话框

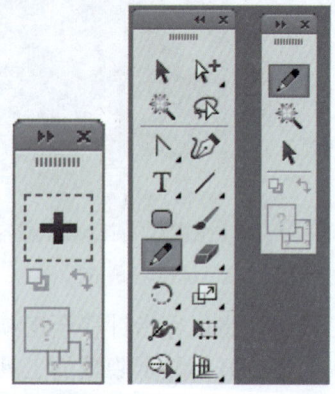

图1-57 新建工具面板

1.2.5 熟悉浮动面板

Illustrator CC提供了30多个面板，它们的功能各不相同，有的用于配合编辑图稿，有的用于设置工具参数和选项。默认情况下，面板位于工作界面的右侧，用户可以通过按住鼠标左键并拖拽的方式使其浮动在工作界面中，通过单击"窗口"菜单中相应的面板命令，可以显示或隐藏面板。

- 按【Tab】键，可隐藏或显示面板、工具面板和控制面板；按【Shift】+【Tab】键，可隐藏或显示工具面板和控制面板以外的其他面板。
- 若要将隐藏的工具面板或面板暂时显示，只需将鼠标指针移至应用程序窗口边缘，将鼠标指针悬停在出现的条带上，工具面板或面板组将自动弹出。

下面介绍浮动面板的一些常用操作方法。默认情况下，面板位于工作界面的右侧，单击面板右上角的"折叠为图标"按钮，可以将面板折叠成图标状，如图1-58所示。

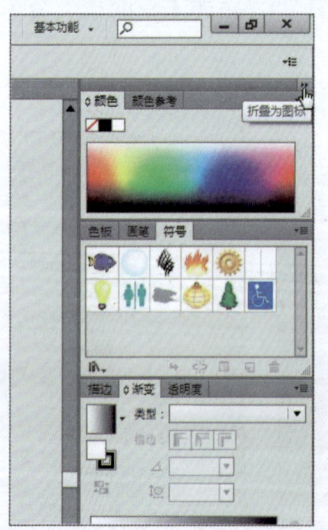
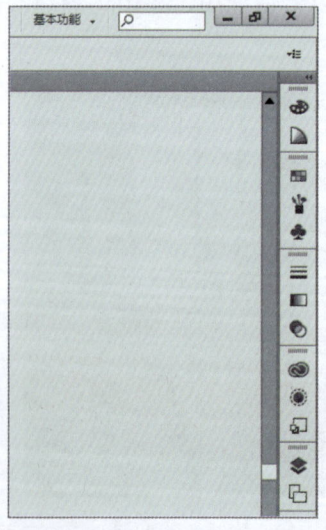

图1-58 将面板折叠成图标状

单击一个图标面板，即可展开相关面板，如图1-59所示。在面板组中，上下左右拖拽面板的名称可以重新组合面板，如选择"符号"面板并向上拖拽，至合适位置后，显示蓝色虚框，释放鼠标左键，即可组合面板，如图1-60所示。

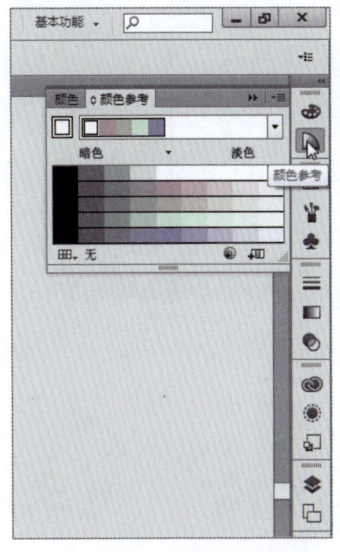

图1-59 展开相关面板

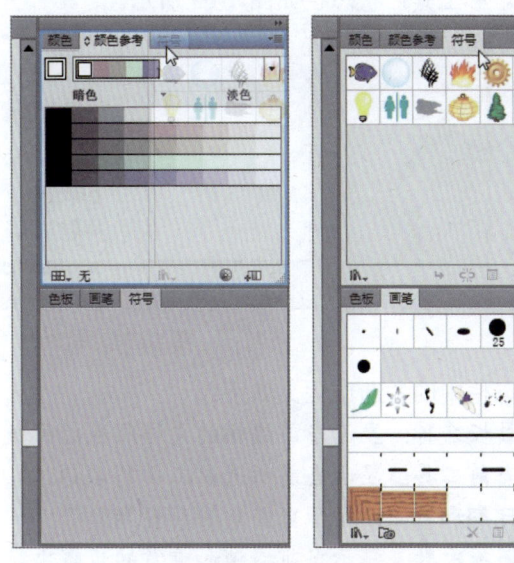

图1-60 重新组合面板

1.2.6 使用控制面板

控制面板的功能使用非常广，如用户在使用工具面板中的矩形工具制作图形时，可在控制面板中设置所要绘制图形的填充颜色、描边的粗细，以及画笔笔触等相关属性，如图1-61所示。

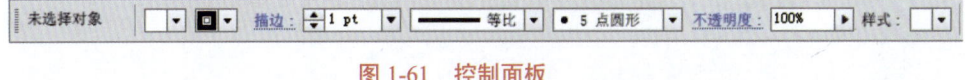

图1-61 控制面板

另外，用户在使用选择工具在图形窗口中选择某一图形时，该图形的填色、描边、描边粗细、画笔笔触等属性也将显示在控制面板中的相关选项中，并且还可以使用控制面板对选择的图形进行修改，如图1-62所示。

图1-62 使用控制面板对选择的图形进行修改

1.2.7 认识状态栏

状态栏包括图像编辑窗口最下方的显示比例（如 100%）和工作信息，若用户当前选取的是矩形工具，状态栏如图 1-63 所示。

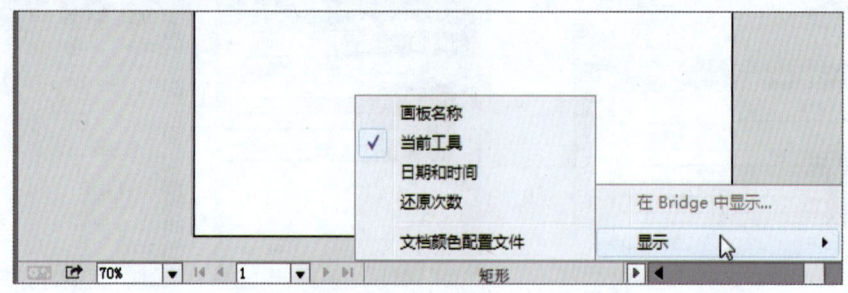

图 1-63　状态栏

该状态栏中的各选项含义如下：
- **画板名称**：显示当前编辑的文档所在的画板的名称。
- **当前工具**：显示当前所选取工具的名称。
- **日期和时间**：显示当前时间和日期。
- **还原次数**：显示当前撤销和重做的步骤次数。
- **文档颜色配置文件**：显示当前文档的颜色模式。

从上图中可以看出，当前文档的显示比例为 70%。用户可单击其右侧的下拉按钮，在弹出的下拉选项中选择需要的显示比例，或直接输入数值，以更改显示比例。

1.3　优化 Illustrator CC 软件

在前面的章节中，对 Illustrator CC 软件的工作界面等内容进行了详细的讲解，用户可能觉得其界面并不是自己所理想的那种界面，别着急，在 Illustrator CC 中，允许用户重新定制工作环境，按自己的意愿修改软件的默认参数，对软件进行优化设置。

1.3.1 设置自定义快捷键

在实际的绘图工作中，灵活运用快捷键可以大大提高工作效率。在 Illustrator CC 中，除了系统默认的快捷键外，用户还可以按照自己的习惯和需要设置相应的快捷键。

步骤 01　新建一个空白文档后，单击"编辑"|"键盘快捷键"命令，如图 1-64 所示。
步骤 02　执行操作后，弹出"键盘快捷键"对话框，如图 1-65 所示。
步骤 03　在直接选择工具 的快捷键字母 A 上，单击鼠标左键使其处于编辑状态，如图 1-66 所示。
步骤 04　输入需要设置的快捷键（如 O）即可，如图 1-67 所示。

第 1 章　Illustrator CC 基础入门

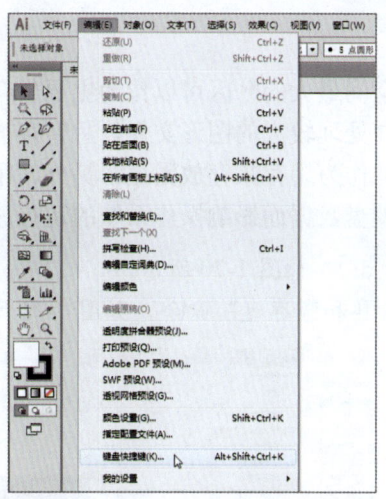

图 1-64　单击"键盘快捷键"命令

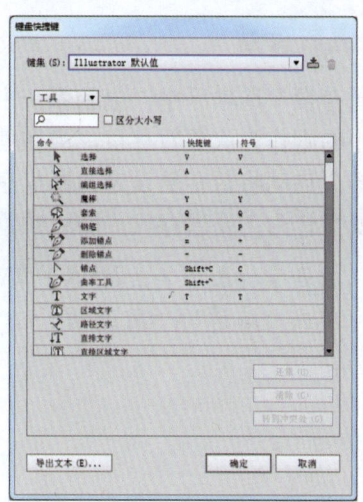

图 1-65　"键盘快捷键"对话框

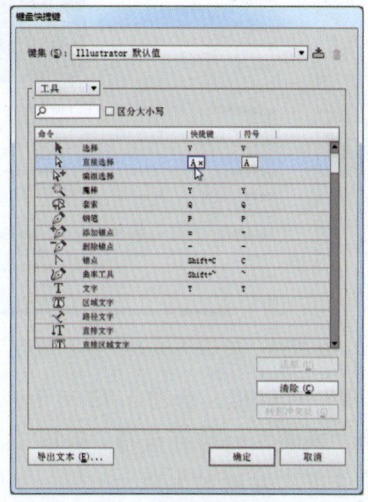

图 1-66　编辑状态

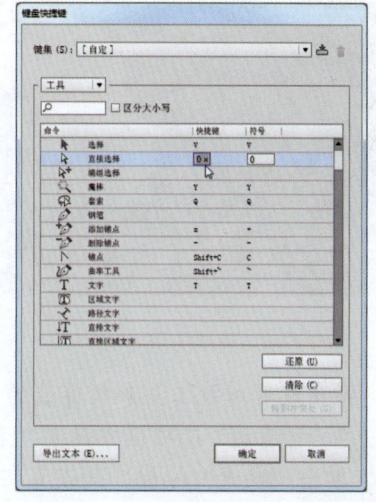

图 1-67　输入需要设置的快捷键

步骤 05　单击"确定"按钮，弹出"存储键集文件"对话框，设置"名称"为常用工具，如图 1-68 所示。

步骤 06　单击"确定"按钮，即可修改选择工具的键盘快捷键，如图 1-69 所示。

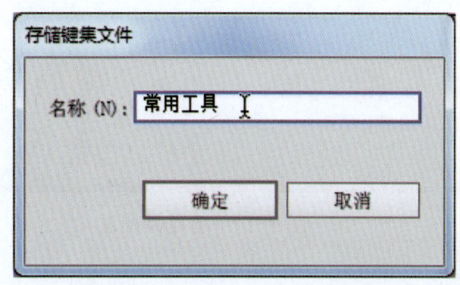

图 1-68　"存储键集文件"对话框

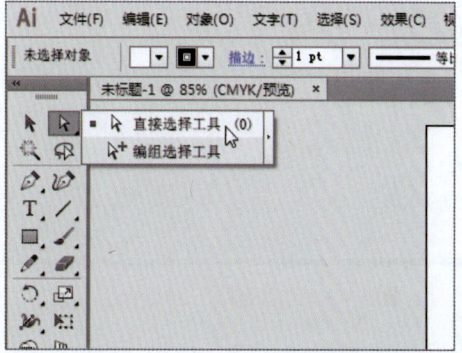

图 1-69　修改键盘快捷键

1.3.2 设置暂存盘

在"暂存盘"选项区中,电脑系统中磁盘空间最大的分区可以作为主要暂存盘,磁盘空间较小的则作为次要暂存盘,当在使用软件处理较大的图形文件,且暂存盘空间已满时,系统会自动将暂存盘设定为磁盘空间,并作为缓存来存放数据。另外,用户最好不要将系统盘作为主要暂存盘,防止频繁读写硬盘数据而影响操作系统的运行速度。

步骤 01 打开素材图形(素材\第 1 章\会员卡.ai),如图 1-70 所示。

步骤 02 单击"编辑"|"首选项"|"增效工具和暂存盘"命令,如图 1-71 所示。

图 1-70　素材图像　　　　　　　图 1-71　单击"增效工具和暂存盘"命令

步骤 03 弹出设置增效工具和暂存盘的"首选项"对话框,如图 1-72 所示。

步骤 04 在"暂存盘"选项区中设置"主要"和"次要"的暂存盘符,如图 1-73 所示,单击"确定"按钮,此设置将在该软件下次启动时生效。

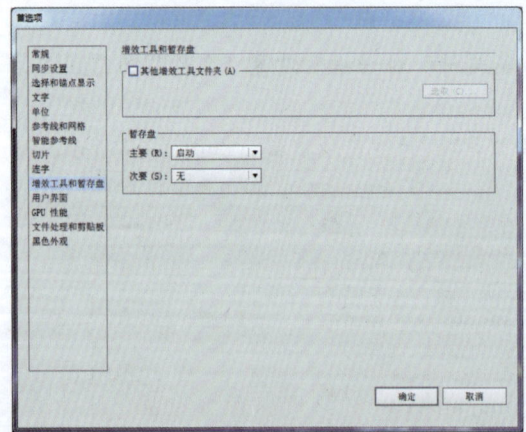
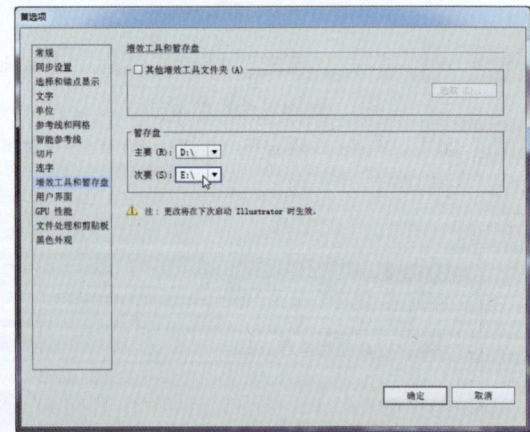

图 1-72　"首选项"对话框　　　　　　　图 1-73　设置暂存盘

1.3.3 设置 GPU 性能

在 Illustrator CC 中，用户可以根据需要设置"首选项"对话框中的相关工作环境参数，以提高绘制图形和编辑操作的工作效率。

单击"编辑"|"首选项"|"GPU 性能"命令，如图 1-74 所示，弹出 GPU 性能的"首选项"对话框，选中"增强细线"复选框，如图 1-75 所示，单击"确定"按钮即可保存修改。

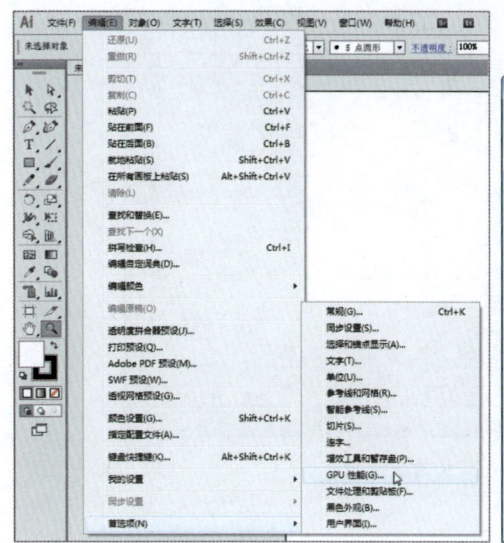

图 1-74　单击"GPU 性能"命令

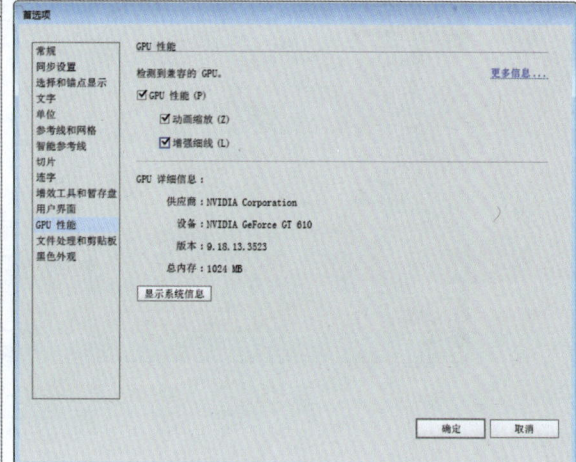

图 1-75　选中"增强细线"复选框

本章小结

本章主要学习了 Illustrator CC 的基础内容，首先介绍了 Illustrator CC 软件的基本操作，主要包括安装、卸载、启动与退出 Illustrator CC 软件；然后介绍了 Illustrator CC 的工作界面，讲解了软件的各个组成部分以及相关功能的使用；最后介绍了优化 Illustrator CC 软件的方法，主要包括设置自定义快捷键、设置暂存盘以及设置 GPU 性能等内容。

通过本章的学习，可以让用户在设计矢量图形的过程中，更加灵活地使用 Illustrator CC 软件以及工作界面中的各项功能，提高用户的矢量图形设计效率。

课后习题

鉴于本章知识的重要性，为了帮助读者更好地掌握所学知识，本节将通过上机习题，帮助读者进行知识回顾和巩固。

（1）练习安装与启动 Illustrator CC 软件的方法。

（2）熟练掌握 Illustrator CC 工作界面的各个组成部分，并尝试重新组合界面中的面板。

（3）为自己常用的工具指定快捷键，如给星形工具指定数字 9 为快捷键，如图 1-76 所示。

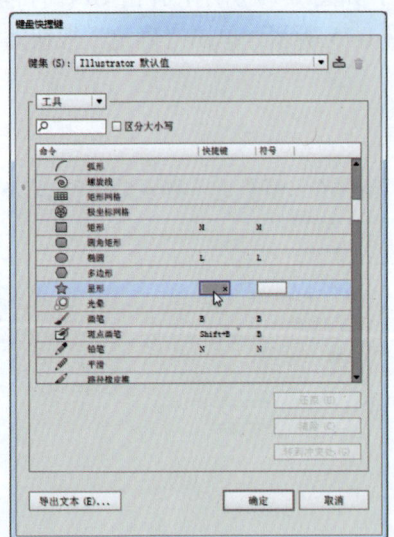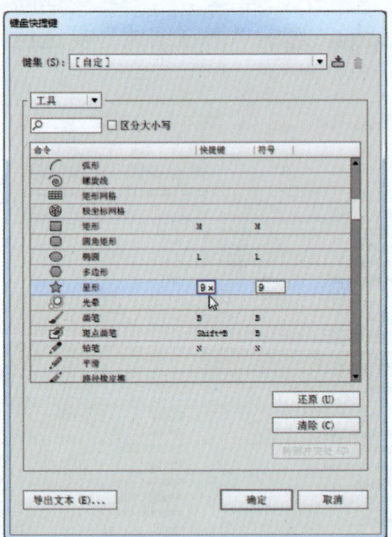

图 1-76　给星形工具指定数字 9 为快捷键

第 2 章 管理图形图像文件

【本章导读】

本章主要介绍管理图形图像文件的操作方法。在 Illustrator 中，用户可以从一个全新的空白文档开始创作，也可以使用 Illustrator 提供的现成模板，为创作节省时间，提高工作效率。虽然都是 Illustrator 入门的基本知识，但都是通过实例说明，因为动手实践才是学习 Illustrator 的最佳途径。

【本章重点】

- 掌握图形文件的基本操作
- 掌握图形的多种显示方式
- 使用辅助工具管理图形文件

2.1 掌握图形文件的基本操作

本节主要介绍图形文件的基本操作方法，如新建图形文件、打开图形文件、置入图形文件、导出图形文件以及还原和恢复图形文件等内容。

2.1.1 新建 Illustrator 图形文件

在 Illustrator CC 中，用户可以按照自己的需要定义文档尺寸、画板和颜色模式等，新建一个文档，也可以从 Illustrator 提供的预设模板中创建文档。

1. 创建一个空白的文件

单击"文件"|"新建"命令或按【Ctrl】+【N】组合键，执行任何一种操作，都会弹出"新建文档"对话框，设置好各参数后，单击"确定"按钮，即可新建一个 Illustrator 文件。下面介绍创建空白文件的方法。

步骤 01　在菜单栏中，单击"文件"|"新建"命令，如图 2-1 所示。
步骤 02　执行操作后，弹出"新建文档"对话框，如图 2-2 所示。
步骤 03　在"新建文档"对话框中，单击"高级"左侧的▶按钮，如图 2-3 所示。
步骤 04　在"配置文件"列表框中，选择"基本 RGB"选项，如图 2-4 所示。
步骤 05　在"大小"列表框中，选择"800×600"选项，设置"出血"为 10mm，在"栅格效果"列表框中，选择"中（150ppi）"选项，如图 2-5 所示。
步骤 06　单击"确定"按钮，即可新建一个空白的 Illustrator 文档，如图 2-6 所示。

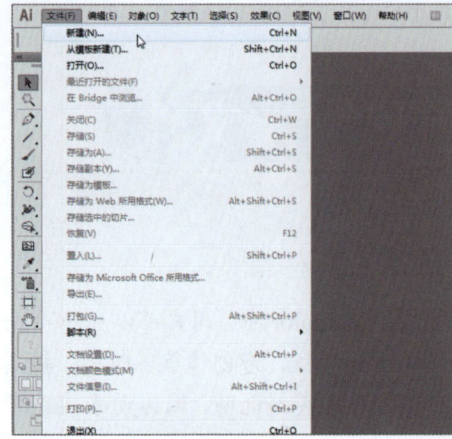

图 2-1　单击"新建"命令

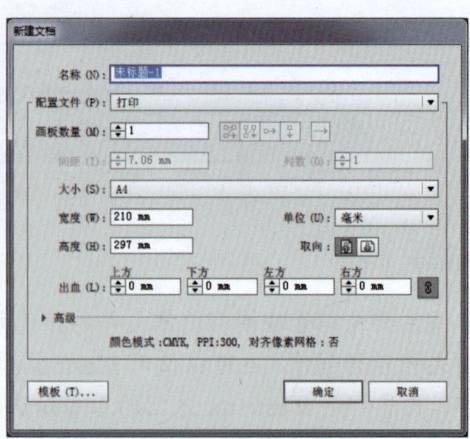

图 2-2　弹出"新建文档"对话框

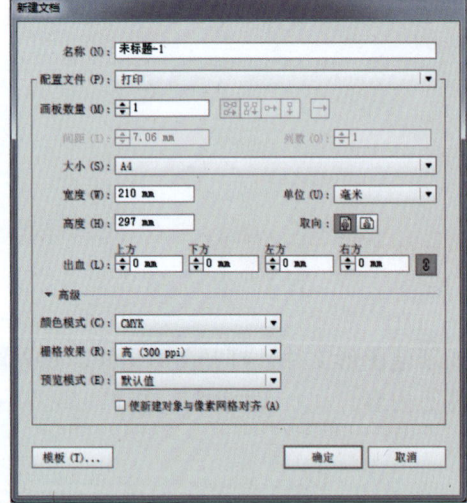

图 2-3　展开"高级"选项区

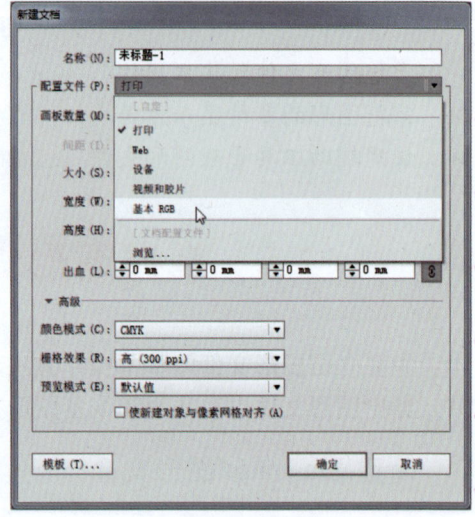

图 2-4　选择"基本 RGB"选项

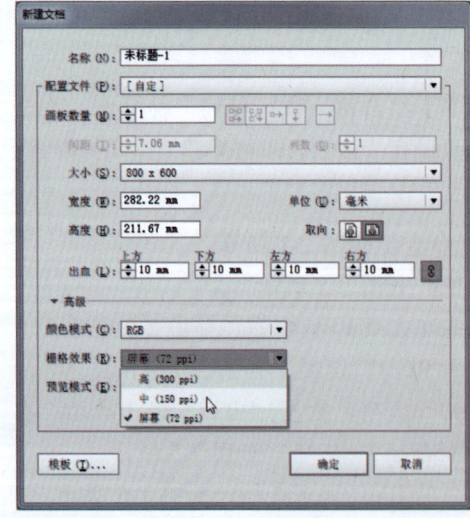

图 2-5　选择"中（150ppi）"选项

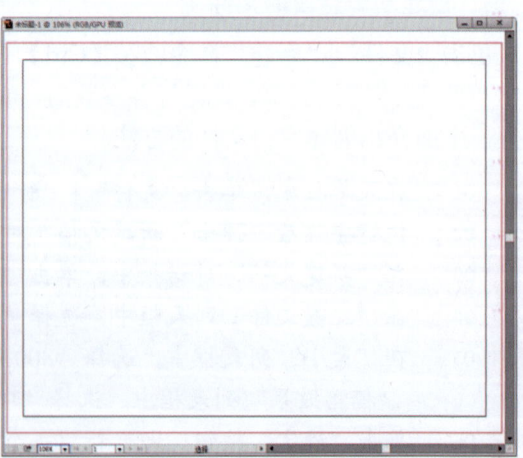

图 2-6　新建空白文档

第 2 章　管理图形图像文件

> ▶ 专家指点
>
> 　　在新建一个文件时，按【Ctrl】+【Alt】+【N】组合键，直接可新建文件，而不会打开"新建文档"对话框。

在"新建文档"对话框中，各主要选项的含义如下：
- **名称：** 用于定义新文件的名称。
- **配置文件：** 在"配置文件"选项的下拉列表中包括了不同输出类型的文档配置文件，每一个配置文件都预先设置了大小、颜色模式、单位、取向、透明度和分辨率等参数。
- **大小：** 在"大小"列表框中有多种常用尺寸的选项。
- **宽度和高度：** 在其数值框中输入数值，可自定义新建页面的大小。
- **单位：** 单击右侧的 ▶ 按钮，在弹出的列表框中包括 pt、派卡、英寸、毫米、厘米等单位，用户可根据需要选择合适的单位。
- **取向：** 在其右侧的两个按钮用来设置页面的显示方向，单击按钮就可以在横向和纵向之间进行切换。
- **出血：** 可以指定画板每一侧的出血位置。
- **颜色模式：** "颜色模式"列表框中包括 CMYK 和 RGB 两个选项，用户可以根据需要进行选择。设置好之后，单击"确定"按钮，即可打开一个新的文档窗口。
- **栅格效果：** 该列表框用于为文档中的栅格效果指定分辨率。准备以较高分辨率输出到高端打印机时，将其设置为"高"选项尤为重要。默认情况下，"打印"配置文件将其设置为"高"。
- **预览模式：** 用于为文档设置预览模式。"默认值"模式在矢量视图中以彩色显示在文档中创建的图稿，放大或缩小时将保持曲线的平滑度。"像素"模式显示具有栅格化外观的图稿，它不会对内容进行栅格化，而是显示模拟的预览，就像内容是栅格一样。"叠印"模式提供油墨预览，模拟混合、透明和叠印在分色输出中的显示效果。
- **使新建对象与像素网格对齐：** 创建图形时可以让对象自动对齐到像素网格上。
- **模板：** 单击该按钮，可以打开"从模板新建"对话框，从模板中创建文档。

2. 从模板中创建新的图形文件

　　为了方便用户，Illustrator 提供了许多预设的模板文件，如信纸、名片、信封、小册子、标签、证书、明信片、贺卡和网站等。在模板中新建的文档有一个优点，就是用户可以直接利用该模板创建、修改和编辑成需要的作品，这样在很多时候可以减少工作负担和任务。下面介绍从模板中创建新的图形文件的操作方法。

步骤 01　在菜单栏中，单击"文件"|"从模板新建"命令，如图 2-7 所示。
步骤 02　执行操作后，弹出"从模板新建"对话框，双击"空白模板"文件夹，如图 2-8 所示。

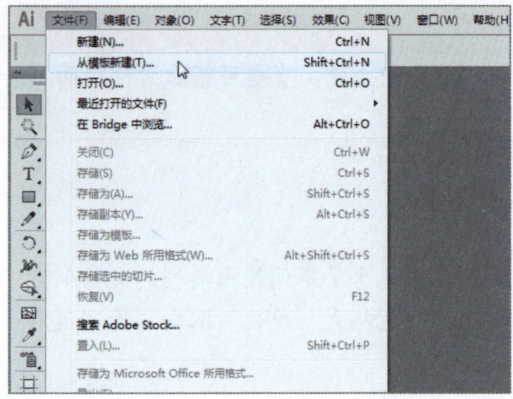
图 2-7 单击"从模板新建"命令

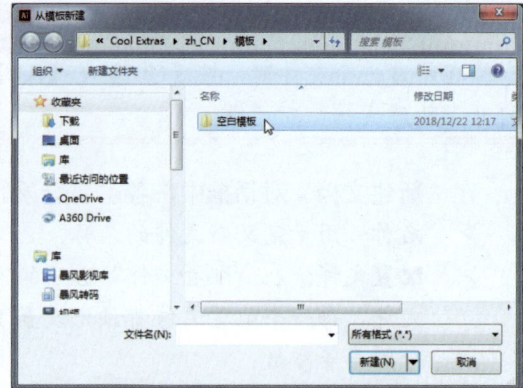
图 2-8 双击"空白模板"文件夹

步骤 03 进入该文件夹后,选择一个模板文件,如"名片",如图 2-9 所示。

步骤 04 单击"新建"按钮,即可从模板中创建一个文档,模板中的图形、字体、段落、样式、符号、裁剪标记和参考线等都会加载到新建的文档中,如图 2-10 所示。

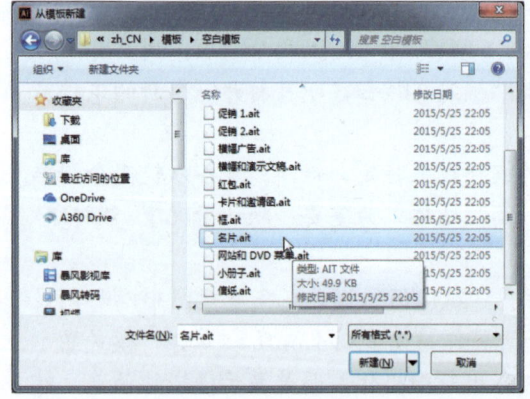
图 2-9 选择一个模板文件

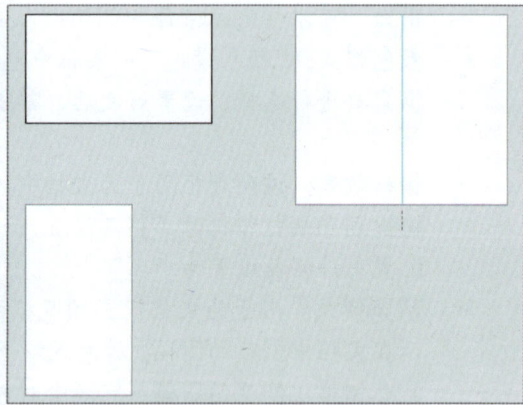
图 2-10 从模板中创建一个文档

2.1.2 打开 Illustrator 图形文件

Illustrator 可以打开不同格式的文件,如 AI、CDR 和 EPS 等矢量文件,以及 JPEG 格式的位图文件。此外,使用 Adobe Bridge 也可以打开和管理文件。下面介绍打开 Illustrator 图形文件的操作方法。

步骤 01 在菜单栏中,单击"文件"|"打开"命令,如图 2-11 所示。

步骤 02 执行操作后,弹出"打开"对话框,单击"所有格式"右侧的下拉按钮,在弹出的下拉列表中选择需要打开的文件格式,如图 2-12 所示。

步骤 03 在文件区中,选定所需的文件(素材\第 2 章\音乐图形.ai),如图 2-13 所示。

步骤 04 单击"打开"按钮,即可打开 AI 文件,如图 2-14 所示。

第 2 章　管理图形图像文件

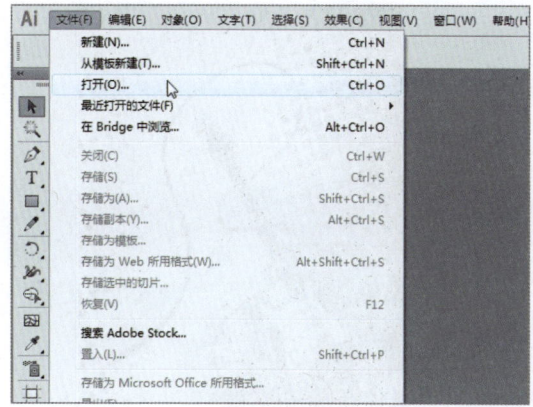

图 2-11　单击"打开"命令

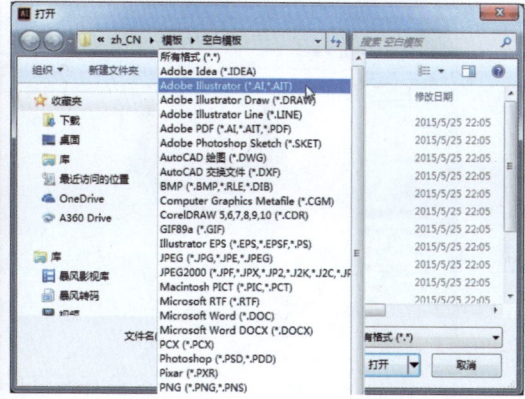

图 2-12　选择需要打开的文件格式

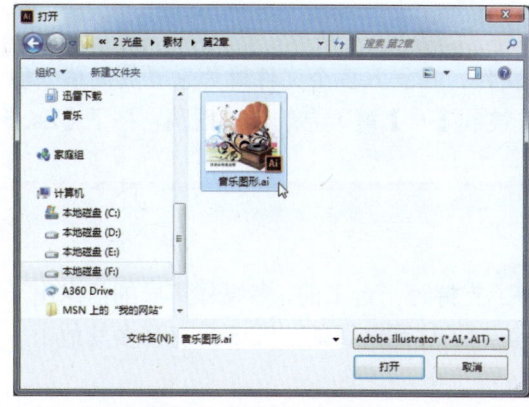

图 2-13　选择素材文件

图 2-14　打开 AI 文件

▶ 专家指点

　　AI 是 Adobe Illustrator 的专用格式，现已成为业界矢量图的标准，可在 Illustrator、CorelDRAW 和 Photoshop 中打开编辑。在 Photoshop 中打开编辑时，将由矢量格式转换为位图格式。除了上述方法可以打开 AI 文件外，还有以下两种常用的方法。
　　（1）按【Ctrl】+【O】组合键。
　　（2）在 Illustrator 窗口的灰色区域双击鼠标左键。

2.1.3　置入 Illustrator 图形文件

　　在 Illustrator 中置入图像文件，是指将所选择的文件置入到当前编辑窗口中，然后在 Illustrator 中进行编辑。Illustrator CC 所支持的格式都能通过"置入"命令将指定的图像文件置于当前编辑的文件中。下面介绍置入 Illustrator 图形文件的操作方法。

步骤 01　新建一幅空白文档，单击"文件"|"置入"命令，弹出"置入"对话框，在其中选择一幅素材图像（素材\第 2 章\音乐器材.ai），如图 2-15 所示。

步骤 02　单击"置入"按钮，即可将素材图像置入于当前文档中，单击控制面板中的"嵌入"按钮，即可完成置入操作，如图 2-16 所示。

图 2-15 置入 AI 文件

图 2-16 置入的 AI 文件效果

▶ 专家指点

　　用户在 Illustrator 中也可以同时置入多个文件，在置入多个文件时如果要放弃单个图稿，可按下方向键（【↑】键、【→】键、【↓】键和【←】键）导航到该图稿，按下【Esc】键确认即可。

2.1.4　导出 Illustrator 图形文件

　　Adobe 公司开发 PDF 文件格式的目的是为了支持跨平台上的，多媒体集成的信息出版和发布，尤其是提供对网络信息发布的支持。为了达到此目的，PDF 具有许多其他电子文档格式无法相比的优点。

　　PDF 文件格式可以将文字、字型、格式、颜色及独立于设备和分辨率的图形图像等封装在一个文件中。该格式文件还可以包含超文本链接、声音和动态影像等电子信息，支持特长文件，集成度和安全可靠性都较高，并且无论在哪种打印机上都可以保证精确地还原颜色和打印效果。下面介绍导出 Illustrator 图形文件的操作方法。

步骤 01　打开素材图形（素材\第 2 章\太阳花.ai），如图 2-17 所示。

步骤 02　单击"文件"|"存储为"命令，弹出"存储为"对话框，可输入保存的文件名，选择保存的文件格式为，如图 2-18 所示。

图 2-17 打开素材图形

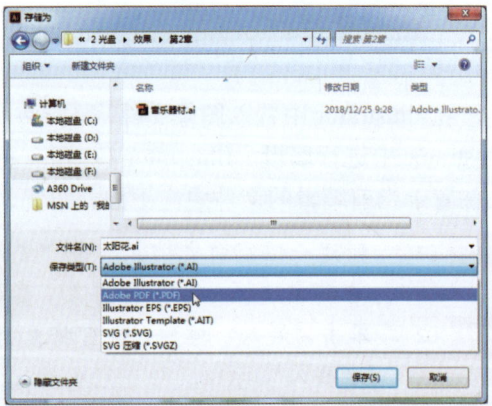
图 2-18 "存储为"对话框

步骤 03　单击"保存"按钮,弹出"存储 Adobe PDF"对话框,单击"存储 PDF"按钮,如图 2-19 所示,执行操作后,即可将文件导出为 PDF 文件。

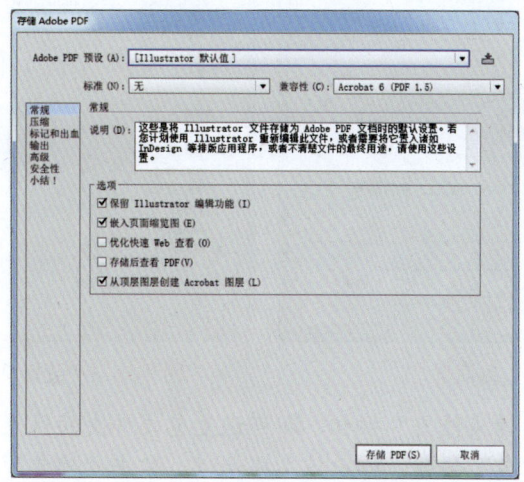

图 2-19　单击"存储 PDF"按钮

2.1.5　打包 Illustrator 图形文件

使用"打包"命令可以将文档中的图形、字体、链接图形和打包报告等相关内容自动保存到一个文件夹中。有了这项功能,设计人员就可以从文件中自动提取文字和图稿资源,免除了手动分离和转存工作,并可实现轻松传送文件的目的。下面介绍打包 Illustrator 图形文件的操作方法。

步骤 01　打开素材图形(素材\第 2 章\阳光购物.ai),如图 2-20 所示。
步骤 02　单击"文件"|"打包"命令,如图 2-21 所示。

图 2-20　打开素材图形

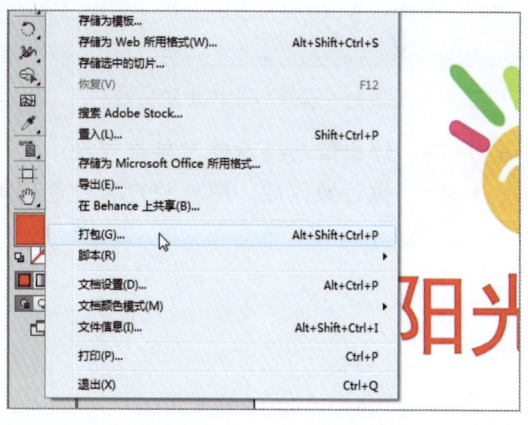

图 2-21　单击"打包"命令

步骤 03　弹出"打包"对话框,单击"选择包文件夹位置"按钮,如图 2-22 所示。
步骤 04　执行操作后,弹出"选择文件夹位置"对话框,设置打包文件的保存位置,如图 2-23 所示。

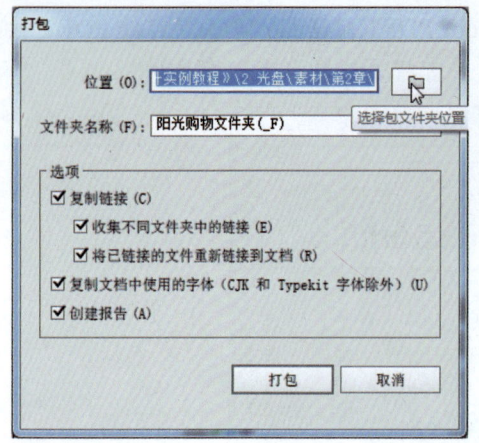
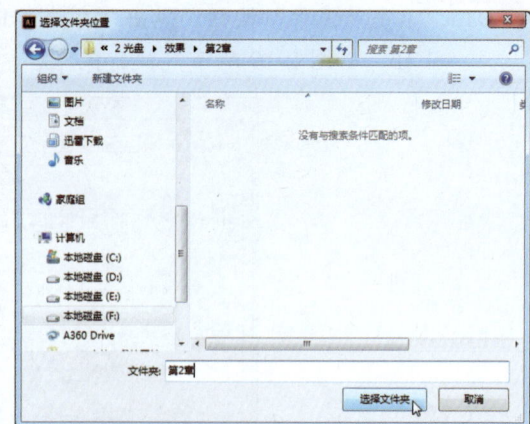

图 2-22 "打包"对话框　　　　图 2-23 "选择文件夹位置"对话框

步骤 05　单击"选择文件夹"按钮,即可设置包文件夹的位置,如图 2-24 所示。
步骤 06　单击"打包"按钮,弹出信息提示框,单击"确定"按钮,如图 2-25 所示。

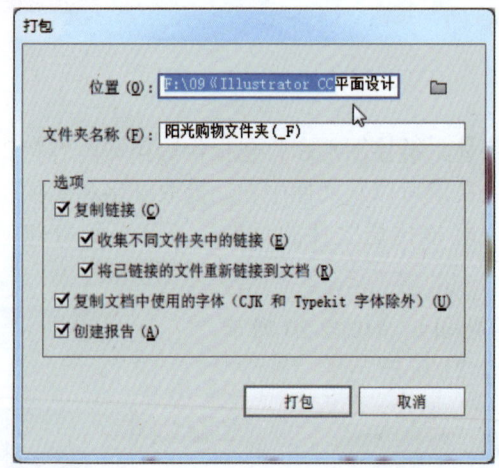
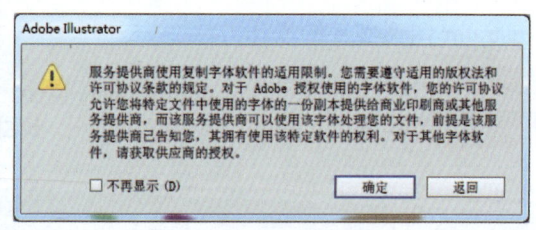

图 2-24 设置包文件夹的位置　　　　图 2-25 单击"确定"按钮

步骤 07　弹出信息提示框,单击"显示文件包"按钮,如图 2-26 所示。
步骤 08　执行操作后,即可将内容打包到文件夹中,如图 2-27 所示。

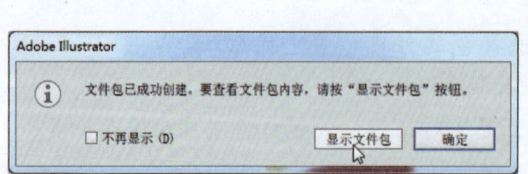

图 2-26 单击"显示文件包"按钮　　　　图 2-27 将内容打包到文件夹中

2.1.6 还原和恢复图形文件

在处理 Illustrator 图稿的过程中，用户可以对已完成的操作进行还原和恢复，熟练地运用还原和恢复功能将会给工作带来极大的方便。当用户打开了一个文件并对它进行了编辑以后，如果对编辑结果不满意，或者在编辑过程中进行了无法撤销的操作，可以通过"恢复"命令将文件恢复到上一次保存时的状态。

> ▶ 专家指点
>
> "还原"命令就是使所编辑的图形文件恢复到操作时的前一步状态，如果用户多次对图形进行编辑，则用户可以多次操作还原命令；而使用"恢复"命令可以将所编辑的图形文件恢复至存储时的版本。

下面介绍还原和恢复图形文件的操作方法。

步骤 01 打开素材图形（素材\第 2 章\红衣女孩.ai），如图 2-28 所示。

步骤 02 使用选择工具选中红色衣服图形，按【Delete】键将该图形删除，再移动人物手镯的位置，图像效果如图 2-29 所示。

图 2-28　素材图像　　　　　　　　图 2-29　旋转图像

步骤 03 单击"编辑"|"还原移动"命令，即可将素材图像还原至移动手镯图形之前的图像效果，如图 2-30 所示。

步骤 04 单击"文件"|"恢复"命令，弹出信息提示框，单击"恢复"按钮，即可将素材图形恢复至打开时的图像效果，如图 2-31 所示。

图 2-30　还原至移动操作前的步骤　　　　图 2-31　恢复图像

2.2 图形的多种显示方式

编辑 Illustrator 图稿时，经常需要以不同的方式查看图稿的内容，如轮廓模式、预览模式、叠印预览模式以及像素预览模式等。本节主要介绍图形多种显示方式的切换方法。

2.2.1 切换图形显示模式

Illustrator CC 提供了 3 种不同的屏幕显示模式，每一种模式都有不同的特点，用户可以根据不同的情况来进行选择，下面详细介绍了切换图像显示模式的操作方法。

步骤 01 打开素材图形（素材\第 2 章\书本.ai），如图 2-32 所示。

步骤 02 单击工具面板上的"屏幕模式"按钮，在弹出的快捷菜单中，选择"带有菜单栏的全屏模式"选项，如图 2-33 所示。

图 2-32　标准屏幕模式　　　　　　　　图 2-33　选择相应选项

步骤 03 执行操作后，屏幕即可呈现带有菜单栏的全屏模式，如图 2-34 所示。

步骤 04 在"屏幕模式"快捷菜单中，选择"全屏模式"选项，屏幕即可切换成全屏模式显示，如图 2-35 所示。

 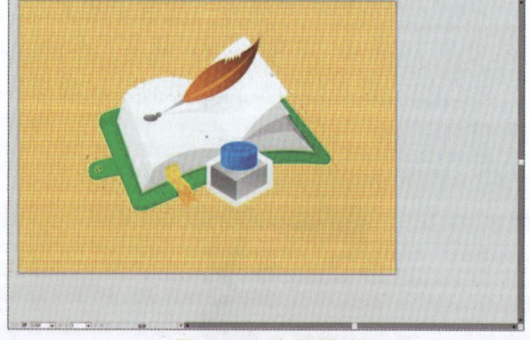

图 2-34　带有菜单栏的全屏模式　　　　　图 2-35　全屏模式

▶ 专家指点

除了运用上述方法切换图像显示以外，还有以下两种方法：
（1）按【F】键，可以在上述 3 种显示模式之间进行切换。
（2）单击"视图"|"屏幕模式"命令，在弹出的子菜单中选择需要的显示模式。

2.2.2 使用"轮廓"显示模式

使用轮廓显示模式，可以查看工作区中对象的层次，工作区中的轮廓线一目了然，这样将大大方便用户清除工作区中多余的、没有添加填充和轮廓属性的轮廓线，并且这种视图显示模式显示速度和屏幕的刷新速度是最快的。下面介绍以"轮廓"模式显示图形的方法。

步骤 01 打开素材图形（素材\第 2 章\广告位.ai），如图 2-36 所示。

步骤 02 单击"视图"|"轮廓"命令，如图 2-37 所示。

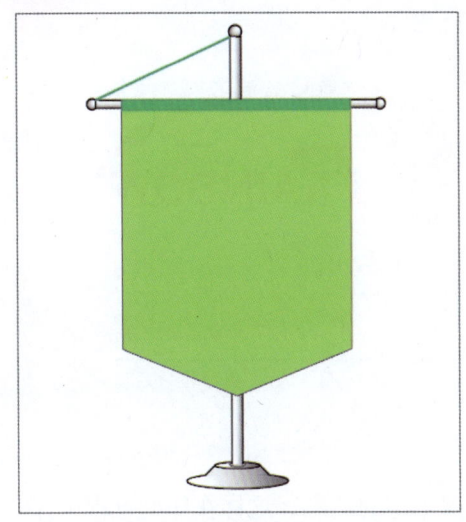

图 2-36 打开素材图形

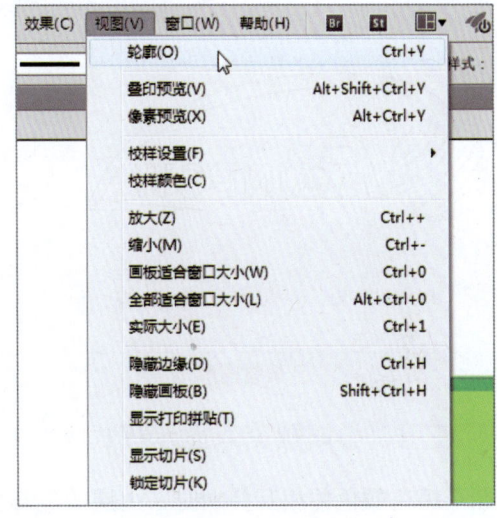

图 2-37 单击"轮廓"命令

步骤 03 即可将工作区中的图形或图像以其轮廓线方式显示，如图 2-38 所示。

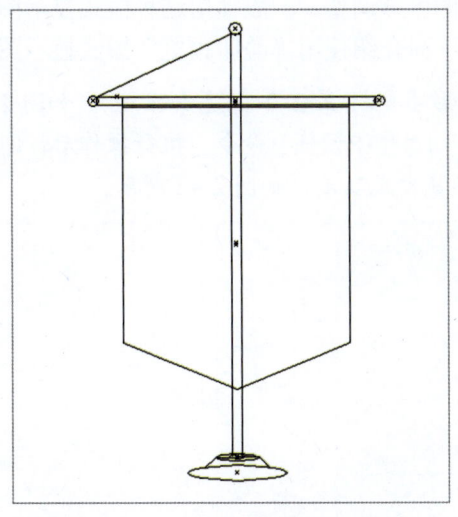

图 2-38 "轮廓"显示模式

2.2.3 使用"预览"显示模式

用户在单击"视图"|"轮廓"命令后，图形以"轮廓"显示模式显示图形，若用户

想返回最初的"预览"显示模式时,可以单击"视图"|"预览"命令,即可将工作区中的图形或图像以其应用的色彩和填充属性在工作区中显示。下面介绍使用"预览"模式显示图形文件的操作方法。

步骤 01 打开素材图形(素材\第 2 章\企业标志.ai),如图 2-39 所示。

步骤 02 单击"视图"|"预览"命令,即可将工作区中的图形或图像以 GPU 预览方式显示,如图 2-40 所示。

图 2-39 打开素材图形

图 2-40 预览模式

2.2.4 使用"叠印预览"显示模式

图形填充颜色并相互叠加时,上层的色彩会覆盖下层的色彩。这样在印刷过程中,往往会将图形中颜色叠加的位置印刷成两种颜色,而影响在印刷后应有的色彩效果。因此,用户可以单击"视图"|"叠印预览"命令,预览工作区中图形图像色彩套印后的颜色效果,以便进行相应的色彩调整。一般使用这种模式显示图形后,图形颜色会比其他视图显示模式暗一些。下面介绍使用"叠印预览"模式显示图形文件的操作方法。

步骤 01 打开素材图形(素材\第 2 章\漂亮女孩.ai),如图 2-41 所示。

步骤 02 单击"视图"|"叠印预览"命令,执行操作后,即可将工作区中的图形或图像以叠印预览方式显示,如图 2-42 所示。

图 2-41 打开素材图形

图 2-42 叠印预览模式

2.2.5 使用"像素预览"模式

使用"像素预览"命令,可将工作区中矢量图形以其位图图像方式显示,下面介绍使用"像素预览"模式显示图形文件的操作方法。

步骤 01 打开素材图形(素材\第 2 章\企业 VI.ai),如图 2-43 所示。

步骤 02 单击"视图"|"像素预览"命令,执行操作后,即可将工作区中的图形或图像以像素预览方式显示,如图 2-44 所示。

图 2-43 打开素材图形

图 2-44 像素预览模式

2.2.6 使用菜单命令缩放图形对象

在 Illustrator CC 中,用户可通过使用"视图"菜单中相关命令(图 2-45)和工具面板中的缩放工具 来对图形进行缩放操作。

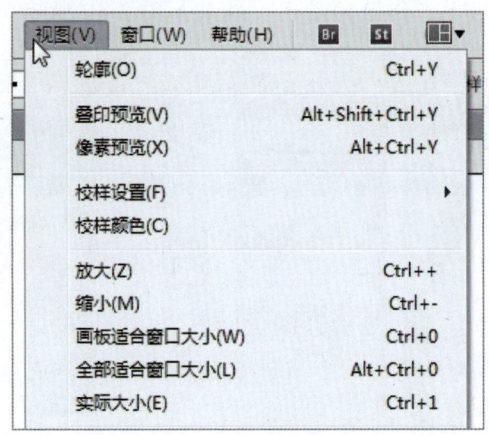
图 2-45 图像显示菜单命令

在该菜单命令中,单击"视图"命令子菜单中的"放大""缩小""适合窗口"或"实际大小"命令,可以调整图形显示比例。每单击一次"放大"命令,图形会以 50%的显示比例递增放大显示;每单击一次"缩小"命令,视图会以 50%的显示比例递减显示。用户也可可以【Ctrl】+【+】组合键或按【Ctrl】+【-】组合键执行"放大"和"缩小"命令,调整视图显示比例。在 Illustrator CC 中,用户除了使用上述方法缩放图形外,还可以使用工具面板中的缩放工具,在工作区中进行操作,以实现图形显示比例的缩放。

选取工具面板中的缩放工具,移动鼠标至文件编辑窗口,在窗口中每单击一次鼠标,图形将会以50%的显示比例递增放大显示;若在工作区中按住Alt键的同时单击鼠标,则每单击一次,图形将会以50%的显示比例递减显示。

下面介绍缩放图形对象的操作方法。

步骤 01 打开素材图形(素材\第2章\饮品广告.ai),如图2-46所示。

步骤 02 选取工具面板中的缩放工具,将鼠标指针移至素材图像上,鼠标指针呈形状,如图2-47所示。

图2-46 素材图像

图2-47 鼠标指针呈形状

步骤 03 连续两次单击鼠标左键,即可放大工作区的显示,效果如图2-48所示。

步骤 04 按住【Alt】键时,缩放工具的图标将呈形状,在素材图像上单击鼠标左键,即可缩小工作区的显示,效果如图2-49所示。

图2-48 放大工作区

图2-49 缩小工作区

▶ 专家指点

用户还可以通过以下两种方法,缩小工作区:
(1)单击"对象"|"缩小"命令,缩小工作区。
(2)按住【Ctrl】键的同时,向后滚动鼠标滚轮,即可缩小图像工作区。

2.2.7 使用抓手工具查看图形对象

使用工具面板中的抓手工具，可以拖动图形至工作区中的任何一个位置，以便查看图形的局部显示。选取工具面板中的抓手工具，在图形窗口中单击鼠标左键并拖曳，即可将图形窗口中的图形或工作区内的图形拖动到窗口的任何一个位置。

用户若在选取其他工具的同时，需要临时使用抓手工具移动图形显示，按空格键即可达到临时采用手形工具拖动图形的目的。下面介绍使用抓手工具查看图形对象的操作方法。

步骤 01 打开素材图形（素材\第 2 章\青春活力.ai），如图 2-50 所示。

步骤 02 在工具面板中选择抓手工具，如图 2-51 所示。

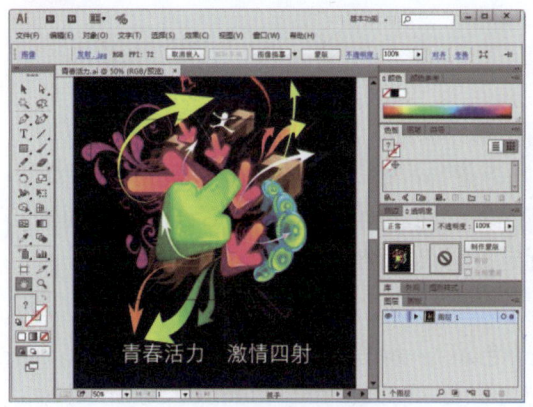
图 2-50 打开素材图形

图 2-51 选取抓手工具

步骤 03 100%显示图像，将鼠标指针移至素材图像上，鼠标指针将呈手势的形状，如图 2-52 所示。

步骤 04 单击鼠标左键并向下拖拽，至合适位置后释放鼠标，即可完成工作区的移动操作，如图 2-53 所示。

图 2-52 抓手工具

图 2-53 移动工作区

> ▶ 专家指点
>
> 在"导航器"浮动面板中，也可以控制工作区的显示大小，单击"缩小"按钮，图像将缩小一倍；若单击"放大"按钮，则图像放大一倍。

2.3 使用辅助工具管理图形文件

在 Illustrator CC 中，标尺、参考线和网格等都属于辅助工具，它们不能编辑对象，其用途是帮助用户更好地完成编辑任务。本节主要介绍使用辅助工具管理图形文件的操作方法。

2.3.1 使用标尺

在 Illustrator CC 中，标尺的用途是为当前图形作参照，用于度量图形的尺寸，同时对图形进行辅助定位，使图形的设置或编辑更加方便与准确。水平与垂直标尺上标有"0"处交点的位置称为标尺坐标原点，系统默认情况下，标尺坐标原点的位置在工作页面的左下角，当然，用户可以根据自己需要，自行定义标尺的坐标原点。

下面介绍使用标尺对象的操作方法。

步骤 01 打开素材图形（素材\第 2 章\春天景色.ai），如图 2-54 所示。

步骤 02 在菜单栏中单击"视图"|"标尺"|"显示标尺"命令，如图 2-55 所示。

图 2-54 打开素材图形

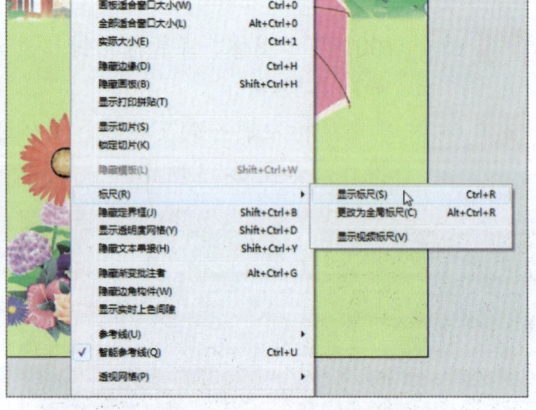
图 2-55 单击"显示标尺"命令

步骤 03 执行上述操作后，即可显示标尺，如图 2-56 所示。

步骤 04 移动鼠标至水平标尺与垂直标尺的相交处，如图 2-57 所示。

> ▶ 专家指点
>
> 用户若想定义标尺的坐标原点，可移动鼠标至标尺的 X 轴和 Y 轴的 0 点位置，拖拽鼠标至适当的位置，释放鼠标后，X 轴和 Y 轴的坐标原点会定位在释放鼠标的位置。在拖拽前的坐标原点位置处双击鼠标左键，即可恢复坐标原点的默认位置。

步骤 05 单击鼠标左键并拖拽至图像编辑窗口中的合适位置，如图 2-58 所示。

第 2 章 管理图形图像文件

步骤 06　释放鼠标左键，即可更改标尺原点位置，如图 2-59 所示。

图 2-56　显示标尺

图 2-57　移动鼠标至水平标尺与垂直标尺的相交处

图 2-58　拖拽鼠标至合适位置

图 2-59　更改标尺原点位置

2.3.2　使用参考线和智能参考线

参考线与网格一样，也可以用于对齐对象，但是它比网格更方便，用户可以将参考线创建在图像的任意位置上。当用户创建、操作对象或画板时，显示的临时对齐参考线就是智能参考线，可以帮助用户对齐文本和图形对象。下面介绍使用参考线的操作方法。

步骤 01　打开素材图形（素材\第 2 章\手机屏幕.ai），如图 2-60 所示。

步骤 02　单击"视图"|"标尺"|"显示标尺"命令，显示标尺，如图 2-61 所示。

图 2-60　打开素材图形

图 2-61　显示标尺

步骤 03　移动鼠标至水平标尺上，单击鼠标左键的同时，向下拖曳鼠标至图像编辑窗口中的合适位置，如图 2-62 所示。

步骤 04　释放鼠标左键，即可创建水平参考线，如图 2-63 所示。

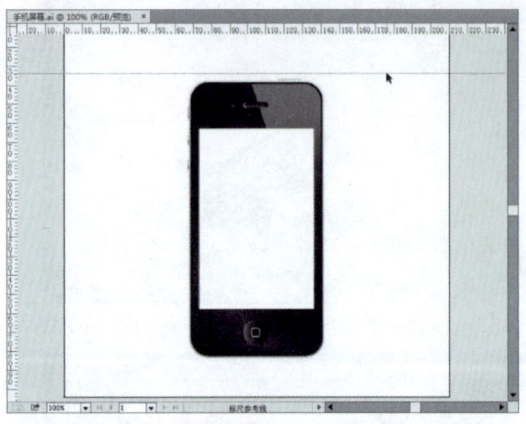

图 2-62　拖拽鼠标　　　　　　　　　图 2-63　创建水平参考线

▶ 专家指点

用户还可以通过以下两种方式，复制与对齐参考线：
（1）按住【Ctrl】键的同时拖拽鼠标，即可复制参考线。
（2）按住【Shift】键的同时拖拽鼠标，可使参考线与标尺上的刻度对齐。

步骤 05　移动鼠标至垂直标尺上，单击鼠标左键的同时，向右侧拖拽鼠标至图像编辑窗口中的合适位置，释放鼠标左键，即可创建垂直参考线，如图 2-64 所示。

步骤 06　单击"视图"|"智能参考线"命令，启用智能参考线，如图 2-65 所示。

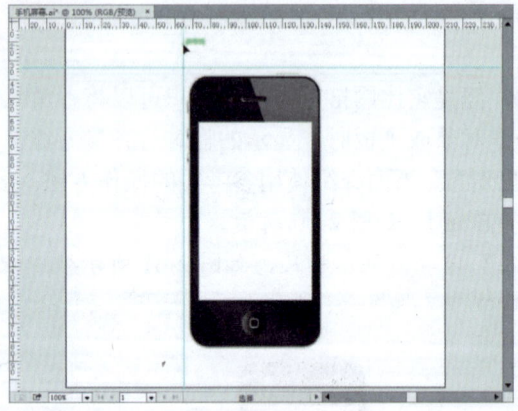 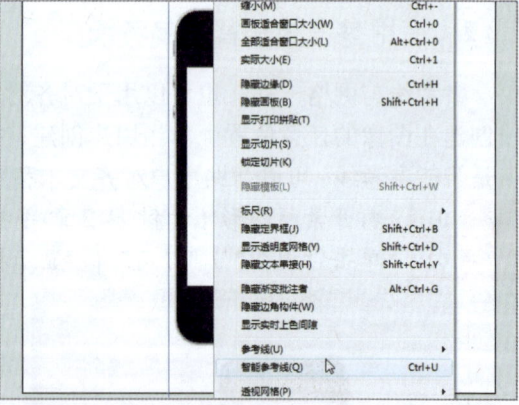

图 2-64　创建垂直参考线　　　　　　图 2-65　单击"智能参考线"命令

▶ 专家指点

参考线是一种在编辑窗口中显示而不会被打印出来的直线，当用户在做一些需要对齐的设计工作时，如书籍装帧、VI 设计和包装设计等过程中，参考线的设置非常重要。

步骤 07　使用选择工具单击并拖拽对象将其移动，此时可借助智能参考线使对象对齐到参考线或路径上，如图 2-66 所示。

步骤 08 依据智能参考线，调整对象的位置，如图 2-67 所示。

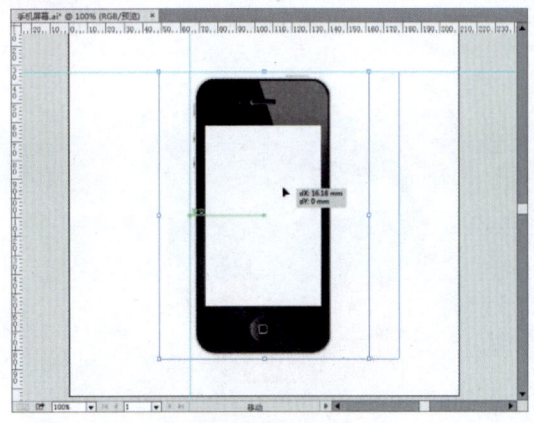
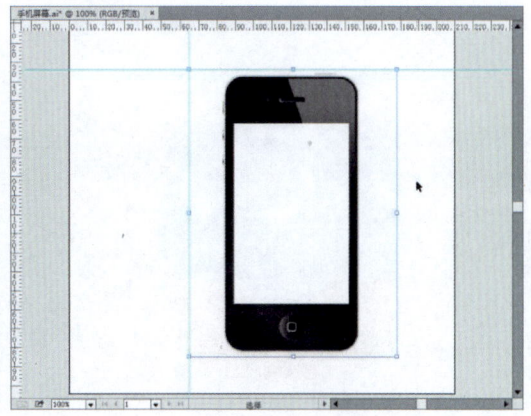

图 2-66 拖拽对象　　　　　　　　　　　　图 2-67 调整对象的位置

2.3.3 使用网格和透明度网格

在 Illustrator CC 中，网格是由一连串的水平和垂直点组成，常用来协助绘制图像时对齐窗口中的任意对象。用户可以根据需要，显示网格或隐藏网格，在绘制图像时使用网格来进行辅助操作，透明度网格可以帮助用户查看图稿中包含的透明区域。

下面介绍使用网格和透明度网格编辑图形对象的操作方法。

步骤 01 打开素材图形（素材\第 2 章\小蛋糕.ai），如图 2-68 所示。
步骤 02 在菜单栏中单击"视图"|"显示网格"命令，执行上述操作后，即可显示网格，如图 2-69 所示。

图 2-68 打开素材图形　　　　　　　　　　图 2-69 显示网格

> ▶ 专家指点
>
> 在 Illustrator CC 中，如果用户需要隐藏网格，可以在菜单栏中单击"视图"|"隐藏网格"命令，即可隐藏网格。

步骤 03 在菜单栏中单击"视图"|"显示透明度网格"命令，即可显示透明度网格，如图 2-70 所示。

步骤 04　选取工具面板中的选择工具，单击相应对象，将其选择，效果如图 2-71 所示。

图 2-70　显示透明度网格

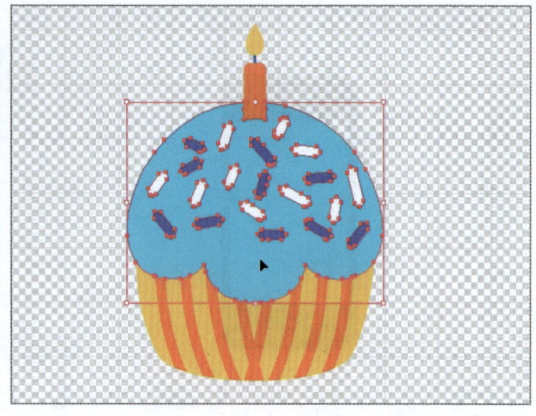

图 2-71　选择对象

步骤 05　单击"窗口"|"透明度"命令，打开"透明度"面板，设置"不透明度"为 50%，如图 2-72 所示。

步骤 06　此时，通过透明度网格可以清晰地观察图像的透明度效果，如图 2-73 所示。

图 2-72　设置"不透明度"

图 2-73　透明度效果

本章小结

　　本章首先介绍了图形文件的基本操作，主要包括图形文件的新建、打开、置入、导出、打包以及还原和恢复操作等；然后介绍了图形的多种显示方式，我们在编辑图稿时，需要经常放大或缩小窗口的显示比例、移动显示区域，以便更好地观察和处理对象，因此讲解了图形缩放工具、抓手工具以及各种预览模式等；最后介绍了使用辅助工具管理图形文件的方法，主要包括使用标尺、参考线以及网格等内容。

　　通过本章内容的学习，读者对 Illustrator CC 软件的基本操作应该有了一定的了解，熟练掌握辅助工具的运用，可以帮助用户更好的设计图形文件。

课后习题

鉴于本章知识的重要性，为了帮助读者更好地掌握所学知识，本节将通过上机习题，帮助读者进行知识回顾和巩固。

本习题需要掌握置入多个图形文件的方法，效果如图 2-74 所示。

图 2-74　置入多个文件后的效果

第 3 章　绘制基本图形对象

【本章导读】

　　Illustrator CC 是面向图形绘制的专业绘图软件，提供了丰富的绘图工具，如直线段工具、弧形工具、矩形工具、圆角矩形工具以及星形工具等，熟悉并掌握各种绘图工具的使用技巧，能够绘制出精美的图形，设计出完美的作品。本章主要介绍绘制与编辑基本图形对象的操作方法。

【本章重点】

> 绘制基本图形对象
> 操作基本图形对象

3.1　绘制基本图形对象

　　本节主要介绍绘制直线、弧线、矩形、圆角矩形、多边形、星形以及网格图形的操作方法。

3.1.1　绘制直线段

　　使用工具面板中的直线段工具可以在图形窗口中绘制直线线段，用户若要绘制精确的线段，可在选取直线段工具的情况下，在图形窗口中单击鼠标左键，此时将弹出"直线段工具选项"对话框，如图 3-1 所示。在"直线段工具选项"对话框中设置相应的参数后，单击"确定"按钮，即可绘制出精确的线段。

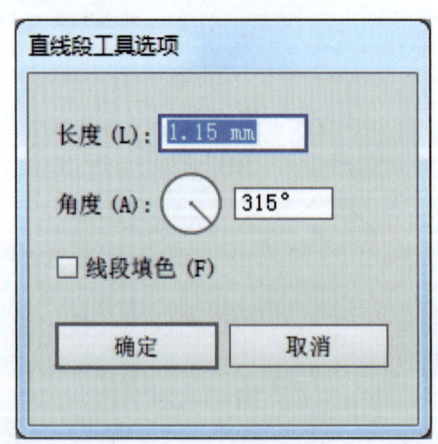

图 3-1　弹出"直线段工具选项"对话框

该对话框中的选项含义如下：
- **长度：** 在右侧的文本框中输入数值，然后单击"确定"按钮后，可以精确地绘制出一条线段。
- **角度：** 在右侧的文本框中设置不同的角度，Illustrator CC 将按照所定义的角度在图形窗口中绘制线段。
- **线段填色：** 选中该复选框，当绘制的线段改为折线或者曲线后，将以设置的前景色填充线条。

选取工具面板中的直线段工具后，在图形窗口中按住空格键的同时，单击鼠标左键并拖拽，可以移动所绘制线段的位置（该快捷操作对于工具面板中的大多数工具都可使用，因此在其他的工具中，将不再赘述）。

用户若是按住【Alt】键的同时，在图形窗口中单击鼠标左键并拖拽，则可以绘制由鼠标单击点为中心，向两边延伸的线段。

用户若是按住【Shift】键的同时，在图形窗口中单击鼠标左键并拖拽，则可以绘制以 45°为递增的直线段，如图 3-2 所示。

若是按住【～】键的同时，在图形窗口中单击鼠标左键并拖拽，则可以绘制放射状线段，如图 3-3 所示。

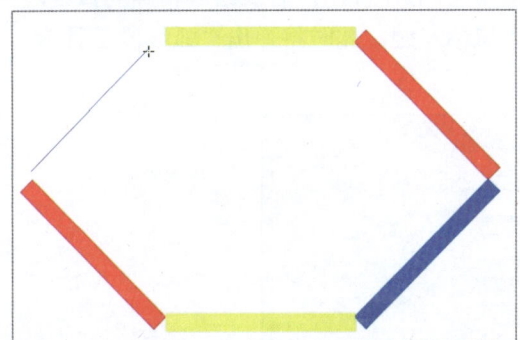 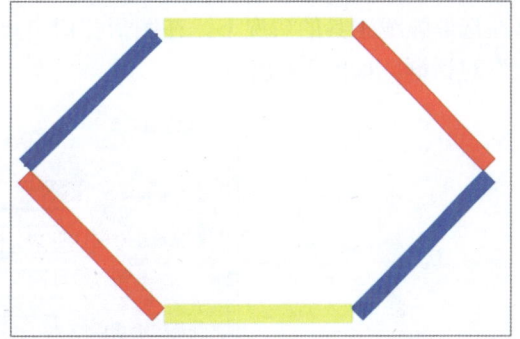

图 3-2 按住【Shift】键的同时绘制线段

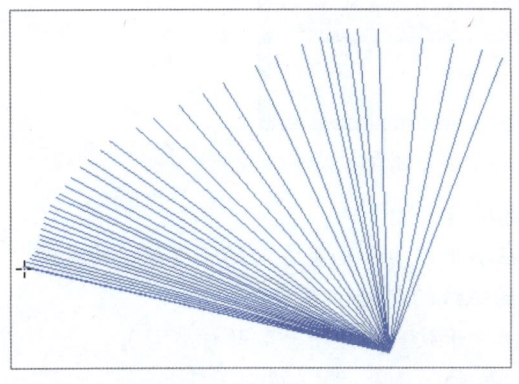 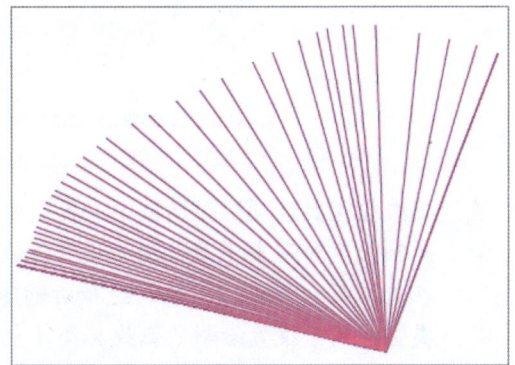

图 3-3 按住【～】键的同时绘制的放射状线段

下面介绍运用直线工具绘制直线段的具体操作方法。

步骤 01 打开素材图形（素材\第 3 章\个人名片.png），如图 3-4 所示。

步骤 02 选取工具面板中的直线段工具 ，设置"描边"为黑色,将鼠标指针移至图像窗口中的合适位置,按住【Shift】键的同时,单击鼠标左键并拖拽鼠标,至合适位置后释放鼠标,即可绘制一条直线段,如图3-5所示。

图 3-4 素材图像

图 3-5 绘制直线段

3.1.2 绘制弧线

使用工具面板中的弧线工具可以在图形窗口中绘制弧线,用户若要绘制精确的弧线,可在选取弧线工具的情况下,在图形窗口中单击鼠标左键,此时将弹出"弧线段工具选项"对话框,如图3-6所示。

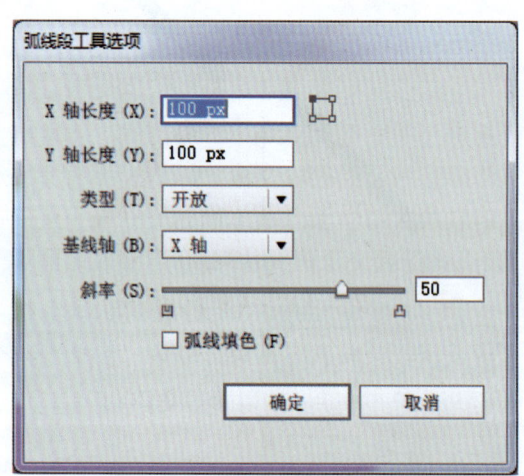
图 3-6 弹出"弧线段工具选项"对话框

在"弧线段工具选项"对话框中,各主要选项含义如下:

➢ **X 轴长度和 Y 轴长度：**用于设置弧线在水平方向和垂直方向的长度值,并通过在文本框右侧的 按钮,选择所创建的弧线的起始位置。

➢ **类型：**用于设置绘制的弧线类型(包括"开放"和"闭合"两种类型)。

➢ **基线轴：**用于设置弧线的坐标方向为"X 轴"或是"Y 轴"。

➢ **斜率：**该选项用于设置控制弧线线段的凹凸程序,其数值范围为-100~100。若输入的数值小于 0,则绘制的弧线为凹陷形状;若数值大于 0,则绘制的弧线为凸出形状;若输入的数值为 0,则绘制的弧线为直线形状。用户可以直接在其右侧的文本框中输入数值，也可以通过移动滑块进行数值的设置。
➤ **弧线填色：** 选中该复选框，绘制的折弧线线段具有填充效果。

下面介绍绘制弧线的操作方法。

步骤 01　打开素材图形（素材\第 3 章\可爱小猪.png），如图 3-7 所示。
步骤 02　选取工具面板中的弧形工具 ，如图 3-8 所示。

　　图 3-7　打开素材图形

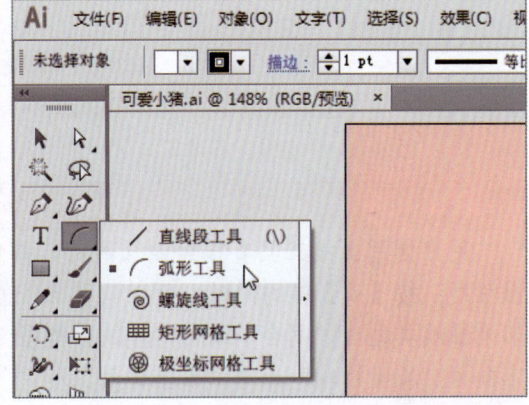
　　图 3-8　选取弧形工具

步骤 03　在控制面板中设置"填色"为"无""描边"为"黑色""描边粗细"为 5pt，如图 3-9 所示。
步骤 04　将鼠标指针移至图像窗口中，按住【Shift】键的同时，在图形上的合适位置单击鼠标左键，并向图形的右上角拖拽鼠标，至合适位置后释放鼠标，即可绘制一个 45°角的弧线段，效果如图 3-10 所示。

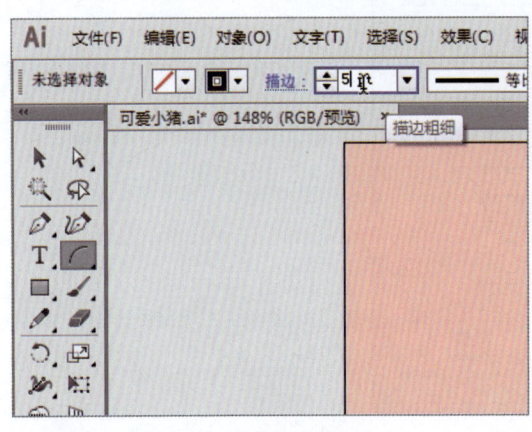
　　图 3-9　设置工具属性

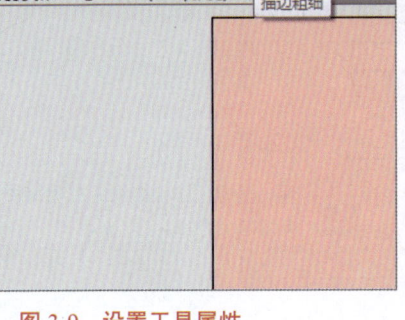
　　图 3-10　绘制弧线段

步骤 05　使用选择工具适当调整其角度和位置，效果如图 3-11 所示。
步骤 06　复制弧线段，调整至合适位置，并对其进行镜像变换，效果如图 3-12 所示。

图 3-11 调整角度和位置　　　　图 3-12 图像效果

▶ 专家指点

用户使用弧线工具直接绘制弧线时,按住【↑】键的同时,可以调整弧线的斜面凸出程度;按【↓】键的同时,可以调整弧线的斜面凹现程度;按住【C】键的同时,可以切换弧线类型为"闭合"或为"开放"类型;按住【X】键的同时,可以切换弧线的坐标方向为"X 坐标轴"或为"Y 坐标轴"。

3.1.3 绘制螺旋线

螺旋线是一种平滑、优美的曲线,可以构成简洁漂亮的图案,用户若要精确地绘制螺旋线,可在选取螺旋线工具的情况下,在窗口中单击鼠标左键,此时将弹出"螺旋线"对话框,如图 3-13 所示。

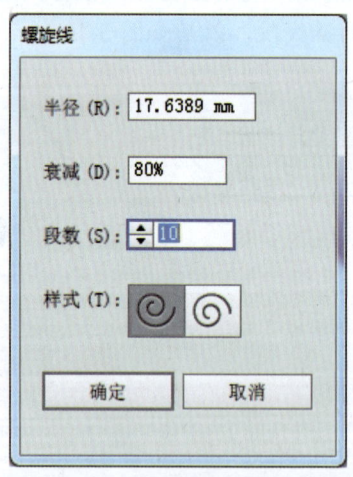

图 3-13 "螺旋线"对话框

在"螺旋线"对话框中,各主要选项含义如下:
➢ 半径:用于设置所绘制的螺旋线最外侧的点至中心点的距离。
➢ 衰减:用于设置所绘制的螺旋线中每个旋转圈相对于里面旋转圈的递减曲率。
➢ 段数:用于设置螺旋线中的段数组成。
➢ 样式:用于设置螺旋线是按顺时针绘制还是按逆时针进行绘制。

下面介绍绘制螺旋线的操作方法。

步骤 01 打开素材图形（素材\第 3 章\闹钟.ai），如图 3-14 所示。

步骤 02 选取工具面板中的螺旋线工具 ⊙，在控制面板上，按住【Shift】键的同时，单击描边颜色块右侧的下三角按钮 ⌄，在弹出的色彩面板中选择"白色"，设置螺旋线的"描边粗细"为 4pt，将鼠标移至图像窗口中，单击鼠标左键，弹出"螺旋线"对话框，设置"半径"为 70mm、"衰减"为 95%、"段数"为 60，选中"逆时针"样式，如图 3-15 所示。

图 3-14 素材图像　　　　　　　　图 3-15 "螺旋线"对话框

步骤 03 单击"确定"按钮，即可绘制一个指定大小的螺旋线，如图 3-16 所示。

步骤 04 选中所绘制的螺旋线，按【Ctrl】+【[】组合键，调整螺旋线在图像中的位置，在控制面板上设置"不透明度"为 30%，效果如图 3-17 所示。

图 3-16 绘制螺旋线　　　　　　　　图 3-17 设置透明度

> ▶ **专家指点**
>
> 　　在使用螺旋线工具绘制螺旋线时，若按住【Shift】键，将以 45°角为增量绘制螺旋线；若按住【Ctrl】键，可以增加螺旋线的密度；若按【↑】键，可以增加螺旋线的圈数；若按【↓】键，可以减少螺旋线的圈数；若按住【~】键，可以绘制多条不同方向和大小的螺旋线。

3.1.4 绘制矩形和正方形

矩形工具是绘制图形时比较常用的基本图形工具,用户可以通过拖拽鼠标的方法绘制矩形,同时也可通过"矩形"对话框绘制精确的矩形。下面介绍绘制矩形和正方形的操作方法。

步骤 01 打开素材图形(素材\第 3 章\矩形图形.ai),如图 3-18 所示。

步骤 02 选取工具面板中的矩形工具 ▭,设置"填色"为灰色(#676767),按住【Shift】键的同时,在图像中合适的位置单击鼠标左键,拖拽鼠标至合适位置后,释放鼠标,即可绘制一个正方形,如图 3-19 所示。

图 3-18　打开素材图形

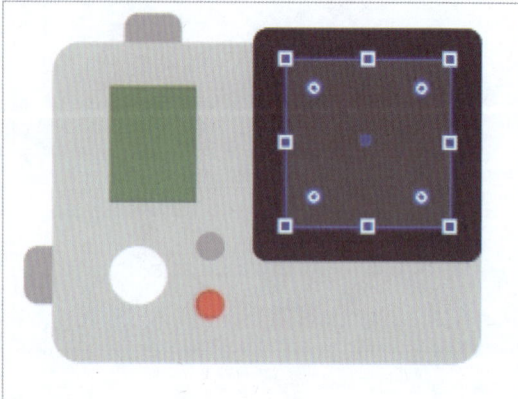

图 3-19　绘制正方形

步骤 03 选择绘制的正方形,按两次【Ctrl】+【[】组合键,将该图形下移,效果如图 3-20 所示。

步骤 04 用同样的方法绘制一个矩形,并将其置于底层,效果如图 3-21 所示。

图 3-20　调整排列顺序

图 3-21　绘制矩形

3.1.5 绘制圆角矩形

使用圆角矩形工具可以绘制出带有圆角的矩形图形,通过"矩形"对话框也可以绘制出精确的矩形对象。下面介绍绘制圆角矩形的操作方法。

步骤 01 打开素材图形(素材\第 3 章\梨子.ai),如图 3-22 所示。

第 3 章 绘制基本图形对象

步骤 02 选取工具面板中的圆角矩形工具 ▭，设置"填色"为青色（CMYK 参数值分别为 27%、0%、4%、0%），在窗口中单击鼠标左键，弹出"圆角矩形"对话框，设置"宽度"为 846 px、"高度"为 676 px、"圆角半径"为 20 px，如图 3-23 所示。

图 3-22 素材图像

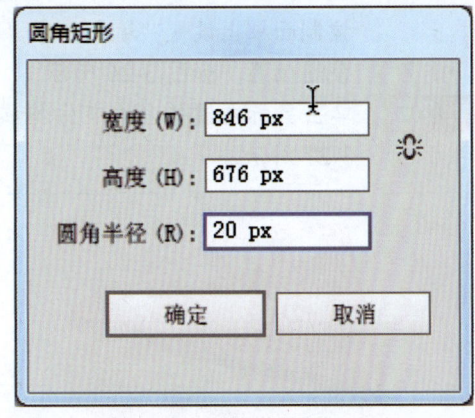

图 3-23 "圆角矩形"对话框

步骤 03 单击"确定"按钮，即可绘制出一个指定大小和圆角半径的圆角矩形，如图 3-24 所示。

步骤 04 使用选择工具选中所绘制的圆角矩形，并将圆角矩形移至素材图像的中央，按【Ctrl】+【[】组合键，即可调整图形之间的位置，如图 3-25 所示。

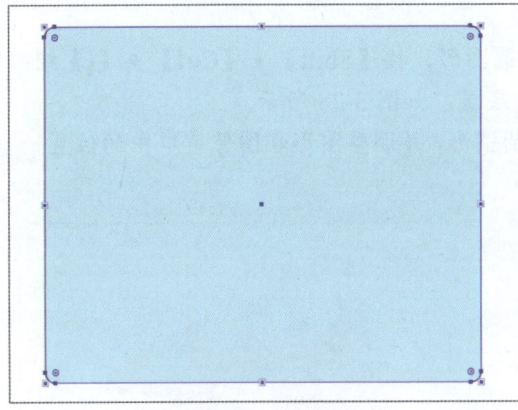

图 3-24 圆角矩形

图 3-25 调整图形位置

▶ 专家指点

利用圆角矩形工具绘制圆角矩形时，还有以下使用技巧：

（1）运用圆角矩形工具绘制图形时，若按住【Shift】键，可以绘制一个正方形圆角矩形。

（2）按住【Alt】键，可以鼠标单击点为中心向四周延伸绘制圆角矩形。

（3）按【Shift】+【Alt】组合键，以鼠标单击点为中心，绘制一个正方形圆角矩形。

（4）若按【Alt】+【~】组合键，以鼠标单击点为中心，绘制多个大小不同的圆角矩形。

3.1.6 绘制圆形和椭圆形

使用椭圆工具，可以快速地绘制一个任意半径的圆或椭圆，下面介绍绘制圆形和椭圆形的操作方法。

步骤 01 打开素材图形（素材\第 3 章\蛋糕.ai），选取工具面板中的椭圆工具，在控制面板上设置"填色"为"灰色"（#B5B5B6），将鼠标指针移至图像中的合适位置，如图 3-26 所示。

步骤 02 单击鼠标左键并向右下方拖拽，即可显示出一个椭圆形的蓝色路径，如图 3-27 所示。

图 3-26　素材图像　　　　　　　　　　图 3-27　绘制椭圆形

步骤 03 释放鼠标后，即可绘制一个灰色椭圆图形，按【Shift】+【Ctrl】+【[】组合键，将该图形移至图像窗口的最底层，如图 3-28 所示。

步骤 04 用与上同样的方法，绘制其他的椭圆图形，并调整图形在图像窗口中的位置，如图 3-29 所示。

图 3-28　调整图形位置　　　　　　　　图 3-29　绘制椭圆形

3.1.7 绘制多边形

使用多边形工具可以快速绘制指定边数的正多边形，绘制的边数可以是 3～1000 中任意的整数，下面介绍绘制多边形的操作方法。

步骤 01 打开素材图形（素材\第3章\企业标识.png），如图3-30所示。

步骤 02 选取工具面板中的多边形工具 ⬢，设置"描边"为黑色，将鼠标移至图像窗口中，单击鼠标左键，弹出"多边形"对话框，设置"半径"为75mm、"边数"为11，如图3-31所示。

图3-30 素材图像　　　　　　　　　　图3-31 "多边形"对话框

步骤 03 单击"确定"按钮，即可绘制出一个指定大小和边数的多边形，如图3-32所示。

步骤 04 使用选择工具选中所绘制的多边形，按两次【Ctrl】+【[】组合键，将该图形下移两层，效果如图3-33所示。

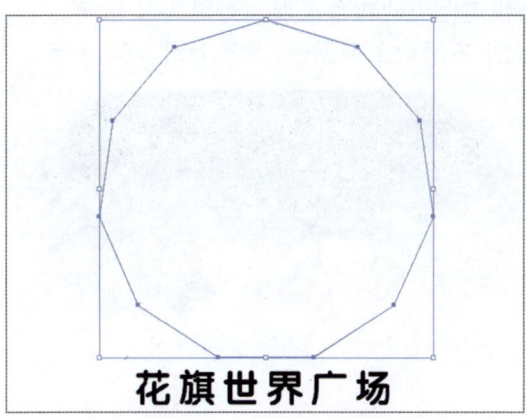 

图3-32 绘制的多边形　　　　　　　　图3-33 调整图形之间的位置

▶ **专家指点**

在使用多边形工具绘制多边形图形时，若按住【Shift】键的同时在图形窗口中单击鼠标左键并拖拽，所绘制多边形的底部与窗口的底部是水平对齐的；若按【↑】键，绘制的多边形将随着鼠标的拖拽逐渐地增加边数；若按【↓】键，绘制的多边形将随着鼠标的拖拽逐渐地减少边数；若按【~】键，将绘制多个重叠的不同大小的多边形，使之产生特殊的效果。

3.1.8 绘制星形

使用星形工具可以快速地绘制各种角数、宽度的星形图形，其操作方法与其他的基本几何体绘制工具一样，下面介绍绘制星形的操作方法。

步骤 01　打开素材图形（素材\第3章\幸福世界.png），如图3-34所示。

步骤 02　选取工具面板中的星形工具，设置"填充"为"黄色"（#FFF100），在图像窗口中单击鼠标左键，弹出"星形"对话框，设置"半径1"为5mm，"半径2"为1mm，"角点数"为4，如图3-35所示。

图3-34　缩放旋转图形　　　　　图3-35　还原文件

步骤 03　单击"确定"按钮，即可绘制一个指定大小的四角星形，如图3-36所示。

步骤 04　用与上同样的方法，可以绘制多个大小不同的星形图形，效果如图3-37所示。

图3-36　绘制指定大小的星形　　　　　图3-37　图像效果

3.1.9 绘制矩形网格

使用矩形网格工具可以快速绘制网格图形，下面介绍绘制矩形网格的操作方法。

步骤 01　打开素材图形（素材\第3章\餐饮广告.ai），如图3-38所示。

第 3 章 绘制基本图形对象

|步骤| 02 | 选取工具面板中的矩形网格工具 ▦ ，在控制面板上，设置"描边"为"黑色""描边粗细"为 4pt，将鼠标移至图像窗口中，单击鼠标左键，弹出"矩形网格工具选项"对话框，在"默认大小"选项区中设置"宽度"为 120mm、"高度"为 150mm，设置"水平分隔线"为 2、"垂直分隔线"为 2，如图 3-39 所示。

图 3-38　素材图像　　　　　　　　　图 3-39　"矩形网格工具选项"对话框

|步骤| 03 | 单击"确定"按钮，即可绘制一个指定大小和分隔线的矩形网格图形，如图 3-40 所示。

|步骤| 04 | 选取工具面板中的选择工具选中网格，调整网格在图像中的位置，效果如图 3-41 所示。

图 3-40　绘制矩形网格图形　　　　　　图 3-41　调整矩形网格的位置

3.1.10 绘制极坐标网格

使用极坐标网格工具，可以绘制具有同心圆放射线效果的网状图形，下面介绍绘制极坐标网格的操作方法。

步骤 01 打开素材图形（素材\第 3 章\公益宣传.ai），如图 3-42 所示。

步骤 02 选取工具面板中的极坐标网格工具，如图 3-43 所示。

图 3-42　素材图像　　　　　　　　　图 3-43　选取极坐标网格工具

步骤 03 在控制面板上，设置"描边颜色"为"白色""描边粗细"为 5pt，如图 3-44 所示。

步骤 04 将鼠标移至图像窗口中，单击鼠标左键，弹出"极坐标网格工具选项"对话框，在"默认大小"选项区中设置"宽度"为 150mm、"高度"为 150mm，设置"同心圆分隔线"为 4、"径向分隔线"为 4，如图 3-45 所示。

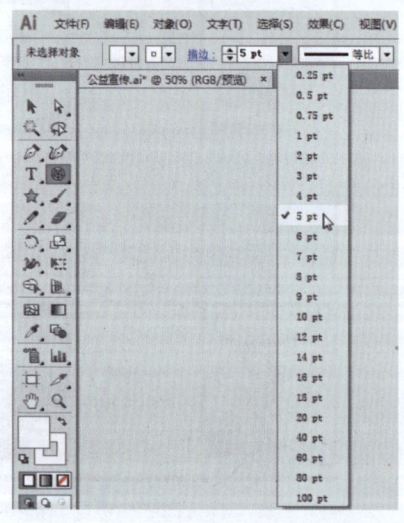
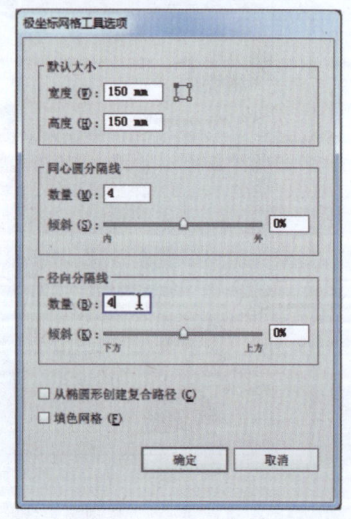

图 3-44　设置相应选项　　　　　　图 3-45　"极坐标网格工具选项"对话框

| 步骤 05 | 单击"确定"按钮,即可在文档中绘制一个指定大小和分隔线的极坐标网格图形,如图3-46所示。 |
| 步骤 06 | 选取工具面板中的选择工具选中网格,适当调整其位置,效果如图3-47所示。 |

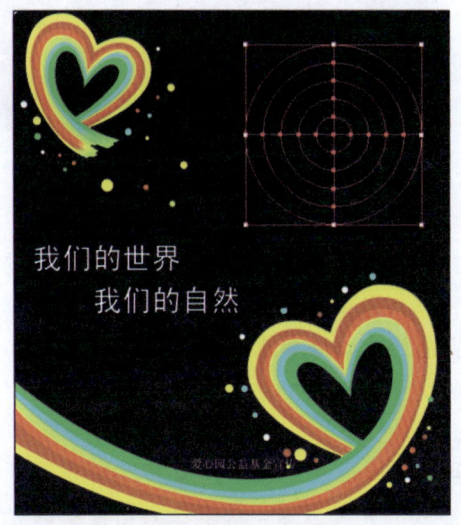

图3-46 绘制极坐标网格图形　　　　图3-47 调整图形位置

3.1.11 绘制光晕图形

使用光晕工具可以绘制出带光辉闪耀效果的图形,该图形具有明亮的中心、晕轮、射线和光圈,若在其他图形对象上使用,会获得类似镜头眩光的特殊效果。使用光晕工具可以制造出眩光的效果,如珠宝、阳光的光芒,下面介绍绘制光晕图形的操作方法。

| 步骤 01 | 打开素材图形(素材\第3章\线条图形.ai),如图3-48所示。 |
| 步骤 02 | 选取工具面板中的光晕工具,将鼠标指针移至图像的合适位置,单击鼠标左键并拖拽,如图3-49所示。 |

图3-48 素材图像　　　　图3-49 绘制光晕

| 步骤 03 | 至合适位置后释放鼠标,即可绘制一个光晕图形,如图3-50所示。 |
| 步骤 04 | 用与上同样的方法,再为图像绘制其他合适的光晕图形,如图3-51所示。 |

图 3-50 光晕图形

图 3-51 图像效果

▶ 专家指点

用户还可以对所绘制的光晕效果进行进一步的编辑,以使其更符合自己的需要。其相关编辑内容如下:

(1)用户若需要修改光晕效果的相关参数,首先选取工具面板中的选择工具,将其选中,双击工具面板中的光晕工具,在弹出的"光晕工具选项"对话框中,修改相应的参数,单击"确定"按钮,即可完成修改操作。

(2)用户如果需要修改光晕效果中心至末端的距离或光晕的旋转方向等,可使用工具面板中的选择工具在图形窗口中选择需要修改的光晕效果,选取工具面板中的光晕工具,移动鼠标至光晕效果的中心位置或末端位置,当鼠标指针呈 形状时,拖拽鼠标即可完成修改操作。

3.2 操作基本图形对象

本节主要介绍图形对象的基本操作技巧,如选择对象、移动对象、编组对象、排列对象、对齐对象以及复制对象等。虽然都是 Illustrator 入门的基本知识,但其中大部分都是以实例说明,因为动手实践才是学习 Illustrator 的最佳途径。

3.2.1 选择图形对象

在任何一种软件中,选择对象是使用频率最高的操作。在操作过程中,不论是修改对象还是删除对象等,都必须先选择相应的对象,才能对对象进行进一步操作。下面介绍选择图形对象的操作方法。

步骤 01 打开素材图形(素材\第 3 章\围巾.ai),如图 3-52 所示。

步骤 02 使用选择工具 ,在需要选择的图形上单击鼠标左键,即可选中该对象,如图 3-53 所示。

第 3 章 绘制基本图形对象

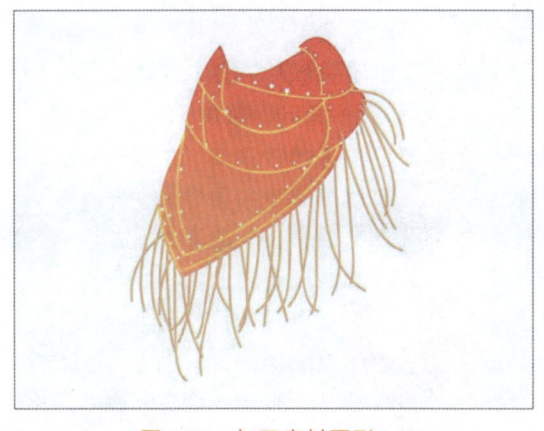

图 3-52 打开素材图形　　　　　　　图 3-53 选择图形

> ▶ 专家指点
> 在 Illustrator CC 中，使用直接选择工具主要是用来选择路径或锚点，并对图形的路径段和锚点进行调整。在经过编组操作的图形中，使用直接选择工具也可以进行选取。

3.2.2 移动图形对象

编辑图稿时，可以在画板中或多个画板间移动对象，也可以在打开的多个文档间移动对象。下面介绍移动图形对象的操作方法。

步骤 01　打开素材图形（素材\第 3 章\女孩背影.ai），如图 3-54 所示。
步骤 02　在当前图形窗口中，选择右侧的笔记本对象，如图 3-55 所示。

图 3-54 打开素材图形　　　　　　　图 3-55 选择相应对象

> ▶ 专家指点
> 使用选择工具选择对象，在"变换"面板或"控制"面板的 X（代表水平位置）和 Y（代表垂直位置）文本框中输入相应数值，按下【Enter】键即可移动对象。

步骤 03　单击对象并按住鼠标左键拖拽，如图 3-56 所示。
步骤 04　至合适位置后，释放鼠标左键，即可将其移动，如图 3-57 所示。

图 3-56　拖拽鼠标　　　　　　　　　图 3-57　移动图形对象

▶ 专家指点

使用选择工具选取对象后，按下【←】【↓】【→】【↑】键，可以将所选对象沿相应方向轻微移动 1 个点的距离。如果同时按住方向键和【Shift】键，则可以移动 10 个点的距离。

3.2.3　编组图形对象

复杂的图稿往往包含许多图形，为了便于选择和管理，可以将多个对象编为一组，此后进行移动、旋转和缩放等操作时，它们会一同变化。编组后，还可以随时选择组中的部分对象进行单独处理操作。在 Illustrator CC 成为整体中，用户可以将几个图形对象进行编组，以将其作为一个整体看待。当使用选择工具对编组中的某一图形进行移动时，编组图形的整体也将随着移动，并且编组的图形在进行移动或变换时，不会影响各个图形对象的位置和属性。

用户若要将几个图形对象进行编组时，首先要使用工具面板中的选择工具在图形窗口中按住【Shift】键的同时，依次选择多个要编组的图形，或在图形窗口中运用鼠标框选需要编组的图形，单击"对象"|"编组"命令，或按【Ctrl】+【G】组合键，即可将选择的多个图形对象进行编组。

用户若想将选择的编组图形取消编组时，可单击"对象"|"取消编组"命令，或按【Ctrl】+【Shift】+【G】组合键，即可将选择的编组对象解散成一个个单独的对象；若所选择的是复合编组对象时，那么执行"对象"|"取消编组"命令后，将解散原先所组合的多个编组对象，而不会一次性地将复合编组对象解散为一个个单独的对象。若用户还想继续解散编组对象，则必须再次执行"取消编组"命令（"取消编组"命令可以一直执行至每个编组对象不能再解散为止）。

下面介绍编组图形对象的操作方法。

步骤 01　打开素材图形（素材\第 3 章\打印纸.ai）。选取工具面板中的选择工具，框选相应的图形对象，如图 3-58 所示。

步骤 02　单击鼠标右键，在弹出的快捷菜单中选择"编组"选项，如图 3-59 所示。

第 3 章　绘制基本图形对象

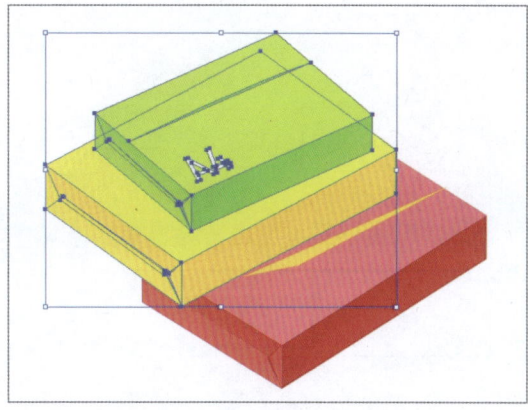 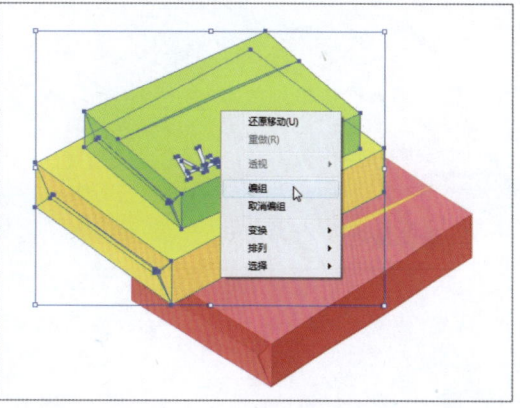

图 3-58　选择图形　　　　　　　图 3-59　选择"编组"选项

步骤 03　执行操作后，只需要在其中一个图形对象上单击鼠标左键，即可选中所有的图形对象，如图 3-60 所示。

步骤 04　单击鼠标左键并拖拽，至合适位置后释放鼠标，即可调整图形的位置，如图 3-61 所示。

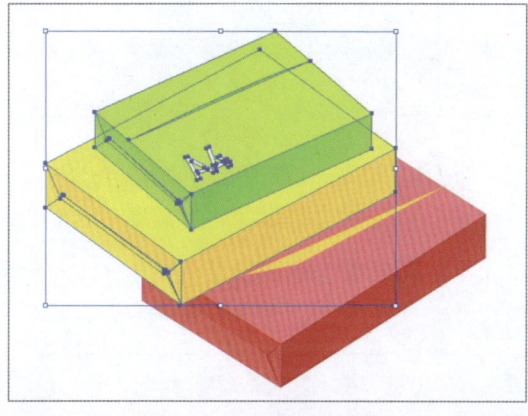 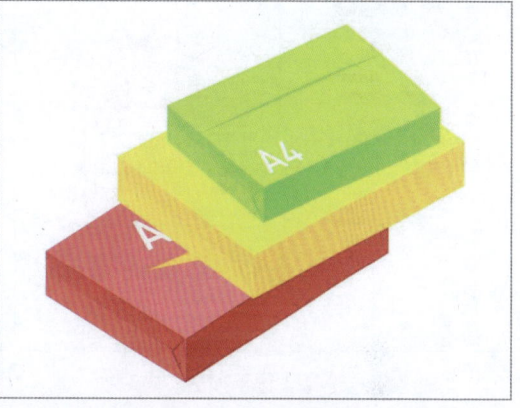

图 3-60　选中所有的图形　　　　　图 3-61　调整图形位置

▶ 专家指点

使用选择工具在图形窗口中选择需要解散编组的图形后，在图形窗口中的任意位置处单击鼠标右键，在弹出的快捷菜单中选择"取消编组"选项，也可以将选择的编组图形解散。

3.2.4　排列图形对象

在 Illustrator CC 中，用户除了可以通过使用"图层"面板来调整不同图层对象的前后排列关系外，还可以通过执行菜单命令调整同一图层中不同对象的前后排列关系。下面介绍排列图形对象的操作方法。

步骤 01　打开素材图形（素材\第 3 章\棒棒糖.ai），如图 3-62 所示。

步骤 02　选取选择工具，选中黄色图形对象，如图 3-63 所示。

图 3-62 打开素材图形

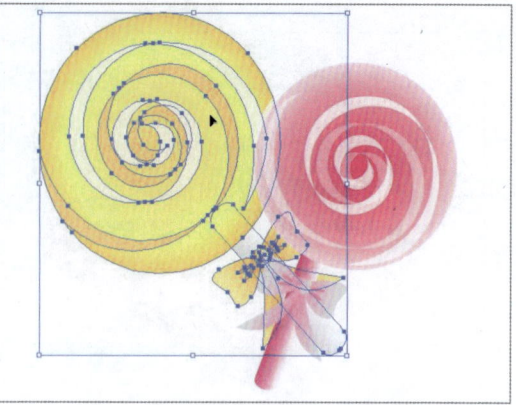
图 3-63 选中黄色的图形

步骤 03 单击鼠标右键,在弹出的快捷菜单中选择"排列"|"置于顶层"选项,如图 3-64 所示。

步骤 04 执行操作后,即可将该图形置于图像的最顶层,效果如图 3-65 所示。

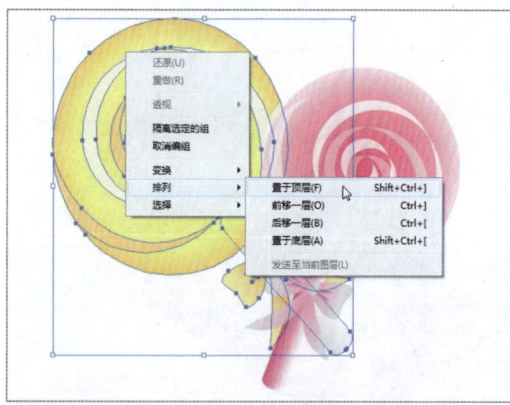
图 3-64 选择"置于顶层"选项

图 3-65 移至最顶层

▶ 专家指点

使用"选择"和"排列"选项的操作时,该操作只会对当前图层的图形起作用,因此,所编辑的图形应在一个图层中。

3.2.5 对齐图形对象

用户若要对齐图形中的多个图形,首先选取工具面板中的选择工具,在图形窗口中选择要对齐的图形,在"对齐"面板中单击相应的按钮,即可完成对齐操作。下面介绍对齐对象的操作方法。

步骤 01 打开素材图形(素材\第 3 章\新品广告.ai),如图 3-66 所示。

步骤 02 使用选择工具选择画板中的两个鞋子图形对象,如图 3-67 所示。

第 3 章　绘制基本图形对象

图 3-66　打开素材图形

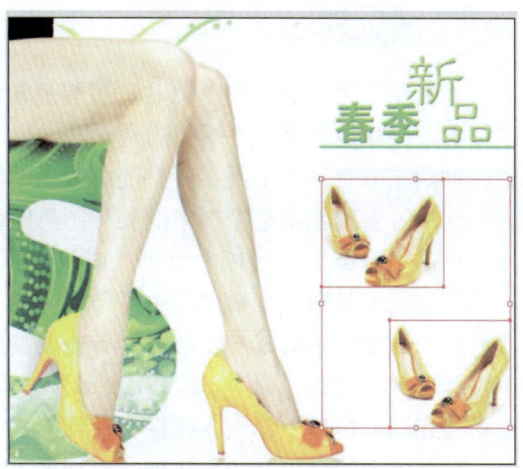

图 3-67　选择图形对象

> ▶ 专家指点
>
> 在 Illustrator CC 中进行对齐与分布操作时，选择的图形不需要属于同一图层，它们可以是不同图层中的图形，并且进行对齐或分布操作后，也不影响它们所在图层中的排列顺序。若用户只想对图形窗口中单独图层中所有的图形进行对齐与分布操作，则可以先锁定其他图层，再单击"选择"|"全部"命令，或按【Ctrl】+【A】组合键，选择未锁定图层中的所有图形，再在"对齐"面板中单击相应的按钮，即可完成对齐与分布操作。
>
> 用户若需要分布图形窗口中的图形时，必须选择 3 个以上的图形（包含 3 个），否则无效。

步骤 03　单击"窗口"|"对齐"命令，打开"对齐"面板，单击"水平居中对齐"按钮，如图 3-68 所示。

步骤 04　执行操作后，即可设置图形的对齐方式，效果如图 3-69 所示。

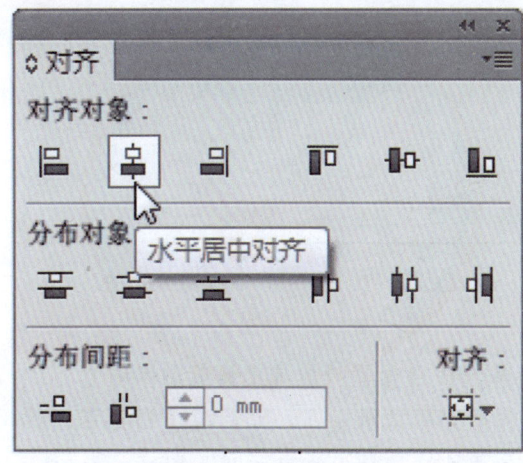

图 3-68　单击"水平居中对齐"按钮

图 3-69　设置图形的对齐方式

3.2.6 复制图形对象

"复制""剪切"和"粘贴"等都是软件中最普通的命令,它们用来完成复制与粘贴任务。与其他应用程序不同的是,Illustrator 还可以对图稿进行特殊的复制与粘贴,例如,粘贴在原有位置上或在所有的画板上粘贴等。

用户若要复制图形窗口中的某一图形时,首先使用选择工具在图形窗口中将其选择,然后单击"编辑"|"复制"命令,或按【Ctrl】+【V】组合键,即可复制选择的图形。

剪切图形是图形编辑过程中经常用到的一项操作,也是最简单的操作之一。用户若要剪切图形窗口中的某一图形时,首先要使用选择工具在图形窗口中将其选择,然后单击"编辑"|"剪切"命令,或按【Ctrl】+【X】组合键,即可剪切选择的图形。剪切的图形将在图形窗口中消失,并保存在计算机内存的剪贴板中。

粘贴图形的操作方法有几种,分别如下:

➢ 方法一:单击"编辑"|"粘贴"命令,或按【Ctrl】+【V】组合键,即可将已经复制或剪切的图形粘贴至当前的图形窗口中。

➢ 方法二:单击"编辑"|"贴在前面"命令,或按【Ctrl】+【F】组合键,即可将已经复制或剪切的图形粘贴至当前图形窗口中原图形的上方。

➢ 方法三:单击"编辑"|"贴在后面"命令,或按【Ctrl】+【B】组合键,即可将已经复制或剪切的图形粘贴至当前图形窗口中原图形的下方(与"贴在前面"命令相反)。

3.2.7 镜像图形对象

使用 Illustrator CC 软件绘制或编辑图形时,有时为了设计需要,要将图形按照一定的对称方向进行镜像变换,而使用镜像工具 可以将选择的图形按水平、垂直或任意角度进行镜像或镜像复制,下面介绍镜像图形对象的操作方法。

步骤 01 打开素材图形(素材\第 3 章\鱼缸.ai),如图 3-70 所示。

步骤 02 选取工具面板中的选择工具,选择相应的图形对象,如图 3-71 所示。

图 3-70 打开素材图形

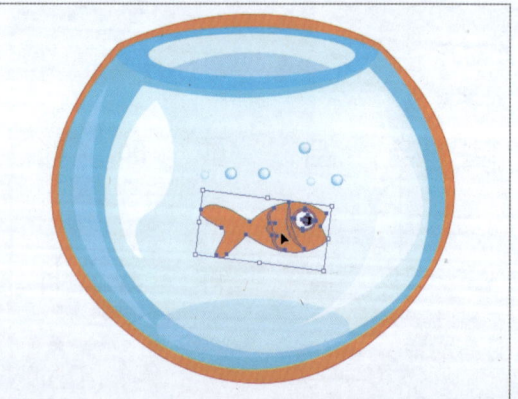
图 3-71 选中图形

步骤 03 选取工具面板中的镜像工具 ,系统将自动以所选图形的中心点为原点,按住【Shift】键的同时,单击鼠标左键并拖拽,此时图像窗口中显示了镜像操作的预览效果,如图 3-72 所示。

步骤 04 释放鼠标后,即可完成图形的镜像操作,效果如图 3-73 所示。

图 3-72 镜像操作的预览效果

图 3-73 图像效果

本章小结

本章首先介绍了运用各种绘图工具绘制基本图形的操作方法,如绘制直线、弧线、螺旋线、矩形、圆角矩形、圆形、多边形、星形以及矩形网格等操作;然后介绍了编辑这些基本图形的技巧,如图形对象的选择、移动、编组、排列、对齐、复制以及镜像等操作,熟练掌握这些图形的绘制与编辑技巧,可以帮助用户更好地使用 Illustrator CC 中的绘图工具。

课后习题

鉴于本章知识的重要性,为了帮助读者更好地掌握所学知识,本节将通过上机习题,帮助读者进行知识回顾和巩固。

本习题需要掌握绘制光晕图形的方法,效果如图 3-74 所示。

图 3-74 素材与效果

第 4 章　使用钢笔与路径工具

【本章导读】

想要玩转 Illustrator CC，首先要学好钢笔工具，因为它是 Illustrator 中最强大、最重要的绘图工具。灵活、熟练地使用钢笔工具，是每一个 Illustrator 用户必须掌握的基本技能。本章将带领大家学习使用钢笔工具绘制图形的技巧以及编辑路径的各种方法。

【本章重点】

- 钢笔工具的绘图技巧
- 自由绘图工具的使用
- 编辑锚点与路径对象
- 图像描摹操作

4.1　钢笔工具的绘图技巧

路径在 Illustrator CC 中的定义是使用绘图工具绘制的任何线条或形状。一条直线、一个矩形和一幅图的轮廓都是典型的路径。路径可以由一条或多条线段组成，每条线段的端点称为锚点。使用工具面板中的钢笔工具可以绘制出各种形状的直线和平滑曲线，本节主要介绍使用钢笔工具绘制图形的操作方法。

4.1.1　绘制直线路径

钢笔工具是绘制路径的主要工具，用户使用它可以很方便地在图形窗口中绘制所需的各种路径，再形成各种各样的图形，下面介绍使用钢笔工具绘制直线的操作方法。

步骤 01　打开素材图形（素材\第 4 章\自行车.ai），如图 4-1 所示。
步骤 02　选取工具面板中的钢笔工具，如图 4-2 所示。

图 4-1　打开素材图形

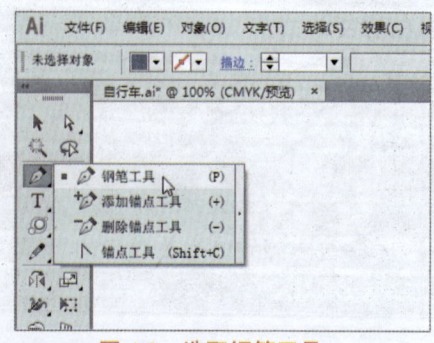

图 4-2　选取钢笔工具

步骤 03	在控制面板上设置"填色"为无,"描边"为深灰色(#4B606E),"描边粗细"为 6pt,将鼠标移至图像窗口中的合适位置,如图 4-3 所示。
步骤 04	单击鼠标左键,确认起始点,再移动鼠标指针至图像窗口中的另一个合适位置,如图 4-4 所示。

图 4-3　移动鼠标　　　　　　　　　　　图 4-4　移动鼠标

步骤 05	单击鼠标左键后,释放鼠标,即可绘制一条直线路径,并适当调整其排列顺序,效果如图 4-5 所示。
步骤 06	用与上同样的方法,为图像绘制出其他的直线路径,如图 4-6 所示。

图 4-5　直线路径　　　　　　　　　　　图 4-6　绘制直线路径

> ▶ 专家指点
>
> 使用钢笔工具绘制路径的过程中,若按住【Shift】键,所绘制的路径为水平、垂直,或以 45°角递增的直线段。
>
> 在绘制完成一条直线段后,单击一下钢笔工具图标,再绘制第二线直线段,否则,第二条直线段的第一个节点将与第一条直线段的第二个节点同为一个节点。

4.1.2　绘制曲线路径

比直线更复杂的是曲线,曲线由锚点和曲线段组成,一条路径处于编辑状态时,其锚点将显示为实心小方块,其他锚点则显示空心小方块,下面介绍绘制曲线的操作方法。

步骤 01　打开素材图形（素材\第4章\葡萄.ai），如图4-7所示。

步骤 02　选取工具面板中的钢笔工具 ，在控制面板上设置"填色"为"无"，"描边"为绿色（#6EA130），"描边粗细"为30pt，如图4-8所示。

图4-7　打开素材图形

图4-8　设置工具属性

步骤 03　将鼠标移至图像窗口的合适位置，单击鼠标左键确定起始点，如图4-9所示。

步骤 04　将鼠标指针移至另一个合适的位置，单击鼠标左键并拖拽，至合适位置后释放鼠标，即可绘制一截弯曲的路径，并适当调整图形排列顺序，效果如图4-10所示。

图4-9　确定起始点

图4-10　绘制路径

▶ 专家指点

钢笔工具所绘制的曲线由锚点和曲线段组成，当路径处于编辑状态时，路径的锚点将显示为实心小方块，其他的锚点则为空心小方块，若锚点被选中，将会有一条或两条指向方向点的控制柄。另外，在使用钢笔工具绘制曲线时，鼠标拖拽的距离与节点距离越远，则曲线的弯曲程度就越大。

4.1.3　绘制转角曲线

转角曲线是与上一段曲线之间出现转折的曲线。绘制这样的曲线时，需要在创建新的锚点前改变方向线的方向。下面介绍绘制转角曲线的操作方法。

步骤 01　打开素材图形（素材\第 4 章\雨伞.ai），如图 4-11 所示。

步骤 02　选取工具面板中的钢笔工具，在控制面板上设置"填色"为"无"，"描边"为红色（#E60012），"描边粗细"为 30pt，绘制一段曲线，将光标放在路径转折点上，如图 4-12 所示。

图 4-11　绘制一段曲线　　　　图 4-12　放在路径转折点上

步骤 03　按住【Alt】键的同时，在转折点上单击鼠标左键，这样的操作是通过拆分方向线的方式将平滑点转换成角点，向上引导光标，移至合适位置，如图 4-13 所示。

步骤 04　在合适位置上，单击鼠标左键，即可创建一个新的平滑点，绘制出转角曲线，效果如图 4-14 所示。

图 4-13　拖拽鼠标　　　　图 4-14　转角曲线

4.1.4　绘制闭合路径

使用钢笔工具可以很方便地绘制一个闭合图形，方法是将鼠标移动至路径的起始点处，此时鼠标指针将呈一个箭头加一个圆圈的形状，该形状表示再次单击鼠标左键即可绘制一个闭合的路径。下面介绍绘制闭合路径的操作方法。

步骤 01　打开素材图形（素材\第 4 章\美丽俏佳人.ai），如图 4-15 所示。

步骤 02　选取工具面板中的钢笔工具，在控制面板上设置"填色"为无，"描边"为"黑色"，"描边粗细"为 2pt，将鼠标移至图像窗口的合适位置，单击鼠标左键确定起始点,将鼠标指针移至另一个合适的位置,单击鼠标左键并拖拽,至合适位置后释放鼠标,将鼠标移至锚点上(图 4-16),按住【Alt】键的同时单击鼠标左键,去除锚点上其中一侧的控制柄和方向点。

图 4-15　素材图像　　　　　　　　　　　图 4-16　移至锚点

步骤 03　将鼠标移至起始点上,单击鼠标左键并进行拖拽,至合适位置后释放鼠标,即可绘制一个闭合的路径,如图 4-17 所示。

步骤 04　使用选择工具选中所绘制的闭合路径,在控制面板上设置"填色"为"黑色",调整图形与图像之间的位置,如图 4-18 所示。

图 4-17　绘制闭合路径　　　　　　　　　图 4-18　调整图形位置

▶ **专家指点**

在 Illustrator CC 中,使用工具面板中的绘图工具绘制的图形对象,无论是曲线还是规则的基本图形,甚至是文本工具输入的文本对象,它们的轮廓线都被称为路径,所以路径是矢量绘图中一个很重要的概念。

4.2　自由绘图工具的应用

用户使用工具面板中的自由画笔工具可以在图形窗口中很方便地绘制出各种自由形状的图形。在 Illustrator CC 中,自由画笔工具包括铅笔工具 ✏️、平滑工具 ✏️ 和路径橡皮擦工具 ✏️,本节主要介绍这些工具的应用技巧。

4.2.1 运用铅笔工具绘制图形

用户在作图或绘画时，铅笔是一种必不可少的工具，通过使用铅笔可以勾勒出图形的轮廓，建立图形的底稿。在 Illustrator CC 中，用户通过使用铅笔工具也可以绘制任意形状的路径，并且不止局限于固定的几个基本图形。

铅笔工具是一个相当灵活的工具，用户通过使用它在图形窗口中进行拖拽，即可绘制出炫目的复杂图形。下面介绍运用铅笔工具绘制图形的操作方法。

> ▶ 专家指点
>
> 在使用铅笔工具绘制图形时，若按住【Alt】键的同时拖拽鼠标，则鼠标指针将呈 形状，表示所绘制的图形为闭合路径，完成绘制后，释放鼠标和【Alt】键，曲线将自动生成闭合路径。在绘制过程中，若鼠标移动的速度过快，则会忽略某些线条的方向或节点；若在某一处停留的时间较长，则此处将插入一个节点。

步骤 01　打开素材图形（素材\第 4 章\蝴蝶.ai），如图 4-19 所示。

步骤 02　选取铅笔工具，在控制面板上设置"填色"为"无"，"描边"为黑色，"描边粗细"为 2pt，如图 4-20 所示。

图 4-19　素材图像

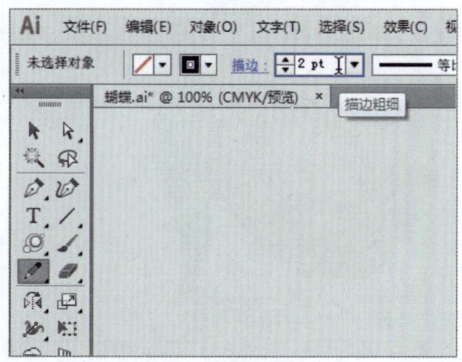
图 4-20　设置工具属性

步骤 03　将鼠标指针移至图像窗口中，单击鼠标左键并拖拽，即可完成所需绘制的路径或图形，如图 4-21 所示。

步骤 04　用以上同样的方法，使用铅笔工具绘制其他的图形，效果如图 4-22 所示。

图 4-21　绘制图形

图 4-22　图形效果

4.2.2 运用平滑工具修饰路径

平滑工具 是一种路径修饰工具,用户使用它可以对绘制的路径进行平滑处理,并尽可能保持路径的原有形状。用户在使用平滑工具修饰绘制的路径时,首先要使用工具面板中的选择工具选择需要修饰的路径,然后选取工具面板中的平滑工具,再选择的路径中需要平滑的位置外侧单击鼠标左键并由外向内拖拽鼠标,拖拽完成后释放鼠标,即可对绘制的路径进行平滑处理。下面介绍运用平滑工具修饰路径对象的操作方法。

步骤 01 打开素材图形(素材\第4章\爱心玫瑰.ai),如图4-23所示。

步骤 02 选取工具面板中的选择工具,选中图像中所要修饰的图形路径,如图4-24所示。

步骤 03 在平滑工具 图标上双击鼠标左键,弹出"平滑工具选项"对话框,在其中设置"保真度"为"平滑",如图4-25所示。

步骤 04 单击"确定"按钮,将鼠标指针移至需要修饰路径的锚点上,单击鼠标左键,即可对路径进行平滑处理,效果如图4-26所示。

图 4-23 打开素材图形

图 4-24 选中需要编辑的图形路径

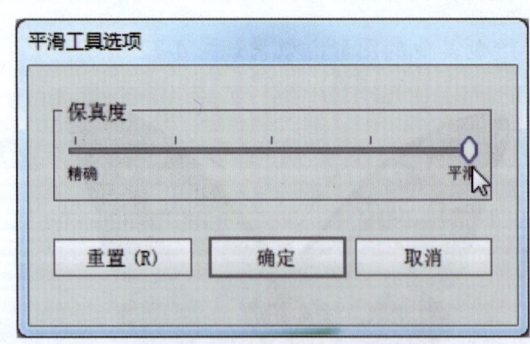

图 4-25 设置"保真度"为"平滑"

图 4-26 对路径进行平滑处理

4.2.3 运用路径橡皮擦工具修饰图形

路径橡皮擦工具 也是一种修饰工具,用户使用它可以擦除绘制的路径的全部或部分曲线。

　　路径橡皮擦工具的操作方法非常简单，用户只需在工具面板中选取该工具后，在图形窗口中沿所要擦除的路径处单击鼠标左键并拖拽，就可以进行擦除，操作完成后释放鼠标，即可将鼠标指针所经过的路径曲线部分擦除。

　　下面介绍运用路径橡皮擦工具修饰图形对象的操作方法。

步骤 01　打开素材图形（素材\第 4 章\水果饮料.ai），如图 4-27 所示。

步骤 02　使用选择工具选中需要修饰的图形路径，如图 4-28 所示。

> ▶ 专家指点
>
> 　　使用橡皮擦工具的过程中，由于所修饰的图形大小或范围不同，橡皮擦的大小也应该随之改变，按【 [】键可以减小橡皮擦的直径；按【] 】键可以增大橡皮擦的直径。

图 4-27　打开素材图形　　　　　　　　　图 4-28　选择图形

步骤 03　选取工具面板中的路径橡皮擦工具 ✏️，将鼠标移至需要修饰的图形路径节点上，单击鼠标左键，如图 4-29 所示。

步骤 04　执行操作后，即可擦除选择的图形路径，效果如图 4-30 所示。

图 4-29　擦除图形　　　　　　　　　　　图 4-30　图像效果

4.2.4 运用剪刀工具剪切路径

使用剪刀工具可以将一个开放路径对象分割成多个开放路径对象，也可以将闭合路径对象分割成多个开放路径对象。此外，选取工具面板中的剪刀工具，在所绘路径对象的不同位置处单击鼠标，效果也会有所不同。下面介绍使用剪刀工具剪切路径的方法。

步骤 01 打开素材图形（素材\第 4 章\圆球.ai），如图 4-31 所示。

步骤 02 使用选择工具选中需要修饰的图形路径，如图 4-32 所示。

> ▶ 专家指点
> 在 Illustrator CC 中，使用剪刀工具还可以分割图形框架或空的文本框架。

步骤 03 选取工具面板中的剪刀工具 ✂，将鼠标移至需要修饰的图形路径上，如图 4-33 所示。

步骤 04 单击鼠标左键，即可剪切路径，如图 4-34 所示。

图 4-31　打开素材图形

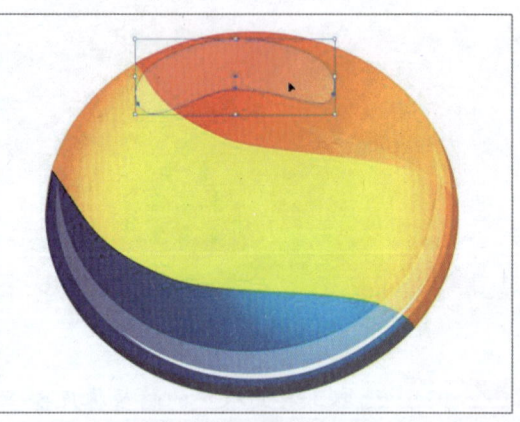

图 4-32　选择图形

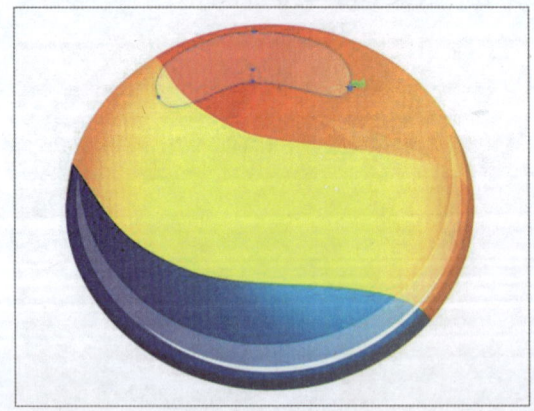

图 4-33　定位光标

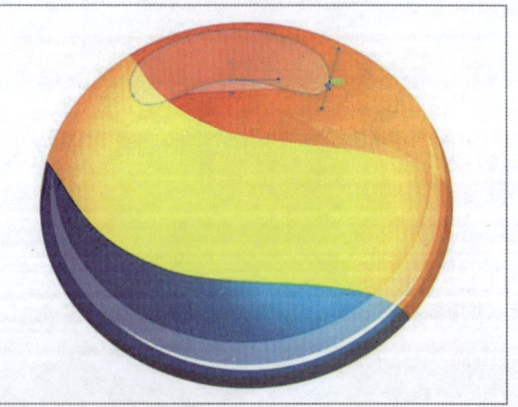

图 4-34　剪切路径

步骤 05 用直接选择工具选择并移动分割处的锚点，可以看到分割效果，如图 4-35 所示。

图 4-35　分割效果

4.3　编辑锚点与路径对象

绘制路径后，可以通过编辑锚点来改变路径的形状，使绘制的图形更加准确。本节主要介绍编辑锚点与路径对象的操作方法。

4.3.1　选择路径对象

在修改路径形状或编辑路径之前，首先选择路径上的锚点或路径段。使用直接选择工具，可以从群组的路径对象中，直接选择其中任意一个组合对象的路径，还可以单独选择该路径的某一锚点。下面介绍用直接选择工具选择锚点和路径的操作方法。

步骤 01　打开素材图形（素材\第 4 章\眼镜.ai），选取工具面板中的选择工具，将鼠标移至需要选择的图形路径上，单击鼠标左键，如图 4-36 所示。

步骤 02　切换至直接选择工具，即可选中与该路径编组在一起的所有路径，选中的图形路径的所有节点呈实心方块的状态，如图 4-37 所示。

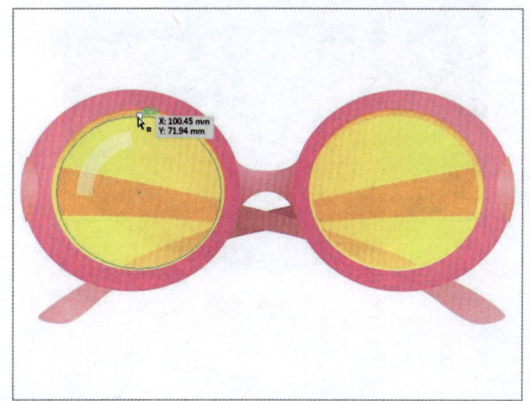

图 4-36　移动鼠标

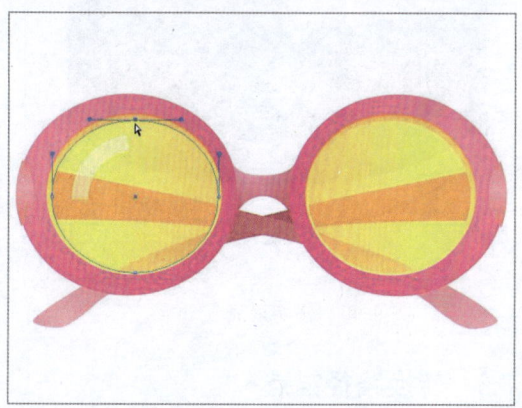

图 4-37　选中路径

4.3.2 移动锚点对象

Illustrator CC 中的整形工具可以调整锚点的位置，修改曲线的形状，下面介绍移动锚点对象的操作方法。

步骤 01　打开素材图形（素材\第 4 章\盒子.ai），如图 4-38 所示。

步骤 02　使用直接选择工具 ，单击并拖拽鼠标，拖出一个选框，选中相应的锚点，如图 4-39 所示。

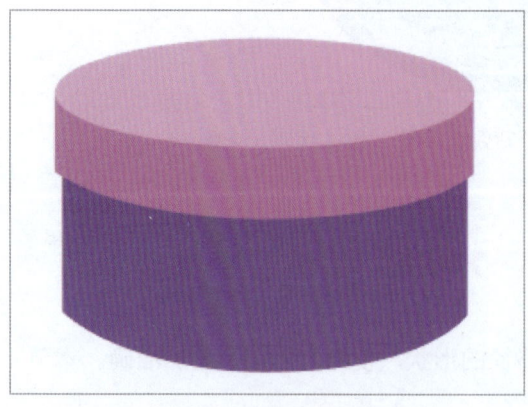
图 4-38　打开素材图形

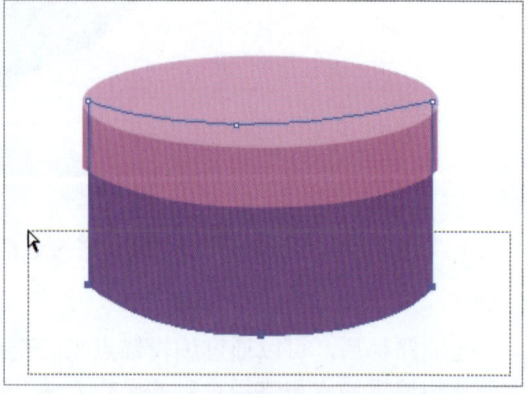
图 4-39　选中相应的锚点

步骤 03　选择整形工具 ，将光标放在选中的锚点上方，单击并拖拽鼠标移动锚点，如图 4-40 所示。

步骤 04　至合适位置后，释放鼠标左键，即可最大程度的保存路径原有形状来调整路径，效果如图 4-41 所示。

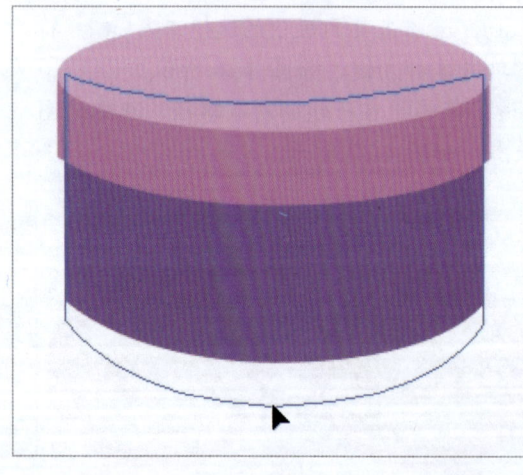
图 4-40　移动锚点

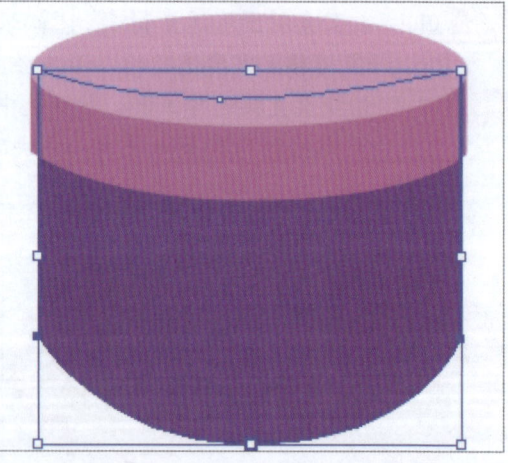
图 4-41　调整路径

4.3.3 转换路径锚点

锚点可分为直线锚点和曲线锚点，所连接的路径分别为直线路径和曲线路径，使用锚点工具可以将曲线锚点转换为直线锚点，或将直线锚点转换为曲线锚点。若需要将直线锚点转换为曲线锚点，选取工具面板中的锚点工具后，在所需要转换的直线锚点上单击鼠标并拖拽,即可将直线锚点转换为曲线锚点。下面介绍转换路径锚点的操作方法。

步骤 01 打开素材图形(素材\第 4 章\高跟鞋.ai),使用选择工具选中需要编辑的路径,如图 4-42 所示。

步骤 02 选取工具面板中的锚点工具 ,在需要转换路径的锚点上单击鼠标左键并拖拽,至合适位置后释放鼠标,即可将直线路径转换为曲线路径,如图 4-43 所示。

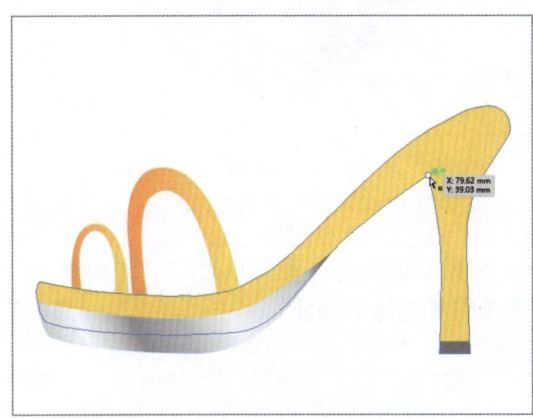

图 4-42 选择路径　　　　　　　　　　图 4-43 转换为曲线

4.3.4 添加与删除锚点

路径是由一条或多条线段组成的曲线,锚点就是这些线段从开始至结束之间的结构点,这样路径可以通过这些结构点来绘制其轮廓形状。锚点是路径的基本载体,是路径中线段与线段之间的交点。

添加锚点可以方便用户更好地控制路径的形状,并且还可以协助其他编辑工具调整路径。选取工具面板中的添加锚点工具 ,在绘制的路径处单击鼠标左键,即可在该单击处添加一个锚点,并同时产生两个调节方向线。锚点的两个方向点就像一个杠杆,用户可使用它们对路径进行调整。

通过删除锚点的操作,可以帮助用户改变路径的形状,从而删除路径中不必要的锚点,以减少路径的复杂程度。选取工具面板中的删除锚点工具 ,在需要删除锚点的路径处单击鼠标左键,即可删除该锚点,而原有路径将自动调整以保持连贯。

用户使用工具面板中的钢笔工具绘制路径时,也可以进行节点的添加与删除操作。移动鼠标指针至要添加或删除锚点的位置处,此时鼠标指针呈添加锚点形状 或删除锚点形状 ,用户只需单击鼠标左键即可添加或删除锚点。

下面介绍添加和删除锚点的操作方法。

步骤 01 打开素材图形(素材\第 4 章\十字.ai),如图 4-44 所示。

步骤 02 使用选择工具选中需要编辑的图形路径,选中工具面板中添加锚点工具 ,将鼠标指针移至选中的图形路径的合适位置,单击鼠标左键,即可添加一个锚点,如图 4-45 所示。

图 4-44　打开素材图形

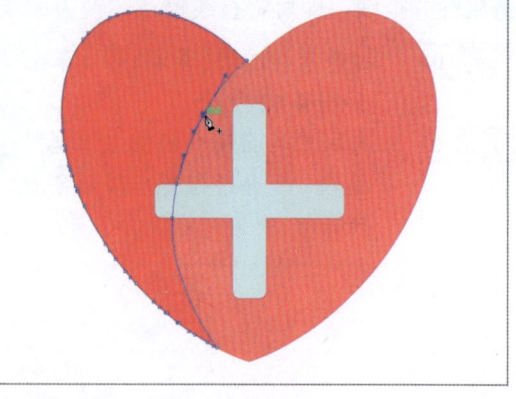
图 4-45　添加锚点

> ▶ 专家指点
>
> 　　在 Illustrator CC 中，用户除了使用工具添加和删除锚点外，还可以通过"添加锚点"命令和"移去锚点"命令来添加或删除锚点。选择需要删除的锚点，单击"对象"|"路径"|"移去锚点"命令，即可删除该锚点。

步骤 03　选择工具面板中的直接选择工具 ，在需要编辑的锚点上单击鼠标左键，并拖拽鼠标至合适位置，如图 4-46 所示。

步骤 04　选中工具面板中的删除锚点工具 ，将鼠标移至需要删除的锚点上，如图 4-47 所示。

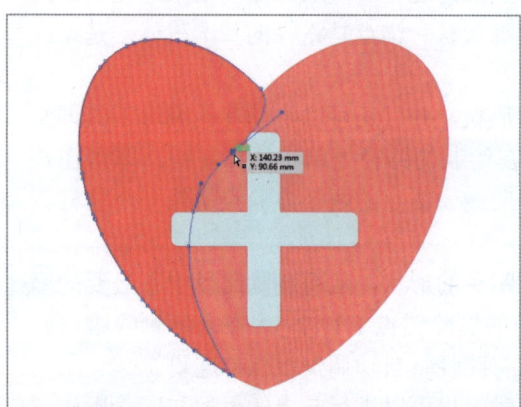
图 4-46　移动锚点位置

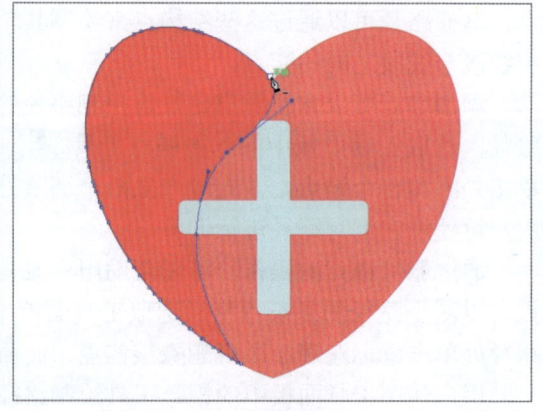
图 4-47　移至需要删除的锚点

步骤 05　单击鼠标左键，即可删除不需要的锚点，如图 4-48 所示。

步骤 06　使用直接选择工具 适当调整锚点的位置，最终的效果如图 4-49 所示。

> ▶ 专家指点
>
> 　　在 Illustrator CC 中，用户除了使用工具添加和删除锚点外，还可以通过"添加锚点"命令和"移去锚点"命令添加或删除锚点。选择需要删除的锚点，单击"对象"|"路径"|"移去锚点"命令，即可删除该锚点。

图 4-48　删除多余锚点　　　　　　　图 4-49　调整锚点位置

4.3.5　连接开放路径

开放路径是由起始点、中间点和终止点所构成的曲线，一般不少于两个锚点，如直线、曲线和螺旋线等，下面介绍连接开放路径的操作方法。

步骤 01　打开素材图形（素材\第 4 章\箭头.ai），使用选择工具选中图像窗口中的开放路径，如图 4-50 所示。

步骤 02　单击菜单栏中的"对象"|"路径"|"连接"命令，即可将开放的路径进行连接，如图 4-51 所示。

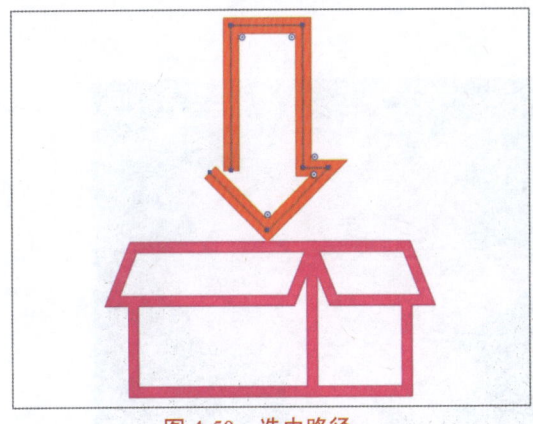
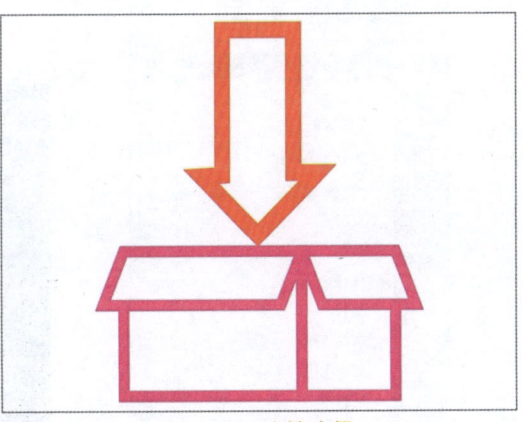

图 4-50　选中路径　　　　　　　　　图 4-51　连接路径

4.4　图像描摹操作

图像描摹是从位图中生成矢量图的一种快捷方法，它可以让照片、图片瞬间变为矢量插画，也可以基于一幅位图快速绘制出矢量图。本节主要介绍图像的描摹操作技巧。

4.4.1　描摹图像

在进行图像描摹时，描摹的程度和效果都可以在"图像描摹"面板中进行设置，下面介绍描摹图像的操作方法。

步骤 01　打开素材图像（素材\第 4 章\荷花.ai），如图 4-52 所示。

步骤 02　使用选择工具 选择图像，如图 4-53 所示。

图 4-52　打开素材图像　　　　　　　　　　图 4-53　选择图像

步骤 03　单击"窗口"|"图像描摹"命令，打开"图像描摹"面板，在"预设"列表框中选择"16 色"选项，如图 4-54 所示。

步骤 04　执行操作后，即可对图像进行描摹，效果如图 4-55 所示。

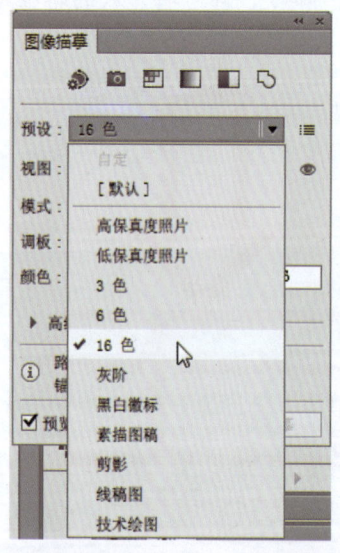 

图 4-54　选择"16 色"选项　　　　　　　　图 4-55　对图像进行描摹

▶ 专家指点

　　如果要使用默认的描摹选项进行描摹图像，可单击控制面板中的"图像描摹"按钮，或执行"对象"|"图像描摹"|"建立"命令。

步骤 05　在"图层"面板中，对象会命名为"图像描摹"，如图 4-56 所示。

步骤 06　使用矩形工具在图像上方创建一个与其大小相同的矩形，填充棕色（CMYK 参数值分别为 60%、100%、100%、50%），效果如图 4-57 所示。

第 4 章　使用钢笔与路径工具

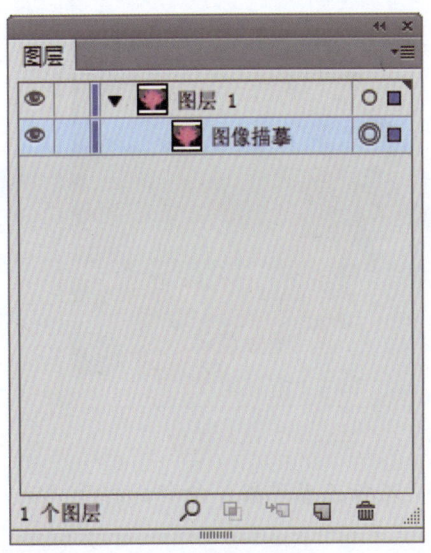

图 4-56　"图层"面板

图 4-57　填充棕色

步骤 07　在"透明度"面板中设置混合模式为"叠加",如图 4-58 所示。
步骤 08　执行操作后,即可改变图像效果,如图 4-59 所示。

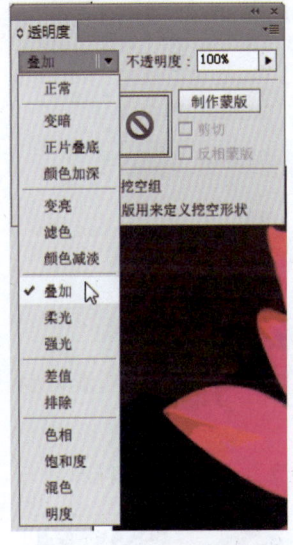

图 4-58　设置混合模式

图 4-59　图像效果

4.4.2　使用色板描摹图像

除了使用预设进行图像描摹外,用户还可以通过"图像描摹"面板调用色板库中的色板进行描摹。下面介绍使用色板描摹位图的操作方法。

步骤 01　打开素材图形(素材\第 4 章\花.ai),如图 4-60 所示。
步骤 02　使用选择工具 选择图像,如图 4-61 所示。

图 4-60　打开素材图形

图 4-61　选择图像

步骤 03　单击"窗口"|"色板库"|"艺术史"|"流行艺术风格"命令，打开"流行艺术风格"面板，如图 4-62 所示。

步骤 04　打开"图像描摹"面板，在"模式"列表框中选择"彩色"选项，在"调板"列表框中选择"流行艺术风格"色板库，如图 4-63 所示。

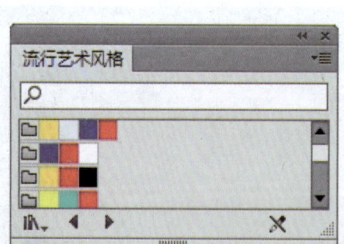
图 4-62　打开"流行艺术风格"面板

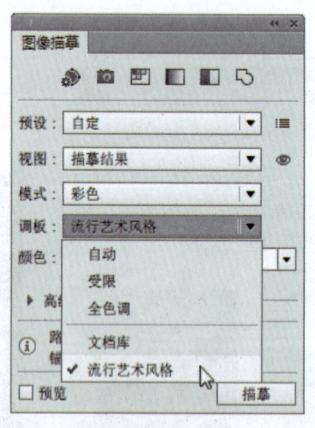
图 4-63　选择"流行艺术风格"色板库

步骤 05　单击"描摹"按钮，如图 4-64 所示。

步骤 06　执行操作后，即可用该色板库中的颜色描摹图像，效果如图 4-65 所示。

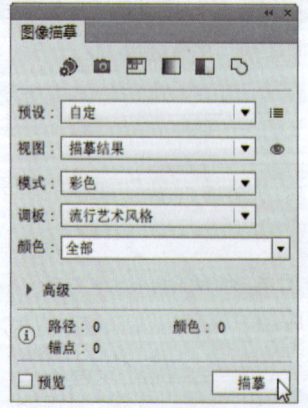
图 4-64　单击"描摹"按钮

图 4-65　描摹图像

4.4.3 自定义描摹图像

在使用色板库中的色板描摹图像时,用户还可以自定义色板中的颜色,达到更理想的描摹效果。下面介绍自定义描摹图像的色板的操作方法。

步骤 01 打开素材图形(素材\第 4 章\漂亮女孩.ai),如图 4-66 所示。

步骤 02 打开"色板"面板,单击底部的"新建色板"按钮 ,如图 4-67 所示。

步骤 03 弹出"新建色板"对话框,设置 RGB 参数值分别为 255、0、0,如图 4-68 所示。

步骤 04 单击"确定"按钮,即可新建一个色板,如图 4-69 所示。

图 4-66 打开素材图形

图 4-67 单击"新建色板"按钮

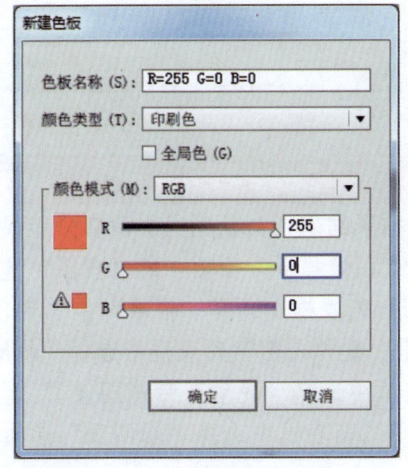

图 4-68 "新建色板"对话框

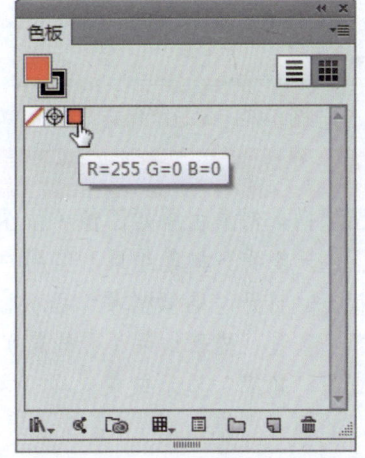

图 4-69 新建一个色板

步骤 05 使用上述相同的操作,再创建两个色板,RGB 参数值分别为(0、255、0)、(0、0、255),如图 4-70 所示。

步骤 06 打开面板菜单,选择"将色板库存储为 ASE"选项,如图 4-71 所示。

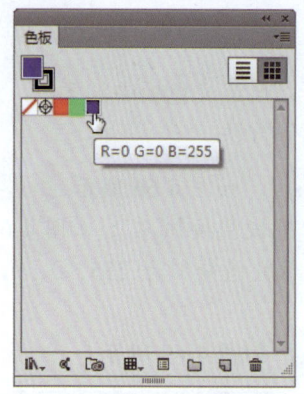
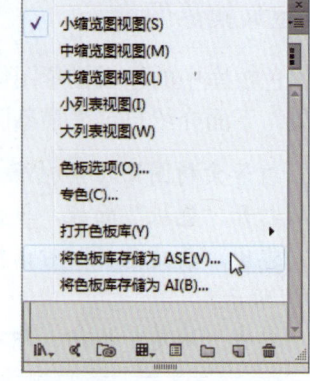

图 4-70　创建两个色板　　　　　　图 4-71　选择"将色板库存储为 ASE"选项

步骤 07　弹出"另存为"对话框，设置相应的保存位置，单击"保存"按钮，如图 4-72 所示。

步骤 08　单击"窗口"|"色板库"|"其它库"命令，弹出"打开"对话框，选择创建的自定义色板库，如图 4-73 所示。

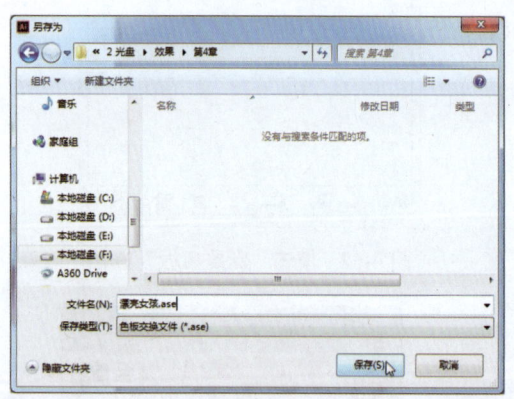
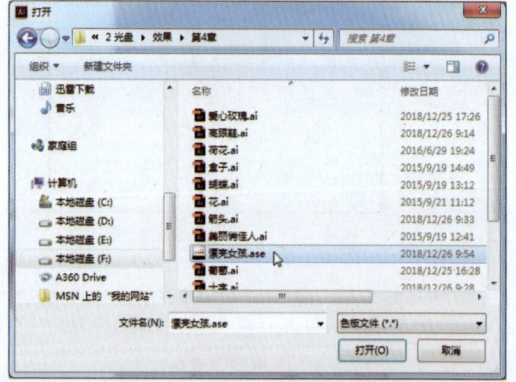

图 4-72　单击"保存"按钮　　　　　　图 4-73　选择创建的自定义色板库

> ▶ **专家指点**
>
> 　　图像描摹对象由原始图像（位图图像）和描摹结果（矢量图稿）两部分组成，在默认情况下，只能看到描摹结果，但用户可以利用"图像描摹"面板中的"视图"选项来修改显示状态。打开"图像描摹"面板，在"视图"列表框中选择"描摹结果（带轮廓）"选项，即可查看"描摹结果（带轮廓）"显示效果；在"视图"列表框中选择"轮廓"选项，即可查看"轮廓"显示效果；在"视图"列表框中选择"轮廓（带源图像）"选项，即可查看"轮廓（带源图像）"显示效果；在"视图"列表框中选择"源图像"选项，即可查看"源图像"显示效果。

步骤 09　单击"打开"按钮，即可打开自定义的色板库，如图 4-74 所示。

步骤 10　选择需要描摹的图像，打开"图像描摹"面板，在"模式"列表框中选择"彩色"选项，在"调板"列表框中选择"漂亮女孩"色板库，如图 4-75 所示。

图 4-74 打开自定义的色板库

图 4-75 选择相应色板库

步骤 11 单击"描摹"按钮，如图 4-76 所示。

步骤 12 执行操作后，即可用自定义色板库中的颜色描摹图像，效果如图 4-77 所示。

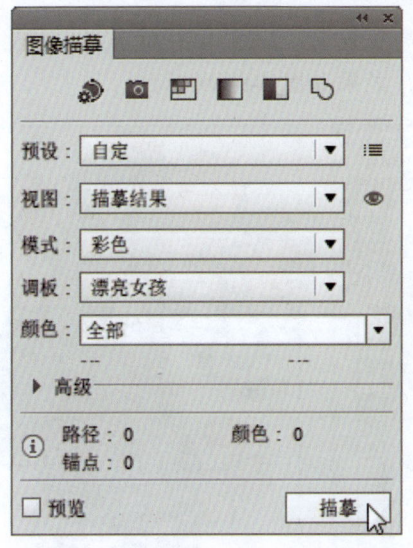
图 4-76 单击"描摹"按钮

图 4-77 描摹图像

4.4.4 转换为矢量图形

对位图进行描摹后，保持对象的选择状态，单击"对象"|"图像描摹"|"扩展"命令，或单击"控制面板"中的"扩展"按钮，可以将其转换为路径。下面介绍转换为矢量图形的操作方法。

步骤 01 打开素材图形（素材\第 4 章\帅哥.ai），如图 4-78 所示。

步骤 02 使用选择工具 选择图像，如图 4-79 所示。

图 4-78　打开素材图形

图 4-79　选择图像

步骤 03　单击"对象"|"图像描摹"|"扩展"命令，如图 4-80 所示。

步骤 04　执行操作后，即可将其转换为路径，效果如图 4-81 所示。

图 4-80　单击"扩展"命令

图 4-81　转换为路径

4.4.5　释放描摹对象

对位图进行描摹后，如果希望放弃描摹但保留置入的原始图像，可以选择描摹对象，单击"对象"|"图像描摹"|"释放"命令。下面介绍释放描摹对象的操作方法。

步骤 01　打开素材图形（素材\第 4 章\Q 版动画.ai），如图 4-82 所示。

步骤 02　使用选择工具选择图像，如图 4-83 所示。

步骤 03　单击"窗口"|"图像描摹"命令，打开"图像描摹"面板，在"预设"列表框中选择"灰阶"选项，如图 4-84 所示。

步骤 04　执行操作后，即可对图像进行描摹，效果如图 4-85 所示。

图 4-82　打开素材图形

图 4-83　选择图像

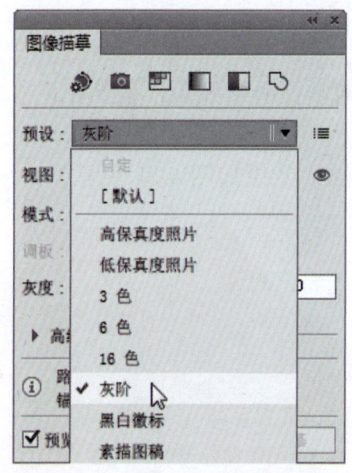

图 4-84　选择"灰阶"选项

图 4-85　对图像进行描摹

步骤 05　单击"对象"|"图像描摹"|"释放"命令，如图 4-86 所示。

步骤 06　执行操作后，即可放弃图像描摹操作，效果如图 4-87 所示。

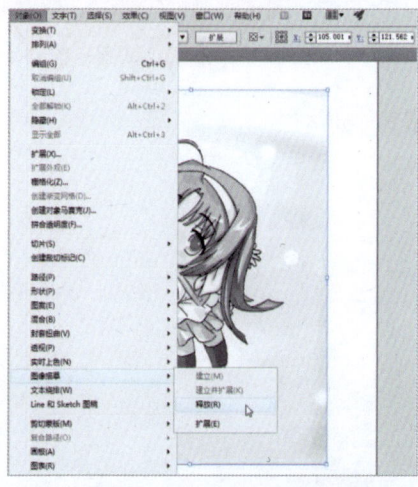

图 4-86　单击"释放"命令

图 4-87　放弃描摹操作

本章小结

本章首先介绍了铅笔工具的绘图技巧,包括绘制直线路径、曲线路径、转角曲线以及闭合路径等内容;然后介绍了自由绘图工具的应用技巧,包括铅笔工具、平滑工具、路径橡皮擦工具以及剪刀工具等内容;接下来介绍了编辑锚点与路径对象的方法,包括选择路径、移动锚点、转换路径、添加与删除锚点等内容;最后介绍了图像描摹操作技巧,包括描摹图像、使用色板描摹图像、自定义描摹图像以及释放描摹对象等内容。

通过本章的学习,读者应该能熟练掌握 Illustrator CC 的高级绘图技巧,灵活运用钢笔工具、铅笔工具以及路径编辑工具等,制作出更多漂亮、专业的矢量图形。

课后习题

鉴于本章知识的重要性,为了帮助读者更好地掌握所学知识,本节将通过上机习题,帮助读者进行知识回顾和巩固。

本习题需要掌握使用钢笔工具绘制图形的方法,效果如图 4-88 所示。

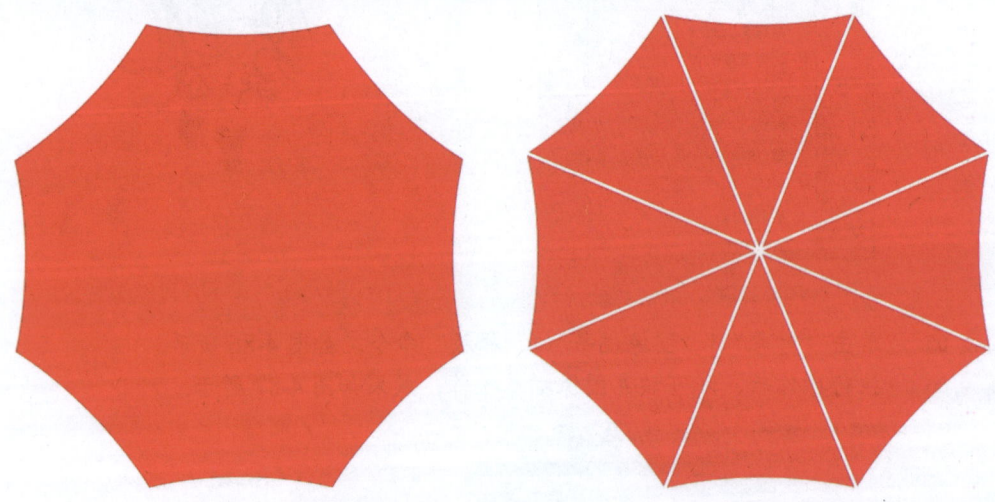

图 4-88　素材与效果

第 5 章　填充与描边图形对象

【本章导读】

在 Illustrator CC 中，上色是指为图形内部填充颜色和渐变色。使用"色板"面板、"颜色"面板、吸管工具和"拾色器"等可以选取颜色。选取颜色后，还可以通过"颜色参考"面板生成与之协调的颜色方案。本章将详细介绍填色和描边图形对象、实时上色图形对象以及渐变填充图形对象等内容。

【本章重点】

- 填色和描边图形对象
- 实时上色图形对象
- 渐变填充图形对象

5.1　填色和描边图形对象

Illustrator CC 作为专业的矢量绘图软件，提供了丰富的色彩功能和多样的填色工具，给图形上色带来了极大的方便。想要制作出精彩的作品，对图形进行填充是必不可少的操作。本节主要介绍填充和描边图形对象的操作方法。

5.1.1　运用填色工具上色

图形的填充主要由填色和描边两部分组成，填色指的是图形中所包含的颜色和图案，而描边指的是包围图形的路径线条。下面介绍使用填色工具上色的操作方法。

步骤 01　打开素材图形（素材\第 5 章\花团.ai），使用选择工具 选中需要填充的路径，如图 5-1 所示。

步骤 02　将鼠标移至工具面板中的"填色"工具图标上，双击鼠标左键，如图 5-2 所示。

图 5-1　选择需要填充的路径

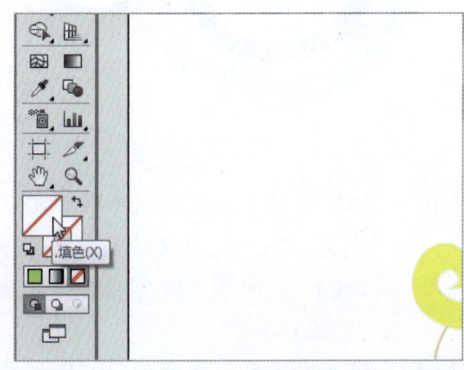

图 5-2　双击鼠标左键

步骤 03 弹出"拾色器"对话框,将鼠标移至"选择颜色"选项区中,单击鼠标左键,鼠标指针将呈正圆形形状〇,拖拽鼠标至需要填充的颜色区域上(CMYK的参数值为 4%、33%、0%、0%),如图 5-3 所示。

步骤 04 单击"确定"按钮,即可为路径图形填充相应的颜色,效果如图 5-4 所示。

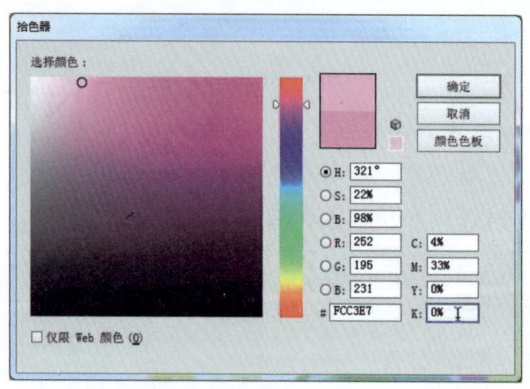

图 5-3 设置颜色　　　　　　　　　图 5-4 图形效果

5.1.2 运用描边工具上色

在 Illustrator CC 中,按【X】键也可以激活"填充"和"描边"图标。若"填色"和"描边"图标中都存有颜色时,单击"互换填色和描边"按钮或按【Shift】+【X】组合键,即可互换填色与描边的颜色,按"默认填色和描边"按钮或按【X】键,即可将"填色"和"描边"设置为系统的默认色。下面介绍使用描边工具描边图形的操作方法。

步骤 01 打开素材图形(素材\第 5 章\色圈.ai),如图 5-5 所示。

步骤 02 使用选择工具选中需要描边的路径,如图 5-6 所示。

图 5-5 打开素材图形　　　　　　　图 5-6 选择需要描边的路径

步骤 03 将鼠标移至工具面板中的"描边"工具图标上,双击鼠标左键,弹出"拾色器"对话框,在其中设置颜色为绿色(CMYK 的参数值为 70%、7%、1000%、0%),如图 5-7 所示,单击"确定"按钮,在控制面板中设置"描边粗细"为 10 pt。

步骤 04 执行操作后,即可为路径图形填充相应的颜色,效果如图 5-8 所示。

第 5 章 填充与描边图形对象

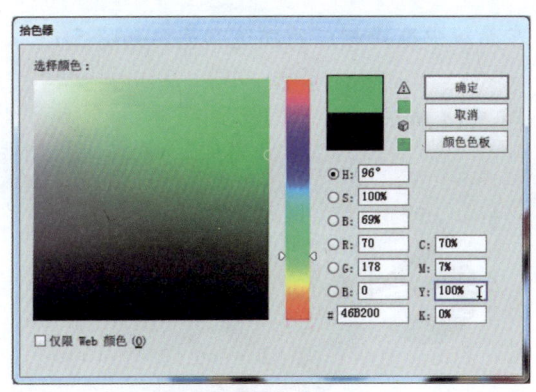

图 5-7 设置颜色　　　　　　　　　　　　图 5-8 图形效果

5.1.3 运用控制面板上色

"颜色""色板"和"渐变"面板等都包含填色和描边设置选项，但使用最方便的还是工具面板和控制面板。选择对象后，如果要为它填色或描边，可通过这两个面板进行快速操作。下面介绍利用控制面板设置填色和描边的操作方法。

步骤 01　打开素材图形（素材\第 5 章\剪刀.ai），如图 5-9 所示。
步骤 02　使用选择工具  选中需要上色的路径，如图 5-10 所示。

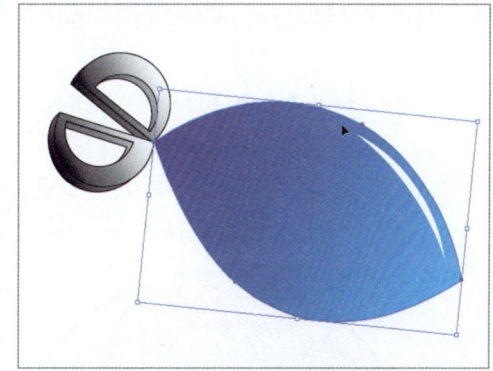

图 5-9 打开素材图形　　　　　　　　　图 5-10 选中需要上色的路径

步骤 03　单击控制面板中的填色按钮 ，在打开的下拉面板中选择相应的填充内容，如图 5-11 所示。
步骤 04　执行操作后，即可为对象填色，如图 5-12 所示。

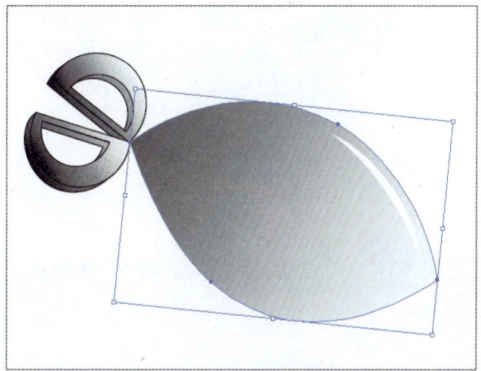

图 5-11 相应的填充内容　　　　　　　　图 5-12 为对象填色

步骤 05　单击控制面板中的描边按钮，在面板中选择相应的描边颜色，如图 5-13 所示。

步骤 06　执行操作后，即可为对象描边，如图 5-14 所示。

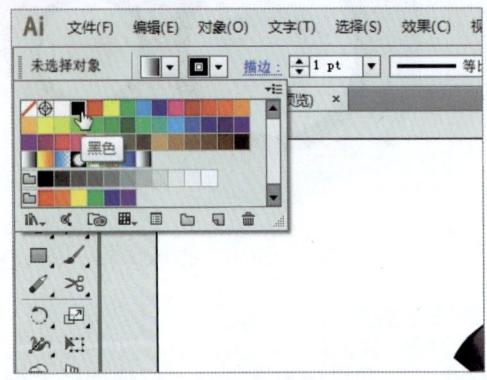
图 5-13　选择相应的描边内容

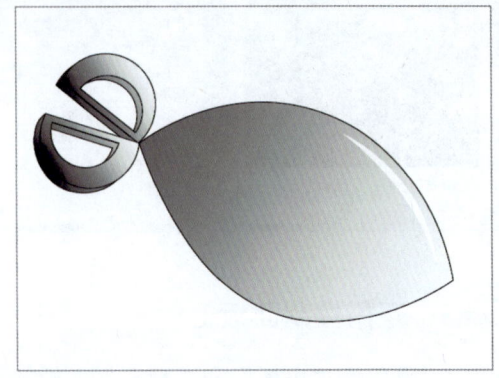
图 5-14　为对象描边

5.1.4　运用吸管工具上色

在 Illustrator CC 中，用户使用吸管工具可以很方便地将一个对象的属性按照另一个对象的属性进行更新，也即相当于对图形颜色的复制。下面介绍运用吸管工具填充图形的方法。

步骤 01　打开素材图形（素材\第 5 章\球.ai），使用选择工具选中需要进行填充的图形，如图 5-15 所示。

步骤 02　选取工具面板中的吸管工具，将鼠标移至图形窗口中需要吸取颜色的图形上，如图 5-16 所示。

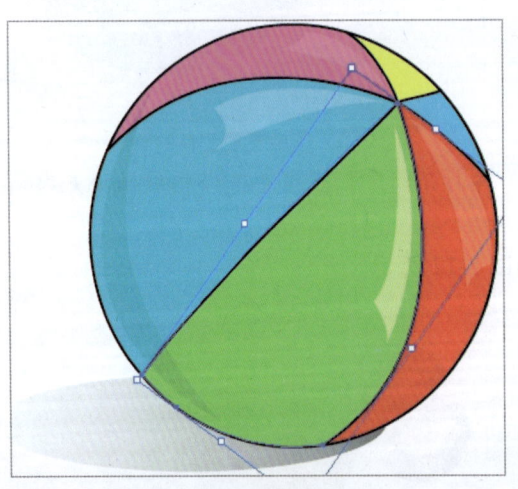
图 5-15　选中图形

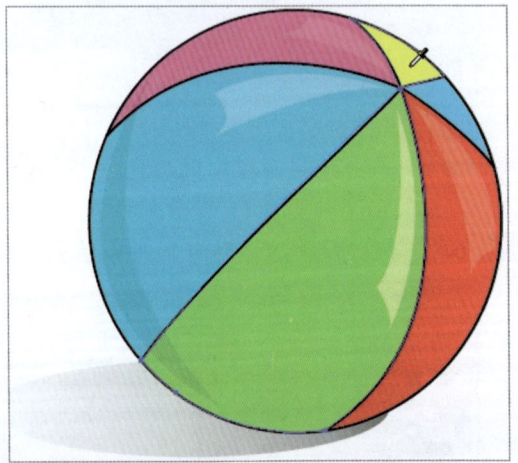
图 5-16　吸取颜色

步骤 03　单击鼠标左键，即可将所选择的图形填充为所吸取的颜色，如图 5-17 所示。

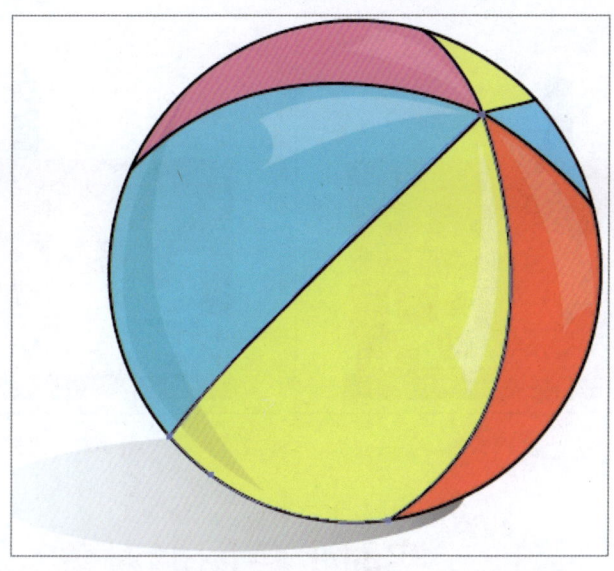

图 5-17　填充吸取的颜色

5.1.5　删除填色和描边

选择对象，单击工具面板、"颜色"面板或"色板"面板中的"无"按钮，即可删除对象的填色和描边。下面介绍删除填色和描边的操作方法。

步骤 01　打开素材图形（素材\第5章\蜡烛.ai），如图5-18所示。

步骤 02　使用选择工具，选择相应的图形对象，如图5-19所示。

图 5-18　打开素材图形　　　　　图 5-19　选择图形对象

步骤 03　单击工具面板底部的"填色"按钮，然后单击下方的"无"按钮，即可删除填色，效果如图5-20所示。

步骤 04　单击工具面板底部的"描边"按钮，然后单击下方的"无"按钮，即可删除描边，此时只剩下空白的路径，效果如图5-21所示。

图 5-20 删除填色

图 5-21 删除描边

5.2 实时上色图形对象

实时上色是一种为图形上色的特殊方法。它的基本原理是通过路径将图稿分割成多个区域，每一个区域都可以上色、每个路径段都可以描边。上色和描边过程就犹如在涂色簿上填色，或是用水彩为铅笔素描上色。本节主要介绍实时上色图形对象的操作方法。

5.2.1 运用实时上色工具上色

实时上色是通过对图形间隙进行自动检测和校正，从而更直观地为矢量图形上色。用户在运用实时上色工具 填充图形之前，首先要在图形窗口中建立实时上色组。而图形一旦建立了实时上色组后，每条路径都将保持为完全可编辑状态。

实时上色组中可上色的部分分别称为边缘和表面。边缘是一条路径与其他路径交叉后，处于交点之间的路径部分；而表面是一条边缘或多条边缘所围成的区域。用户可以对边缘进行描边、对表面进行填色。

下面介绍使用实时上色工具填充图形的操作方法。

步骤 01 打开素材图形（素材\第 5 章\鸭舌帽.ai），选取工具面板中的选择工具 ，将鼠标移至图像窗口中的合适位置，单击鼠标左键并拖拽，将图像中的所有图形全部框选后，释放鼠标左键，即可将所有图形全部选中，如图 5-22 所示。

步骤 02 在实时上色工具图标上双击鼠标左键，弹出"实时上色工具选项"对话框，在"突出显示"选项区中设置"颜色"为"淡蓝色""宽度"为 4pt，如图 5-23 所示。

步骤 03 单击"确定"按钮，将鼠标移至图像窗口中的填充图形上时，鼠标指针呈 形状，鼠标右侧则显示"单击以建立'实时上色'组"的提示信息，如图 5-24 所示。

步骤 04 单击鼠标左键，该图形即可建立实时上色组，且图形将以在"实时上色工具选项"对话框中所设置的颜色和宽度进行显示，如图 5-25 所示。

第 5 章　填充与描边图形对象

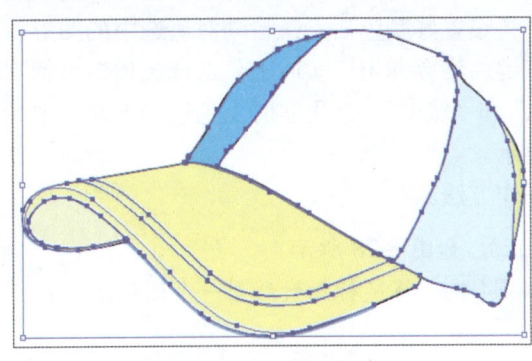

图 5-22　选择图形

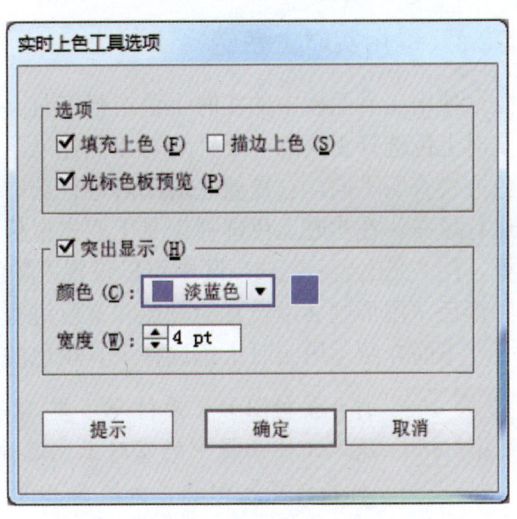

图 5-23　"实时上色工具选项"对话框

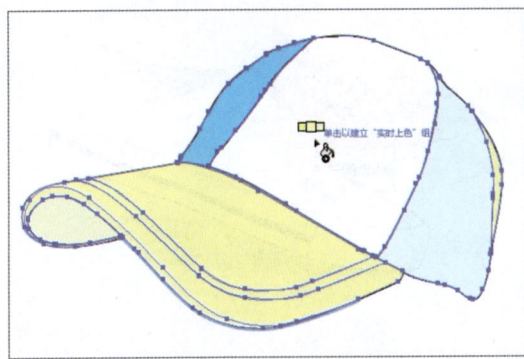

图 5-24　显示提示信息

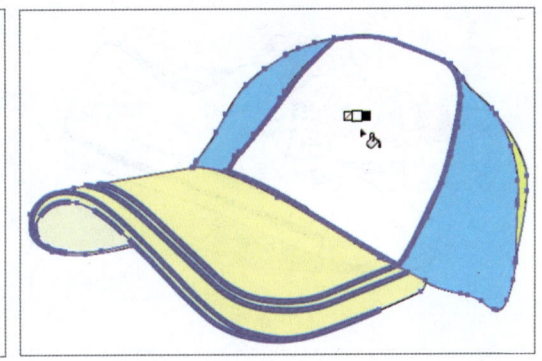

图 5-25　建立实时上色组

步骤 05　双击工具面板中的填色工具，弹出"拾色器"对话框，设置 CMYK 的参数值分别为 0%、0%、100%、0%，如图 5-26 所示。

步骤 06　单击"确定"按钮，将鼠标指针移至所要填充的图形上，单击鼠标左键，即可为该图形填充相应的颜色，如图 5-27 所示。

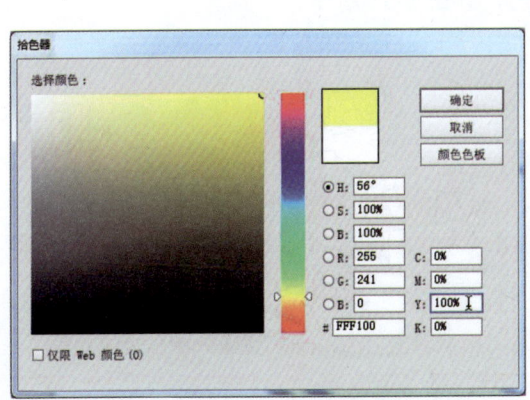

图 5-26　"拾色器"对话框

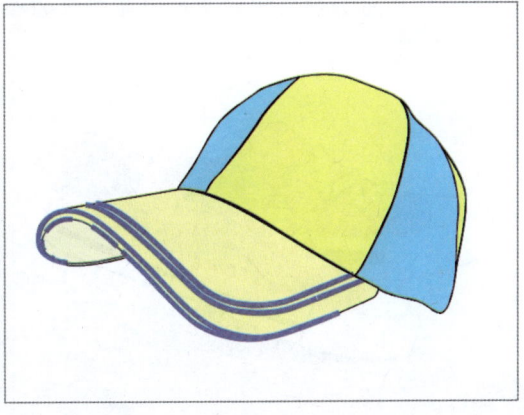

图 5-27　图像效果

5.2.2 运用实时上色选择工具上色

使用工具面板中的实时上色选择工具 ，可以选择建立实时上色组的边缘与表面。实时上色选择工具的主要针对对象是建立了实时上色组的图形，它与实时上色工具的填色方式有所不同，它需要先对图形进行选中，待设置好颜色后系统自动对所选中的图形进行填充。在实时上色选择工具上双击鼠标左键，将会弹出"实时上色选择选项"对话框，在"突出显示"选项区中可以设置"颜色"和"宽度"，使用实时上色选择工具选中图形后，图形则会以设置的颜色和宽度进行显示。

下面介绍运用实时上色选择工具填色的操作方法。

步骤 01 打开素材图形（素材\第 5 章\球鞋.ai），如图 5-28 所示。

步骤 02 选取工具面板中的实时上色选择工具 ，将鼠标指针移至一个图形上，鼠标指针呈 形状，如图 5-29 所示。

图 5-28 打开素材图形

图 5-29 鼠标指针

步骤 03 在图形上单击鼠标左键，图形呈灰色状态（图 5-30），则表示该图形已被选中。

步骤 04 在工具面板中双击填色工具 ，弹出"拾色器"对话框，设置"填色"为"洋红色"（CMYK 的参数值为 0%、100%、0%、0%），单击"确定"按钮，即可为所选中的图形填充相应的颜色，如图 5-31 所示。

图 5-30 选中图形

图 5-31 填充颜色

5.2.3 运用"色板"面板上色

创建实时上色组后,可以在"颜色"面板、"色板"面板和"渐变"面板中设置颜色,再用实时上色工具为对象填色。

步骤 01 打开素材图形(素材\第 5 章\手提袋.ai),如图 5-32 所示。

步骤 02 使用选择工具,选择相应的图形对象,如图 5-33 所示。

图 5-32 打开素材图形

图 5-33 选择图形对象

步骤 03 单击"对象"菜单,在弹出的菜单列表中单击"实时上色"|"建立"命令,如图 5-34 所示。

步骤 04 执行操作后,即可创建实时上色组,如图 5-35 所示。

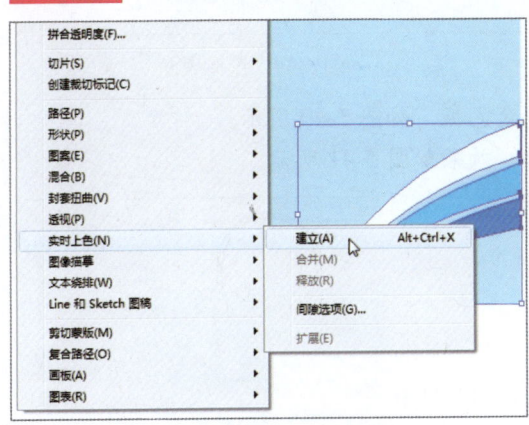

图 5-34 单击"建立"命令

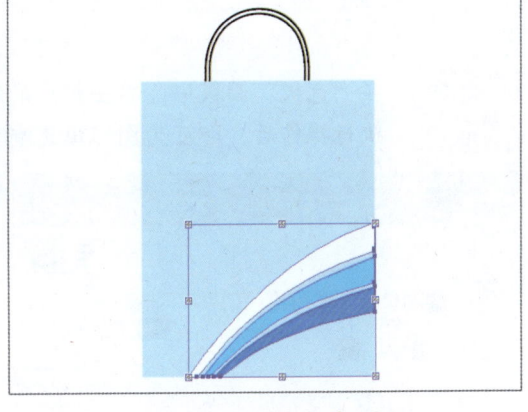

图 5-35 创建实时上色组

步骤 05 取消选择状态,打开"色板"面板,单击选择相应的渐变色板,设置为填色,如图 5-36 所示。

步骤 06 选取工具面板中的实时上色工具,将鼠标指针移至一个图形上,检测到表面时会显示蓝色的边框,如图 5-37 所示。

步骤 07 对单个图像表面进行着色时不必选择对象,单击鼠标左键,即可填充当前颜色,效果如图 5-38 所示。

步骤 08 如果要同时对多个表面着色,可以使用实时上色选择工具,按住【Shift】键单击这些表面,将它们选择,如图 5-39 所示。

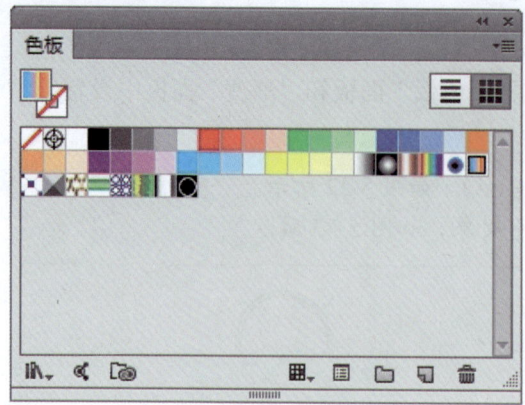
图 5-36 设置填色

图 5-37 定位光标

图 5-38 填充当前颜色

图 5-39 选择表面

步骤 09 在"色板"面板中,单击相应的渐变色板,如图 5-40 所示。
步骤 10 执行操作后,即可为图形填充渐变,效果如图 5-41 所示。

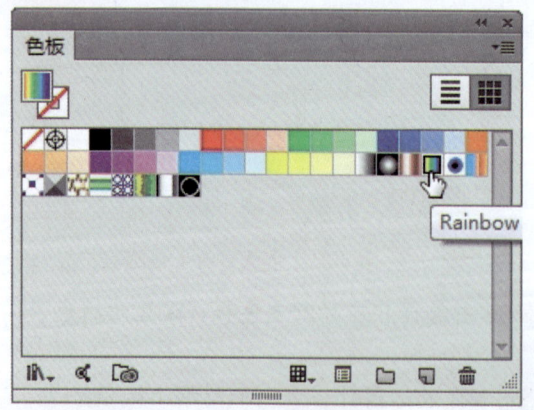
图 5-40 击相应的渐变色板

图 5-41 为图形填充渐变

步骤 11 使用选择工具 ,选择实时上色组,如图 5-42 所示。
步骤 12 打开"透明度"面板,设置"混合模式"为"叠加",效果如图 5-43 所示。

图 5-42 选择实时上色组

图 5-43 设置"混合模式"效果

5.2.4 运用"颜色"面板上色

在 Illustrator CC 中，通过实时上色工具 [图标] 不但可以为图形表面上色，还可以为图形边缘上色。下面介绍通过"颜色"面板结合实时上色工具为图形描边的操作方法。

| 步骤 01 | 打开素材图形（素材\第 5 章\礼品盒.ai），如图 5-44 所示。
| 步骤 02 | 使用选择工具 [图标]，选择相应的图形对象，如图 5-45 所示。

图 5-44 打开素材图形

图 5-45 选择图形对象

| 步骤 03 | 单击"对象"|"实时上色"|"建立"命令，如图 5-46 所示。
| 步骤 04 | 执行操作后，即可创建实时上色组，如图 5-47 所示。
| 步骤 05 | 取消选择状态，打开"颜色"面板，设置"填色"的 CMYK 参数值分别为 70%、0%、100%、0%，如图 5-48 所示。
| 步骤 06 | 选取工具面板中的实时上色工具 [图标]，将鼠标指针移至一个图形上，检测到表面时会显示蓝色的边框，如图 5-49 所示。
| 步骤 07 | 单击鼠标左键，即可填充当前颜色，效果如图 5-50 所示。
| 步骤 08 | 使用实时上色选择工具 [图标] 单击边缘，将它们选择，如图 5-51 所示。

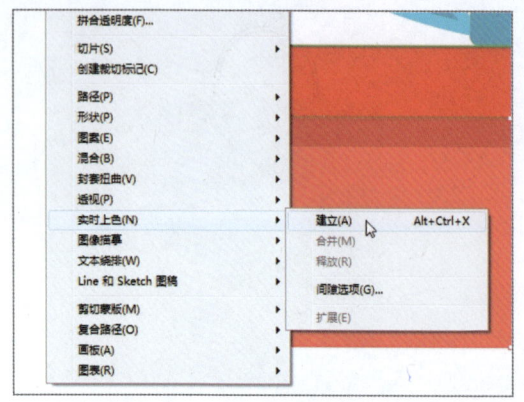

图 5-46　单击"建立"命令

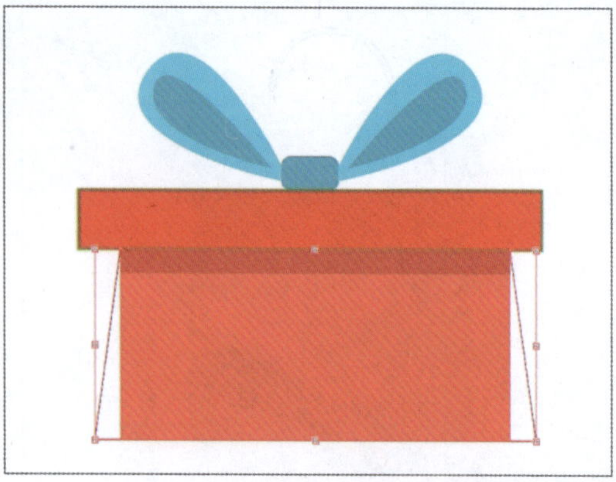

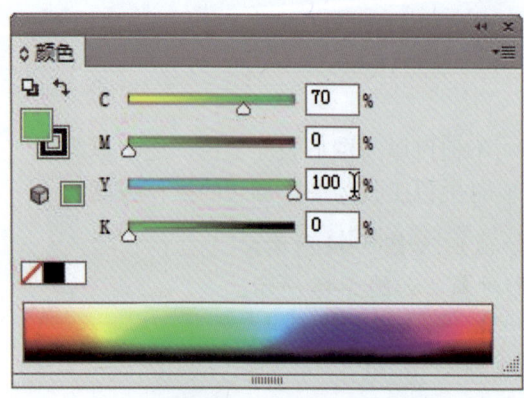

图 5-47　创建实时上色组

图 5-48　设置填色

图 5-49　定位光标

图 5-50　填充当前颜色

图 5-51　选择边缘

步骤 09　在"颜色"面板中，设置"描边"的 CMYK 参数值分别为 70%、13%、3%、0%，如图 5-52 所示。

步骤 10　执行操作后，即可为图形边缘上色，在控制面板中设置"描边粗细"为 5 pt，效果如图 5-53 所示。

第 5 章　填充与描边图形对象

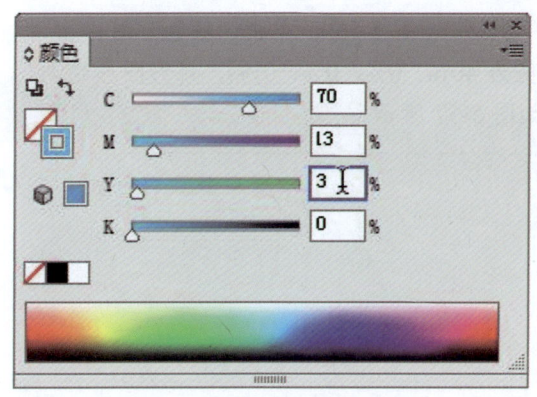

图 5-52　设置"描边"参数

图 5-53　为图形边缘上色

5.3　渐变填充图形对象

渐变可以在对象中创建平滑的颜色过渡效果，Illustrator CC 中提供了大量预设的渐变库，还允许用户将自定义的渐变存储为色板，以便应用于其他对象。本节主要介绍渐变填充图形对象的操作方法。

5.3.1　填充渐变颜色

选取了渐变工具后，在图像窗口中单击鼠标右键后，在任意位置单击鼠标左键，确认渐变工具在图像中的定位点，再拖拽鼠标至任意位置，则渐变工具的长度和方向也会随鼠标的移动而改变，图形所填充的渐变效果也会所有不同。下面介绍填充渐变色的操作方法。

步骤 01　打开素材图形（素材\第 5 章\荷叶.ai），如图 5-54 所示。

步骤 02　选取工具面板中的矩形工具，在图像窗口中绘制一个与素材图形一样大小的矩形；选中工具面板中的渐变工具，在矩形图形上单击鼠标左键，矩形图形将以系统默认的渐变色进行填充，且图形上显示渐变工具，将鼠标指针移至右侧的渐变滑块上，鼠标指针呈的形状，如图 5-55 所示。

图 5-54　素材图像

图 5-55　移动鼠标

101

步骤 03　双击鼠标左键，弹出调整颜色的浮动面板（图 5-56），单击"颜色"图标，设置颜色为淡蓝色（CMYK 参数值为 40%、0%、0%、0%），矩形图形的渐变填充色也随之改变，填充效果如图 5-57 所示。

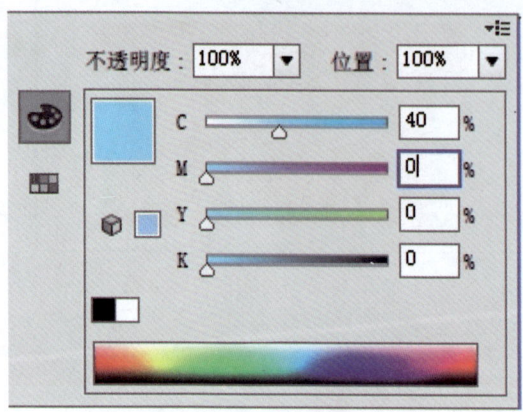
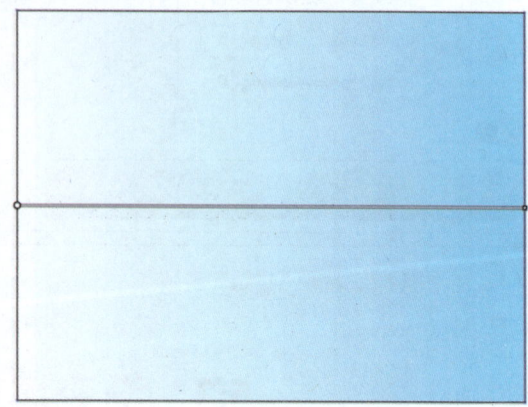

图 5-56　浮动面板　　　　　　　　　图 5-57　填充效果

步骤 04　将鼠标移至移动点上，鼠标指针呈形状，单击鼠标左键并向渐变工具的左侧拖拽，至合适位置后释放鼠标，即可改变渐变工具的长度和渐变填充的效果，如图 5-58 所示。

步骤 05　将鼠标指针移至移动点附近，鼠标指针呈形状，单击鼠标左键并旋转渐变工具，至合适位置后释放鼠标，即可改变图形渐变填充的角度，如图 5-59 所示。

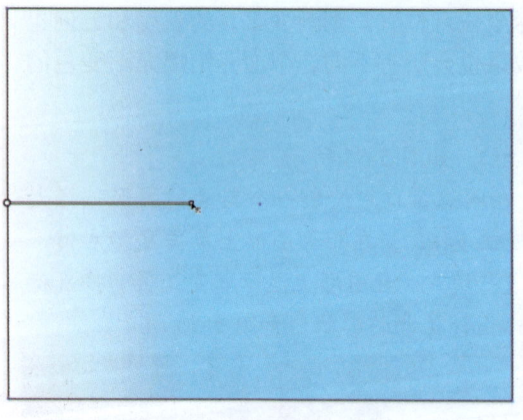
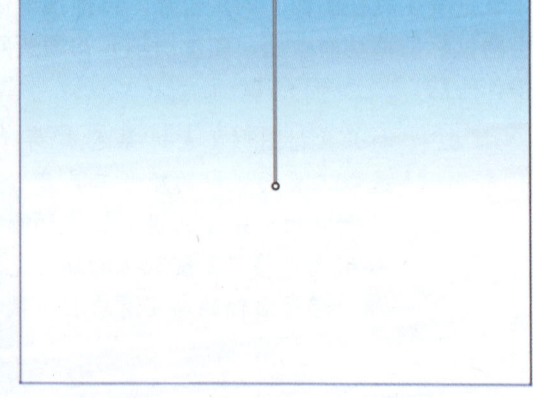

图 5-58　渐变效果　　　　　　　　　图 5-59　改变渐变方向

步骤 06　将鼠标指针移至渐变工具的定位点上，单击鼠标左键并向图形下方拖拽，即可移动渐变工具的位置，渐变效果如图 5-60 所示。

步骤 07　在图形上单击鼠标右键，在弹出的快捷菜单中选择"排列" | "置于底层"选项，即可调整渐变图形的位置并显示整幅图像的效果，如图 5-61 所示。

第 5 章　填充与描边图形对象

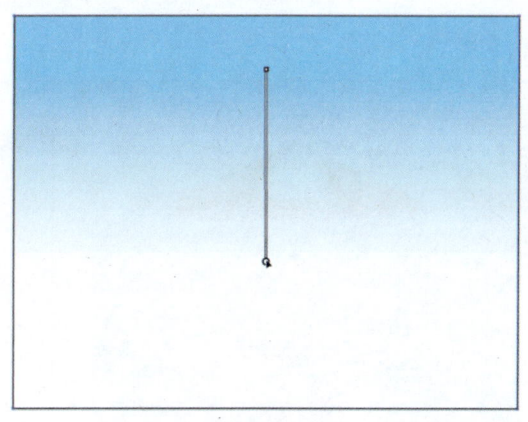

图 5-60　渐变效果

图 5-61　图像效果

5.3.2　编辑渐变颜色

对于线性渐变，渐变颜色条最左侧的颜色为渐变色的起始颜色，最右侧的颜色为终止颜色。对于径向渐变，最左侧的渐变滑块定义颜色填充的中心点，它呈现辐射状向外逐渐过渡到最右侧的渐变滑块颜色。下面介绍编辑渐变颜色的操作方法。

步骤 01　打开素材图形（素材\第 5 章\休息椅.ai），如图 5-62 所示。

步骤 02　使用选择工具 ，选择相应的图形对象，如图 5-63 所示。

图 5-62　打开素材图形

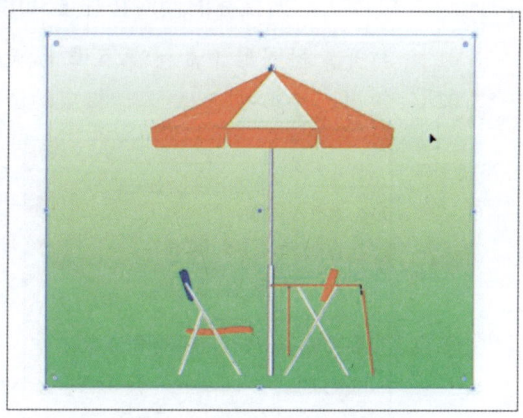

图 5-63　选择图形对象

步骤 03　单击"窗口"|"渐变"命令，打开"渐变"面板，显示图形使用的渐变颜色，单击第 2 个渐变滑块将其选择，如图 5-64 所示。

步骤 04　拖曳"颜色"面板中的滑块，设置颜色为淡蓝色（CMYK 参数值为 67%、8%、0%、0%），即可编辑渐变颜色，效果如图 5-65 所示。

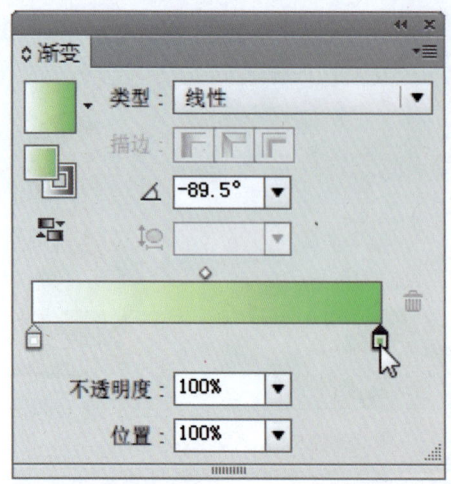

图 5-64　选择第 2 个渐变滑块　　　　　图 5-65　编辑渐变颜色后的效果

▶ 专家指点

在 Illustrator CC 中，按【Ctrl】+【F9】组合键，也可以打开"渐变"面板。

5.3.3　编辑线性渐变

在 Illustrator CC 中，选择渐变对象后，使用渐变工具在画板中单击并拖拽鼠标，可以更加灵活地调整渐变的位置和方向。如果要将渐变的方向设置为水平、垂直或 45°角的倍数，可以在拖拽鼠标的同时按住【Shift】键。下面介绍编辑线性渐变的操作方法。

步骤 01　打开素材图形（素材\第 5 章\秋天景色.ai），如图 5-66 所示。

步骤 02　使用选择工具，选择相应的图形对象，如图 5-67 所示。

图 5-66　打开素材图形　　　　　　　　图 5-67　选择图形对象

| 步骤 03 | 选择渐变工具 ▭,图形上会显示渐变滑块条,将光标移至右侧的方形图标外,光标会变为 ↻ 状,此时单击并拖拽鼠标可旋转渐变,然后调整渐变条的位置,如图 5-68 所示。 |
| 步骤 04 | 执行操作后,即可编辑线性渐变样式,效果如图 5-69 所示。 |

图 5-68　旋转并移动渐变条

图 5-69　编辑线性渐变样式的效果

5.3.4　编辑径向渐变

若图形的渐变填充类型为"径向"渐变,使用工具面板中的渐变可以改变渐变中心点的位置。下面介绍编辑径向渐变的具体方法。

| 步骤 01 | 打开素材图形(素材\第 5 章\水缸.ai),如图 5-70 所示。 |
| 步骤 02 | 使用选择工具 ▸,选择相应的图形对象,如图 5-71 所示。 |

图 5-70　打开素材图形

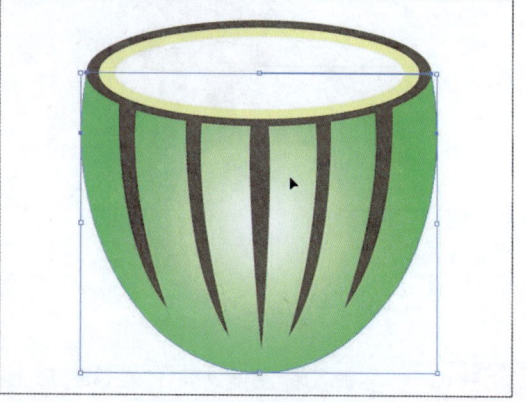
图 5-71　选择图形对象

| 步骤 03 | 选择渐变工具 ▭,显示渐变条,将右侧的颜色控制柄向左拖拽至渐变条的中间位置,如图 5-72 所示。 |
| 步骤 04 | 执行操作后,即可更改径向渐变的颜色,效果如图 5-73 所示。 |

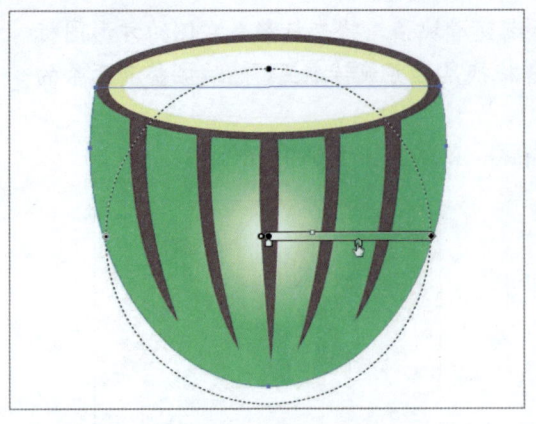

图 5-72　向左拖拽颜色控制柄　　　　　　图 5-73　更改径向渐变的颜色

5.3.5　运用渐变网格

渐变网格是一种特殊的渐变填色功能，它通过网格点和网格片面接受颜色，通过网格点精确控制渐变颜色的范围和混合位置，具有灵活度高和可控制性强等特点。下面介绍运用渐变网格功能的操作方法。

步骤 01　打开素材图形（素材\第 5 章\长发女孩.ai），如图 5-74 所示。

步骤 02　选取工具面板中的网格工具 ▦，将鼠标指针移至所绘制图形上的合适位置，鼠标指针呈 ▦ 形状，如图 5-75 所示。

图 5-74　打开素材图像　　　　　　　　　图 5-75　定位光标

步骤 03　单击鼠标左键，即可在该图形上创建一个网格锚点，如图 5-76 所示。

步骤 04　将鼠标指针移至网格点上，鼠标指针呈 ▦ 形状，单击鼠标左键，即可选中该网格点，如图 5-77 所示。

步骤 05　双击填色工具，在"拾色器"对话框中将颜色设置为粉红色（CMYK 的参数值为 0%、100%、100%、0%），如图 5-78 所示。

步骤 06 单击"确定"按钮,网格点附近的颜色随之改变,如图 5-79 所示。

图 5-76 创建网格锚点

图 5-77 选中该网格点

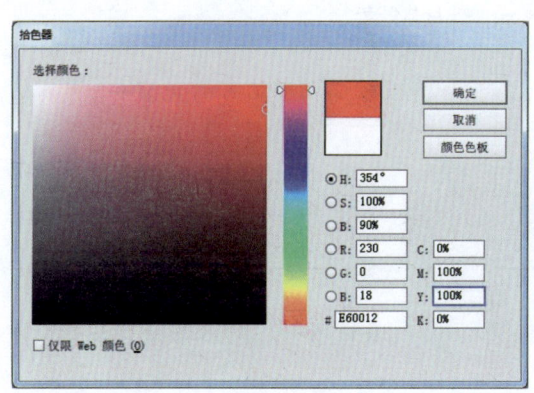

图 5-78 设置参数值

图 5-79 图像效果

本章小结

本章首先介绍了填色和描边图形对象的方法,主要包括填色工具上色、描边工具上色、控制面板上色、吸管工具上色以及删除填色和描边等内容;然后介绍了实时上色图形对象的方法,主要包括实时上色工具、实时上色选择工具、"色板"面板以及"颜色"面板等内容;最后介绍了渐变填充图形对象的方法,主要包括填充渐变颜色、编辑渐变颜色以及编辑径向渐变等内容。

通过本章的学习，读者应该对图形的上色有了一定的了解，希望读者学完以后可以举一反三，设计出更多色彩丰富的图形效果。

课后习题

鉴于本章知识的重要性，为了帮助读者更好地掌握所学知识，本节将通过上机习题，帮助读者进行知识回顾和巩固。

本习题需要掌握渐变填充图形对象的方法，效果如图 5-80 所示。

图 5-80　素材与效果

第 6 章　调整图形对象的形状

【本章导读】

在 Illustrator CC 中，除了对图形进行选择、移动、编组等基本操作外，还可以运用命令、工具或调板等操作对图形进行缩放或变形，从而使作品具有多样化和灵活性的特征。本章主要介绍缩放、变形、封套扭曲以及分割图形对象的操作方法。

【本章重点】

- 图形的缩放与变形处理
- 使用封套扭曲变形图形
- 剪切和分割图形对象

6.1　图形的缩放与变形处理

Illustrator CC 为图形的整形、旋转、倾斜、变形等变换操作提供了专门的工具，此外，用户还可以通过液化类工具创建特殊的扭曲效果。

6.1.1　应用整形工具处理图形

在 Illustrator CC 中，整形工具主要是用来调整和改变路径形状的，使用工具面板中的整形工具 可以在当前选择的图形或路径中添加锚点或调整锚点的位置，下面介绍应用整形工具处理图形对象的操作方法。

步骤 01　打开素材图形（素材\第 6 章\扣子.ai），选取工具面板中的直接选择工具 ，选中需要改变的图形，如图 6-1 所示。

步骤 02　选取工具面板中的整形工具 ，将鼠标移至所选图形的合适位置，鼠标指针呈 形状，如图 6-2 所示。

图 6-1　选择图形

图 6-2　鼠标形状

步骤 03　单击鼠标左键，即可添加一个路径锚点，如图6-3所示。
步骤 04　使用直接选择工具选中所添加的锚点，并调整该锚点的位置，如图6-4所示。

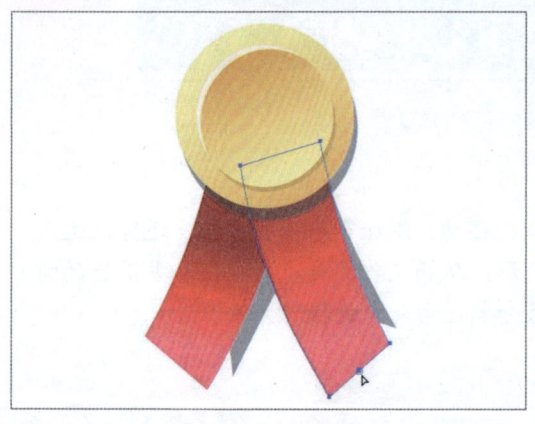

图6-3　添加锚点　　　　　　　　图6-4　调整位置

步骤 05　使用锚点工具，对锚点进行调节，效果如图6-5所示。
步骤 06　用与上同样的方法，对图像窗口中的其他图形进行变形，如图6-6所示。

图6-5　调节手柄后的效果　　　　　　图6-6　图像效果

6.1.2　应用变形工具处理图形

使用工具面板中的变形工具 可以将简单的图形变为复杂的图形。此外，它不仅可以对开放式的路径生效，也可以对闭合式的路径生效。下面介绍使用变形工具的操作方法。

步骤 01　打开素材图形（素材\第6章\酒罐.ai），如图6-7所示。
步骤 02　在工具面板中选择变形工具 ，将鼠标指针移至图像窗口中需要变形的图形上，如图6-8所示。

> ▶ 专家指点
>
> 在工具面板中选择变形工具后，在该工具图标上双击鼠标左键，弹出"变形工具选项"对话框，在其中设置相应的参数，可以调整图形的变形属性，如宽度、高度、角度、强度以及相关细节选项等。

第 6 章　调整图形对象的形状

图 6-7　打开素材图形

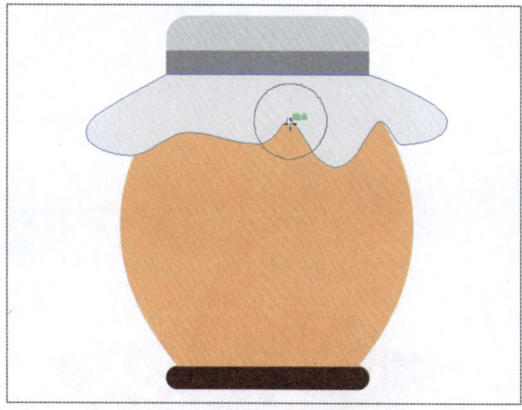

图 6-8　设置选项

| 步骤 | 03 | 单击鼠标左键并拖拽，即可变形图形，如图 6-9 所示。 |
| 步骤 | 04 | 用与上同样的方法，对其他图形进行变形操作，效果如图 6-10 所示。 |

图 6-9　移动鼠标

图 6-10　图形变形

6.1.3　应用旋转扭曲工具处理图形

使用工具面板中的旋转扭曲工具 ◎ 可以对图形进行旋转扭曲变换操作，从而使图形变形为类似于涡流的效果。下面介绍使用旋转扭曲工具的操作方法。

| 步骤 | 01 | 打开素材图形（素材\第 6 章\红色星形.ai），如图 6-11 所示。 |
| 步骤 | 02 | 将鼠标指针移至旋转扭曲工具图标 ◎ 上，双击鼠标左键，弹出"旋转扭曲工具选项"对话框，设置"宽度"为 75mm、"高度"为 75mm、"角度"为 0°、"强度"为 60%、"旋转扭曲速率"为 50°、"细节"为 6、"简化"为 50，如图 6-12 所示。 |

> ▶ 专家指点
>
> 　　使用旋转扭曲工具时，用户可以根据自身的需要在"旋转扭曲工具选项"对话框中进行相应的参数设置，以制作出不同的图像和视觉效果。其中，设置"旋转扭曲速率"时，设置的数值越大，图形旋转扭曲的速度就越快。

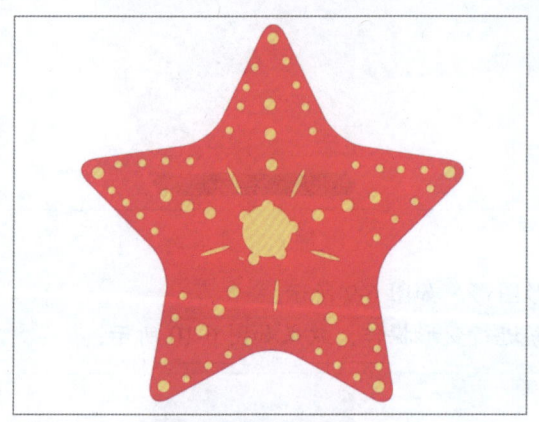

图 6-11 打开素材图形　　　　　　　　　图 6-12 设置选项

步骤 03　单击"确定"按钮,将鼠标指针移至图像窗口中需要进行旋转扭曲操作的图形上,如图 6-13 所示。

步骤 04　按住鼠标左键不放,旋转扭曲工具即可按照设置的参数值对图形进行旋转扭曲,如图 6-14 所示。

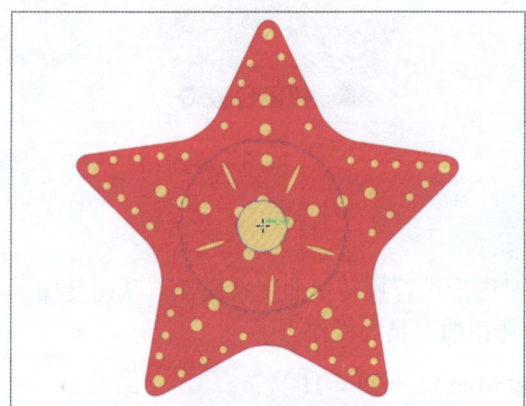 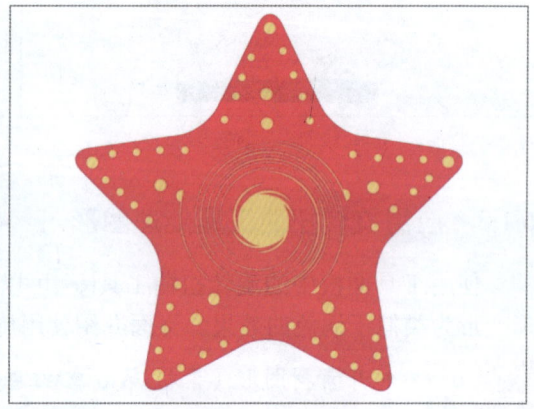

图 6-13 移动鼠标　　　　　　　　　　　图 6-14 旋转扭曲

6.1.4 应用倾斜工具处理图形

在 Illustrator CC 中,用户使用工具面板中的倾斜工具 可以对选择的图形进行倾斜操作。下面介绍应用倾斜工具处理图形的操作方法。

步骤 01　打开素材图形(素材\第 6 章\画纸.ai),如图 6-15 所示。

步骤 02　使用选择工具 选中图形,如图 6-16 所示。

第 6 章 调整图形对象的形状

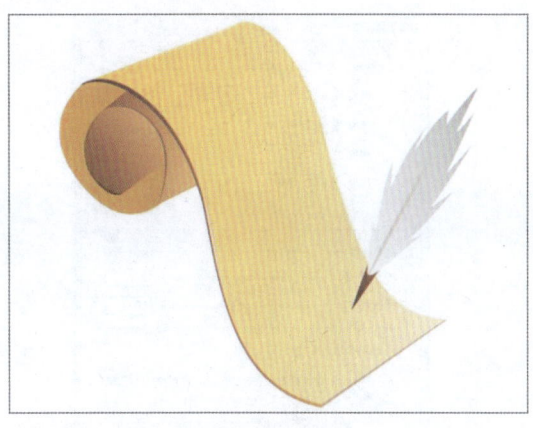

图 6-15 选中图形　　　　　　　图 6-16 选中图形

步骤 03　选取工具面板中的倾斜工具 ，系统将自动以所选图形的中心点为倾斜原点，在图形附近单击鼠标左键，并轻轻地拖拽鼠标，此时图像窗口中显示了倾斜操作的预览图形，如图 6-17 所示。

步骤 04　根据所显示的预览图形，至满意效果后释放鼠标左键，即可完成对所选图形的倾斜操作，如图 6-18 所示。

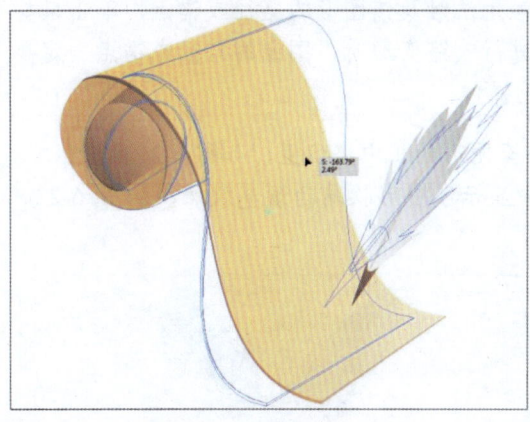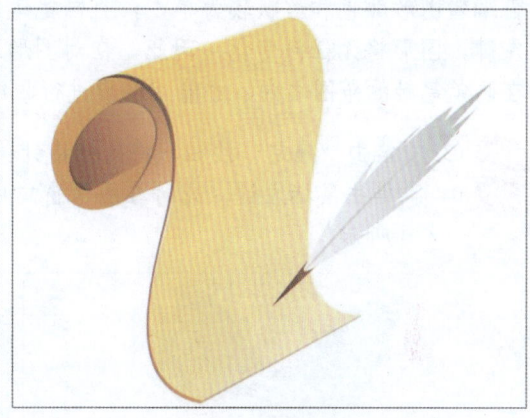

图 6-17 拖曳鼠标　　　　　　　图 6-18 图像效果

6.1.5 应用缩拢工具处理图形

使用工具面板中的缩拢工具 可以对图形制作挤压变形效果，下面介绍使用缩拢工具的操作方法。

步骤 01　打开素材图形（素材\第 6 章\星星.ai），如图 6-19 所示。

步骤 02　将鼠标指针移至缩拢工具图标 上，双击鼠标左键，弹出"收缩工具选项"对话框，设置"宽度"为 80mm、"高度"为 80mm、"角度"为 0°、"强度"60%、"细节"为 2、"简化"为 50，如图 6-20 所示。

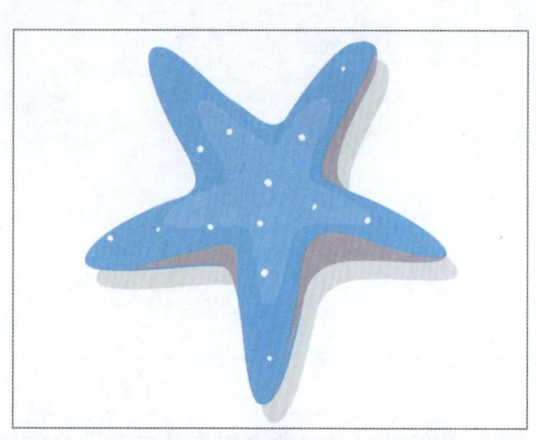
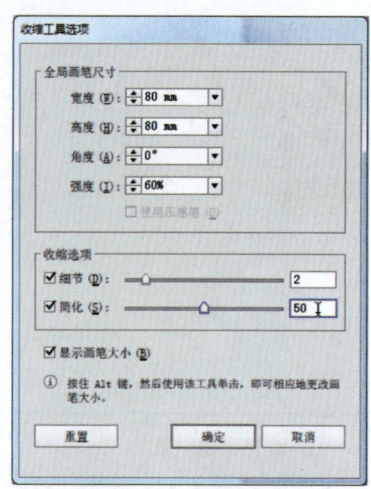

图 6-19 打开素材图形　　　　　图 6-20 设置选项

> ▶ 专家指点
>
> 收缩工具可以对图形进行挤压变形的操作，在"收缩工具选项"对话框中进行参数值的设置时，如设置"宽度"和"高度"的参数值，将鼠标指针移至图形中央时，若所需编辑图形颜色和形状较为单一，且画笔笔触无法触及该图形的路径或锚点，单击鼠标左键，图形将无任何变化。因此，在对图形进行收缩变形时，图像的路径或锚点一定要在画笔笔触的范围之内，才能对图形进行收缩操作。

步骤 03　单击"确定"按钮，将鼠标指针移至图形的正中央位置，如图 6-21 所示。

步骤 04　单击鼠标左键，此时在图像窗口中显示了图形收缩的预览效果，如图 6-22 所示。

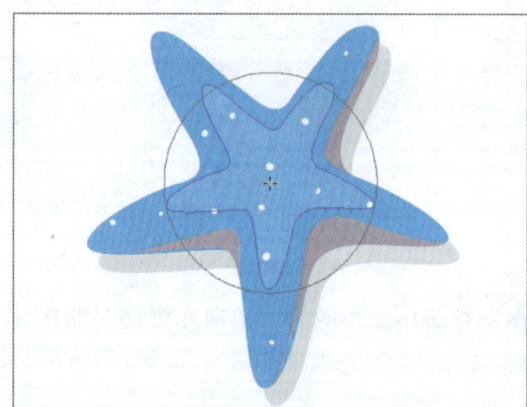
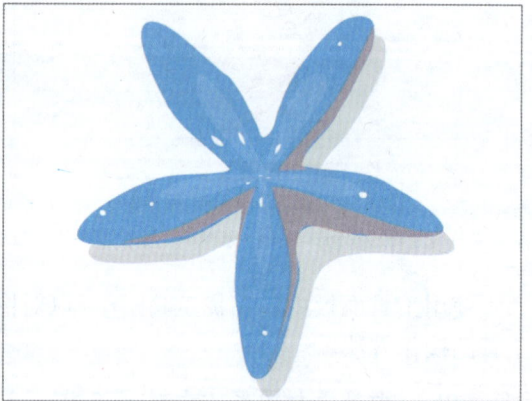

图 6-21 收缩预览效果　　　　　图 6-22 图形效果

6.1.6 应用膨胀工具处理图形

膨胀工具的作用主要是以画笔的大小对图形的形状进行向外的扩展，即以鼠标单击点为中心向画笔笔触的外缘进行扩展变形，下面介绍使用膨胀工具的操作方法。

步骤 01　打开素材图形（素材\第 6 章\花瓶.ai），如图 6-23 所示。

第 6 章　调整图形对象的形状

步骤 02　将鼠标指针移至膨胀工具图标 上，双击鼠标左键，弹出"膨胀工具选项"对话框，设置"宽度"为 30mm、"高度"为 50mm、"角度"为 0°、"强度"40%、"细节"为 2、"简化"为 10，如图 6-24 所示。

图 6-23　打开素材图形

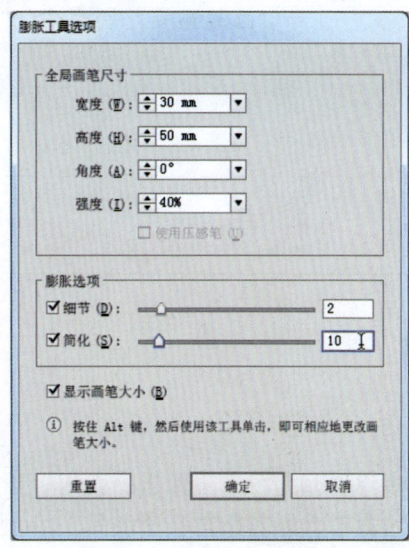

图 6-24　设置参数值

步骤 03　单击"确定"按钮，画笔形状根据设置的参数值以椭圆形进行了显示，将鼠标指针移至需要进行膨胀的图形上，如图 6-25 所示。

步骤 04　多次单击鼠标左键，即可对花瓶图形进行膨胀变形，并呈现出一种弧面效果，如图 6-26 所示。

图 6-25　移动鼠标

图 6-26　图像效果

6.1.7　应用扇贝工具处理图形

使用工具面板中的扇贝工具 可以让图形呈现扇形外观，使图形形成向某一点聚集的效果。下面介绍使用扇贝工具的操作方法。

步骤 01　打开素材图形（素材\第 6 章\抱枕.ai），如图 6-27 所示。

步骤 02 选中需要变形的图形，在扇贝工具图标上双击鼠标左键，弹出"扇贝工具选项"对话框，设置"宽度"为20mm、"高度"为20mm、"角度"为0°、"强度"40%、"复杂性"为3、"细节"为1，选中"画笔影响内切线手柄"和"画笔影响外切线手柄"复选框，如图6-28所示。

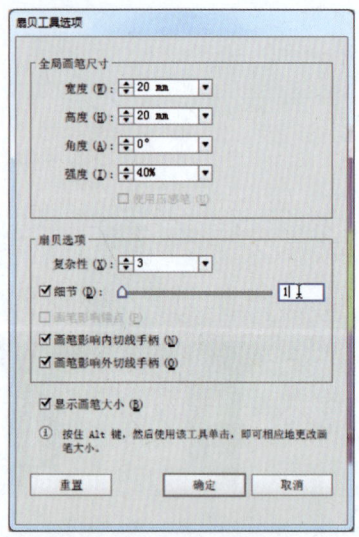

图 6-27 打开素材图形　　　　　　　　图 6-28 设置选项

步骤 03 单击"确定"按钮，将鼠标指针移至所选图形的路径外侧，单击鼠标左键，即可显示图形变形的预览效果，如图6-29所示。

步骤 04 沿着图形外侧拖拽鼠标，即可对图形外缘进行变形，效果如图6-30所示。

图 6-29 扇贝变形　　　　　　　　图 6-30 图像效果

6.1.8 应用晶格工具处理图形

使用 Illustrator CC 中的晶格工具可以对图形进行细化处理，从而使图形产生放射效果。下面介绍使用晶格工具的操作方法。

步骤 01 打开素材图形（素材\第6章\椰子树.ai），如图6-31所示。

步骤 02 选中需要变形的图形，如图6-32所示。

第 6 章　调整图形对象的形状

图 6-31　打开素材图形

图 6-32　选择图形

步骤 03 在晶格化工具图标上双击鼠标左键，弹出"晶格化工具选项"对话框，设置"宽度"为 15mm、"高度"为 15mm、"角度"为 0°、"强度"20%、"复杂性"为 4、"细节"为 2，选中"画笔影响锚点"复选框，如图 6-33 所示。

步骤 04 单击"确定"按钮，将鼠标指针移至所选图形的内部，即画笔的中心点在图形内部，如图 6-34 所示。

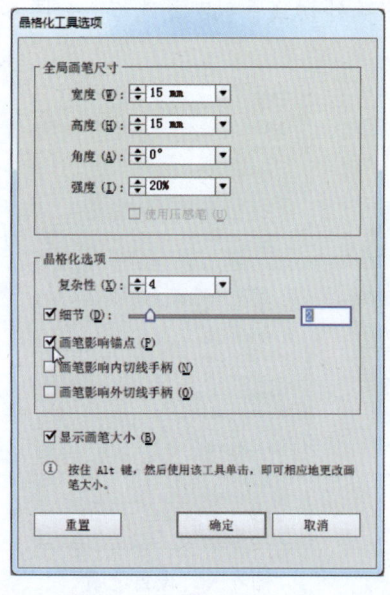

图 6-33　设置选项

图 6-34　移动鼠标

步骤 05 单击鼠标左键，并沿着图形走向拖拽鼠标，即可使该图形变形，如图 6-35 所示。

步骤 06 用与上同样的方法，为图像中的其他图形进行晶格化化变形，如图 6-36 所示。

图 6-35　图形变形　　　　　　　　　图 6-36　图像效果

6.1.9　应用皱褶工具处理图形

使用工具面板中的皱褶工具可以对图形进行折皱变形，从而使图形产生抖动效果。下面介绍使用皱褶工具的操作方法。

步骤 01　打开素材图形（素材\第 6 章\西瓜.ai），如图 6-37 所示。

步骤 02　将鼠标指针移至皱褶工具图标 上，双击鼠标左键，弹出"皱褶工具选项"对话框，设置"宽度"为 50mm、"高度"为 50mm、"角度"为 0°、"强度"为 50%、"水平"为 40%、"垂直"为 80%、"复杂性"为 4、"细节"为 1，选中"画笔影响内切线手柄"和"画笔影响外切线手柄"复选框，如图 6-38 所示。

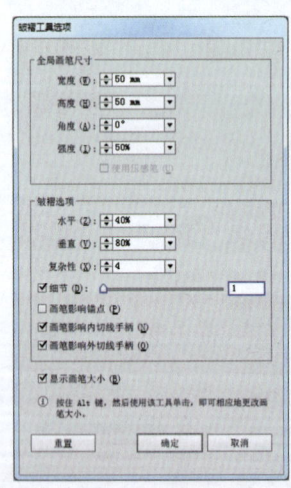

图 6-37　打开素材图形　　　　　　　图 6-38　设置选项

> ▶ **专家指点**
>
> 在"皱褶工具选项"对话框中，"复杂性"数值框主要用来设置图形变形的复杂程度，数值越大，图形的变形程度越明显，若输入的数值为 0，则图形将无任何变化。"画笔影响锚点"复选框是指在使用变形工具时，画笔只针对图形的锚点并使之变形。

第 6 章　调整图形对象的形状

步骤 03　单击"确定"按钮,将鼠标指针移至所选择变形的图形上,单击鼠标左键不放,图像窗口中即可显示图形边缘抖动并随之变形的预览效果,如图 6-39 所示。

步骤 04　沿着图形的形状拖拽鼠标,使图形变形至满意效果后,释放鼠标即可,效果如图 6-40 所示。

图 6-39　预览效果

图 6-40　图形变形效果

步骤 05　用与上同样的方法,为图像窗口中其他图形进行皱褶变形,效果如图 6-41 所示。

步骤 06　使用直接选择工具对经过变形操作的图形进行适当的修饰,让图像效果更加美观,如图 6-42 所示。

图 6-41　图形变形效果

图 6-42　图像效果

6.2　使用封套扭曲变形图形

封套扭曲是 Illustrator CC 中最灵活、最具可控性的变形功能,它可以使对象按照封套的形状产生变形,被扭曲的对象称作封套内容。封套类似于容器,封套内容则类似于水,将水装进圆形的容器时,水的边界就会呈现为圆形,装进方形容器时,水的边界又会呈现为方形,封套扭曲功能与之类似。

6.2.1 用变形建立封套扭曲

建立封套扭曲的操作方法有 3 种方式：一是使用"用变形建立"命令建立封套扭曲；二是使用"用网格建立"命令建立封套扭曲；三是使用"用顶层对象建立"命令建立封套扭曲。下面介绍用变形建立封套扭曲的操作方法。

步骤 01 打开素材图形（素材\第 6 章\食物.ai），如图 6-43 所示。
步骤 02 选中需要变形的图形，如图 6-44 所示。

图 6-43　打开素材图形　　　　　　图 6-44　选择图形

步骤 03 单击"对象"|"封套扭曲"|"用变形建立"命令，弹出"变形选项"对话框，单击"样式"选项右侧的下拉三角按钮，在弹出的列表框中选择"上弧形"选项，选中"水平"单选按钮，设置"弯曲"为 50%、"扭曲"为 0%、"垂直"为 0%，如图 6-45 所示。

步骤 04 单击"确定"按钮，即可使选中的图形按照所设置的参数进行变形，并适当调整图形高度，效果如图 6-46 所示。

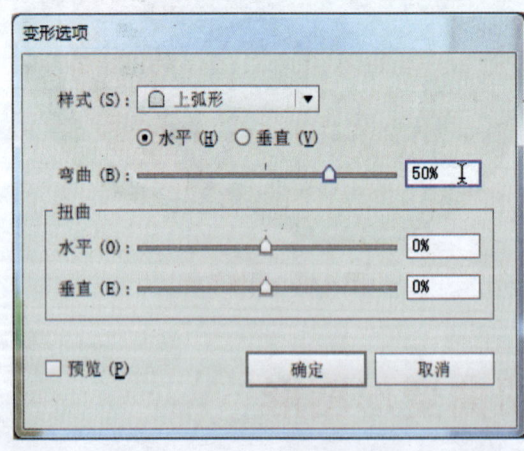

图 6-45　设置选项　　　　　　图 6-46　图像效果

6.2.2 用网格建立封套扭曲

使用"用网格建立"命令可以在应用封套的图形对象上覆盖封套网格，用户可使用工具面板中的直接选择工具拖曳封套网格上的控制柄,以便灵活地调整封套效果。

　　使用"用网格建立"命令可以为选择的图形创建一个矩形网格状的封套,在对话框中设置不同的参数,所创建的网格也会有所不同。网格上自带着节点和方向线,通过改变节点和方向线可以改变网格的形状,封套中的图形也随之改变。该"封套网格"话框中,"行数"数值框主要用来设置建立网格的行数;"列数"数值框主要用来设置建立网格的列数。

　　下面介绍用网格建立封套扭曲的操作方法。

步骤 01 打开两幅素材图形(素材\第 6 章\相框 1.ai、相框 2.ai),如图 6-47 所示。

图 6-47　打开素材图形

步骤 02 将人物图形复制粘贴于相框素材的文档中,并选中人物图形;单击"对象"|"封套扭曲"|"用网格建立"命令,弹出"封套网格"对话框,设置"行数"为 2、"列数"为 2,如图 6-48 所示。

步骤 03 单击"确定"按钮,即可对人物图形建立封套网格,再使用选择工具调整人物图形的位置和大小,如图 6-49 所示。

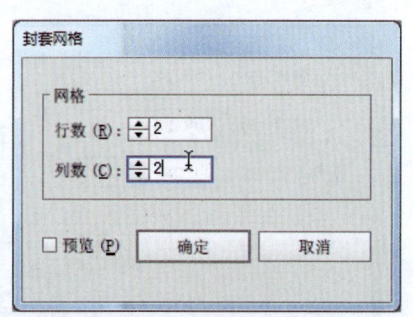

图 6-48　设置选项

图 6-49　调整图形

步骤 04　选取工具面板中的直接选择工具，将鼠标指针移至封套网格的锚点上，单击鼠标左键并拖拽，即可调整网格点的位置和网格线的形状，如图 6-50 所示。

步骤 05　用与上同样的方法，对封套网格的锚点进行调整，人物图形也随之变形，效果如图 6-51 所示。

图 6-50　调整锚点

图 6-51　图像效果

6.2.3　用顶层对象建立封套扭曲

在使用"用顶层对象建立"命令对图形进行封套效果时，所选择的图形数量应在两个或两个以上，否则无法建立封套效果。下面介绍用顶层对象建立封套扭曲的操作方法。

步骤 01　打开素材图形（素材\第 6 章\公园风景.ai），如图 6-52 所示。

步骤 02　选取工具面板中的圆角矩形工具，在控制面板上设置"填色"为"无"，"描边"为黑色；在图像窗口中单击鼠标左键，弹出"圆角矩形"对话框，设置"宽度"为 750px、"高度"为 750px、"圆角半径"为 30px，如图 6-53 所示。

图 6-52　打开素材图形

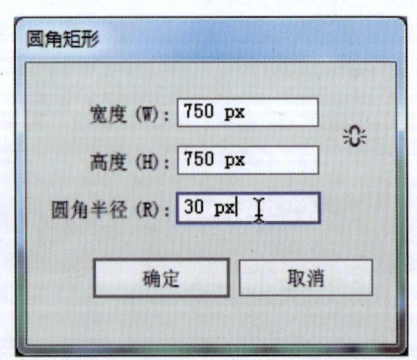

图 6-53　设置参数值

步骤 03 单击"确定"按钮,即可绘制一个指定大小的圆角矩形框(图 6-54),按【Ctrl】+【A】组合键,将图像窗口中的所有图形全部选中。

步骤 04 单击"对象"|"封套扭曲"|"用顶层对象建立"命令,即可使用圆角矩形框建立封套效果,如图 6-55 所示。

图 6-54 绘制圆角矩形框

图 6-55 封套效果

6.2.4 编辑封套内容

编辑封套扭曲的操作除了编辑封套图形外,还可以编辑内容,即被封套的图形,在控制面板上单击"编辑内容"按钮 ,或单击"对象"|"封套扭曲"|"编辑内容"命令,系统将自动选中编辑内容,此时,用户可以通过控制面板对该内容的颜色、描边等选项进行相应的编辑。用户编辑完封套图形后,单击"对象"|"封套扭曲"|"编辑封套"命令,即可将拆分的图形又组成一个封套图形。下面介绍编辑封套内容的操作方法。

步骤 01 打开素材图形(素材\第 6 章\饮品.ai),如图 6-56 所示。

步骤 02 选中封套的图形,如图 6-57 所示。

图 6-56 打开素材图形

图 6-57 建立封套图形

步骤 03　在控制面板上单击"编辑封套"按钮，系统将自动选中封套图形，使用直接选择工具在需要编辑的锚点上单击鼠标左键，使用锚点处于编辑状态，如图 6-58 所示。

步骤 04　拖拽鼠标，即可调整封套图形的位置，修改如图 6-59 所示。

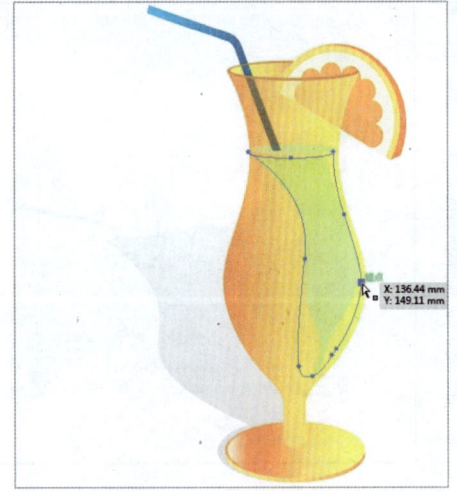
图 6-58　选中锚点

图 6-59　图像效果

6.2.5　释放封套扭曲

用户若要取消图形的封套效果，可单击"对象"|"封套扭曲"|"释放"命令，会弹出一个呈灰色填充的封套图形，将其删除，图形即可恢复至变形前的效果。下面介绍释放封套扭曲的操作方法。

步骤 01　打开素材图形（素材\第 6 章\鱼缸.ai），如图 6-60 所示。

步骤 02　选中需要删除封套扭曲的对象，如图 6-61 所示。

图 6-60　打开素材图形

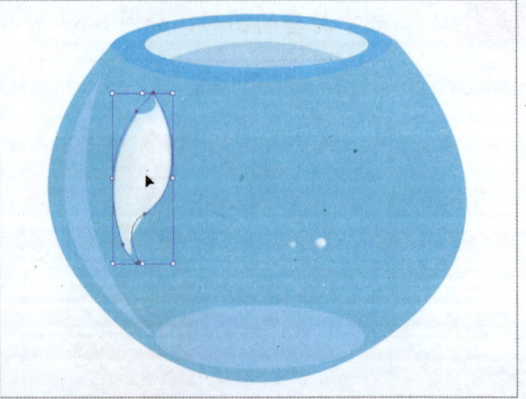
图 6-61　选中图形对象

步骤 03　单击"对象"|"封套扭曲"|"释放"命令，弹出一个呈灰色填充的封套图形，如图 6-62 所示。

步骤 04　删除相应图形，并适当调整图形的位置，效果如图 6-63 所示。

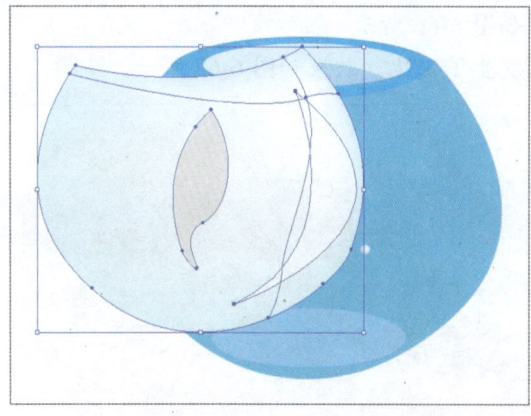
图 6-62　释放封套扭曲

图 6-63　调整图形的位置

6.3　剪切和分割图形对象

Illustrator 可以通过不同的方式剪切和分割图形。例如，可以将对象分割为网格、用一个对象分割另一个对象以及擦除图形等。本节主要介绍剪切和分割图形对象的操作方法。

6.3.1　裁剪图形对象

使用刻刀工具 可以裁剪图形。如果是开放式的路径，裁切后会成为闭合式路径。使用刻刀工具裁剪填充了渐变颜色的对象时，如果渐变的角度为 0°，Illustrator 就会自动调整渐变角度，使之始终保持 0°，并且裁切后对象的颜色会发生变化。

步骤 01　打开素材图形（素材\第 6 章\围栏.ai），如图 6-64 所示。

步骤 02　选择刻刀工具 ，在栅栏上单击并拖拽鼠标，划出裁切线，如图 6-65 所示。

图 6-64　打开素材图形

图 6-65　划出裁切线

步骤 03　执行操作后，即可裁剪栅栏图形，如图 6-66 所示。
步骤 04　取消选择，可以看到图形的渐变色发生了变化，效果如图 6-67 所示。

图 6-66　裁剪栅栏图形　　　　　　　　图 6-67　图像效果

6.3.2　擦除图形对象

使用橡皮擦工具 在图形上方单击并拖拽鼠标，可以擦除相应对象。下面介绍擦除图形对象的操作方法。

步骤 01　打开素材图形（素材\第 6 章\动漫人物.ai），如图 6-68 所示。
步骤 02　在工具面板中，选取橡皮擦工具 ，如图 6-69 所示。

图 6-68　打开素材图形　　　　　　　　图 6-69　选取橡皮擦工具

步骤 03　在图形上方单击并拖拽鼠标，如图 6-70 所示。
步骤 04　执行操作后，即可擦除相应区域，效果如图 6-71 所示。

图 6-70　拖拽鼠标　　　　　　　　　图 6-71　图像效果

6.3.3　分割图形对象

剪刀工具  可以将一条开放或闭合的路径图形分割成多个开放的路径图形，经过剪切后的路径图形，可以使用直接选择工具或转换锚点工具对路径图形进行进一步编辑。剪刀工具主要针对的是路径和锚点，在使用剪刀工具时一般是在路径或锚点上进行了起始点的确认。下面介绍使用剪切工具分割图形对象的操作方法。

步骤 01　打开素材图形（素材\第 6 章\青苹果.ai），使用选择工具选中图像中的蓝色图形，如图 6-72 所示。

步骤 02　选取工具面板中的剪刀工具，将鼠标指针移至图形上的一个锚点上，单击一下鼠标左键，即可使该锚点处于编辑状态，如图 6-73 所示。

图 6-72　选中图形　　　　　　　　　图 6-73　单击锚点

步骤 03　将鼠标指针移至图形的另一个锚点上，单击鼠标左键，如图 6-74 所示，即可将原图形分割为两个独立的图形。

步骤 04　利用选择工具分别选中被分割的图形，并对图形进行位置的调整，效果如图 6-75 所示。

 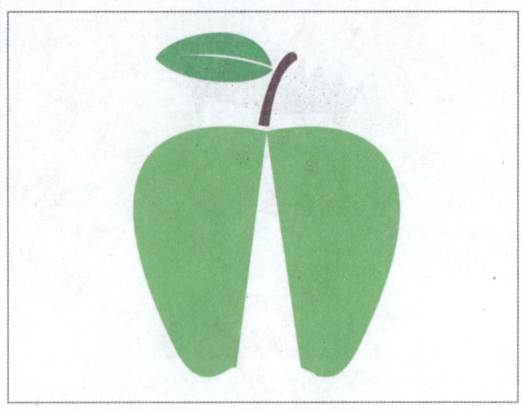

图 6-74　单击锚点　　　　　　　　　图 6-75　调整图形位置

本章小结

本章首先介绍了使用一系列工具缩放与变形处理图形的方法，主要包括整形工具、变形工具、旋转扭曲工具、倾斜工具、缩拢工具、膨胀工具以及扇贝工具等；然后介绍了使用封套扭曲变形图形的方法，主要包括用变形建立封套扭曲、用网格建立封套扭曲、用顶层对象建立封套扭曲以及释放封套扭曲等；最后介绍了剪切和分割图形对象的方法，主要包括裁剪图形对象、擦除图形对象以及分割图形对象等内容。

通过本章的学习，读者对图形处理应该有了更进一步的了解，熟练掌握这些图形的处理技巧，可以制作出各种精彩的图形艺术效果。

课后习题

鉴于本章知识的重要性，为了帮助读者更好地掌握所学知识，本节将通过上机习题，帮助读者进行知识回顾和巩固。

本习题需要掌握利用混合工具处理图形对象的方法，效果如图 6-76 所示。

图 6-76　素材与效果

第 7 章　编辑图层与蒙版对象

【本章导读】

使用"图层"面板所提供的相关选项和命令，可以很方便地来管理图层。这样用户在绘制复杂的图形时，就可以将不同的对象分别放置在不同的图层中，从而很容易地对它们分别进行单独操作。蒙版是 Illustrator 中又一个能产生特效的方法，它的工作方式和面具一样，把不想看到的地方遮挡起来，只透过蒙版的形状来显示想要看到的部分。本章主要介绍编辑图层与蒙版对象的各种操作方法。

【本章重点】

- 选择与管理图层
- 使用混合模式
- 应用蒙版对象

7.1　选择与管理图层

图层的概念就像一叠含有不同图形图像的透明纸，相互按照一定的顺序叠放在一起，最终形成一幅图形图像。图层在进行图形处理的过程中起到了十分重要的作用，它可以将创建或编辑的不同图形通过图层进行管理，方便用户对图形的编辑操作，也可以更加丰富图形的效果。本节主要介绍选择与管理图层对象的操作方法。

7.1.1　图层的创建操作

Illustrator CC 中的图层操作与管理主要是通过"图层"浮动面板来实现的。在绘制复杂的图形时，用户可以将不同的图形放置于不同的图层中，从而可以更加方便地对单独的图形进行编辑，也可以重新组织图形之间的显示顺序。下面介绍创建图层的具体操作方法。

步骤 01　打开素材图形（素材\第 7 章\樱桃.ai），如图 7-1 所示。
步骤 02　单击"窗口"|"图层"命令，调出"图层"面板，其中"图层 1"的预览框中，显示了图像窗口中在该图层中的图形，如图 7-2 所示。
步骤 03　将鼠标指针移至面板下方的"创建新图层"按钮上，如图 7-3 所示。
步骤 04　单击鼠标左键即可创建一个新图层，系统默认名称为"图层 2"，如图 7-4 所示。

图 7-1　打开素材图形

图 7-2　调出"图层"面板

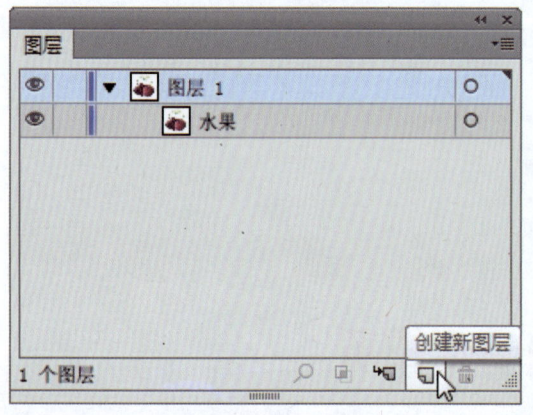

图 7-3　移动鼠标

图 7-4　创建图层

> ▶ 专家指点
>
> 　　用户在创建新图层时，若按住【Ctrl】键的同时，单击"创建新图层"按钮，则可以在所有图层的上方新建一个图层；若按住【Alt】+【Ctrl】组合键的同时，单击"创建新图层"按钮，则可以在所有选择的图层的下方新建一个图层。

7.1.2　图层的排序操作

　　"图层"面板中的图层是按照一定的顺序进行排列的，图层排列的顺序不同，在图形窗口中所产生的效果也就不同。因此，用户在使用 Illustrator 绘制或编辑图层时，经常需要移动图层，以按需要来调整其排列顺序。下面介绍调整图层顺序的操作方法。

步骤 01　打开素材图形（素材\第 7 章\化妆品.ai），如图 7-5 所示。

步骤 02　打开"图层"面板，选择"图层1"图层，如图 7-6 所示。

步骤 03　单击鼠标左键并向上拖拽，当拖拽至所需要的位置后，释放鼠标，即可调整当前所选图层的排列顺序，如图 7-7 所示。

步骤 04　同时，画板中的图像效果也会随之改变，如图 7-8 所示。

图 7-5 打开素材图形

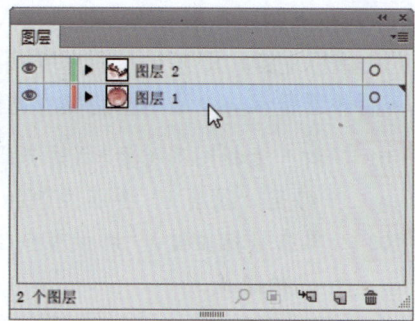

图 7-6 选择图层

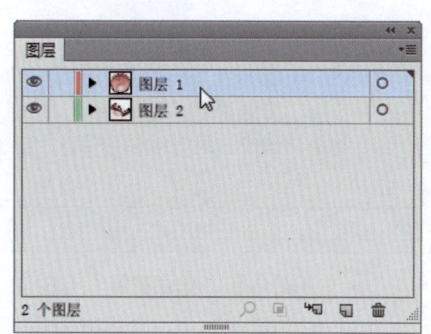

图 7-7 调整图层排列顺序

图 7-8 图像效果

7.1.3 图层的显示操作

为了便于在图形窗口中绘制或编辑具有多个元素的图形对象，用户可以通过隐藏图层的方法在图形窗口中隐藏图层中的图形对象。

1. 隐藏图层

隐藏图层的操作方法有 3 种，分别如下。

（1）在"图层"面板中，单击需要隐藏的图层名称前面的"切换可视性"图标👁，即可快速隐藏该图层，并且隐藏的图层名称前面的👁图标呈▢形状。

（2）在"图层"面板中，选择不需要隐藏的图层，单击面板右上角的▼≡按钮，在弹出的面板菜单中选择"隐藏其它图层"选项，即可隐藏未选择的图层。

（3）在"图层"面板中，选择不需要隐藏的图层，按住【Alt】键的同时，单击该图层名称前面的"切换可视性"图标👁，即可隐藏除选择的图层以外的图层。

2. 显示隐藏的图层

显示隐藏的图层的操作方法有 3 种，分别如下。

（1）用户若需要显示隐藏的图层，可在"图层"面板中，单击其图层名称前面的"切换可视性"图标▢，即可显示该图层。

（2）在"图层"面板中选择任意一图层，单击面板右上角的 按钮，在弹出的面板菜单中选择"显示所有图层"选项，即可显示所有隐藏的图层。

（3）在"图层"面板中，按住【Alt】键的同时在任意一图层的"切换可视性"图标处单击鼠标左键，即可显示所有隐藏的图层。

下面介绍显示与隐藏图层的操作方法。

步骤 01 打开素材图形（素材\第7章\绿色世界.ai），打开"图层"面板，将鼠标指针移至"图层1"图层左侧的"切换可视性"图标 上，如图7-9所示。

步骤 02 单击鼠标左键，"切换可视性"图标呈 形状，如图7-10所示，表示该图层已被隐藏。

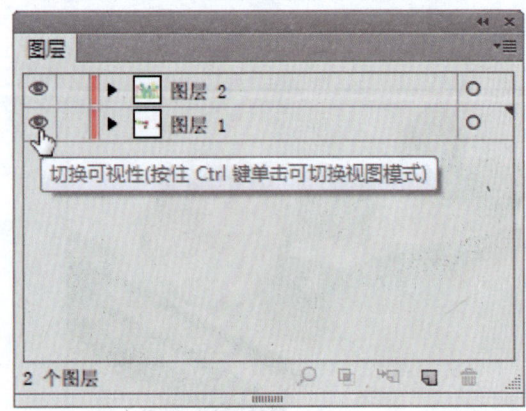

图7-9 移动鼠标

图7-10 隐藏图层

步骤 03 执行操作的同时，图像窗口中的图形随之被隐藏，效果如图7-11所示。

步骤 04 在"图层1"图层的"切换可视性"图标上单击鼠标左键，当"切换可视性"图标呈 形状时，即可显示该图层，如图7-12所示。

图7-11 隐藏图层效果

图7-12 显示图层效果

7.1.4 图层的锁定操作

在"图层"面板中选择相应图层后，单击"切换锁定"图标 ，"切换锁定"图标呈 形状，即该图层已被锁定。下面介绍锁定图层的操作方法。

步骤 01 打开素材图形（素材\第 7 章\车模.ai），如图 7-13 所示。

步骤 02 打开"图层"面板，将鼠标指针移至"图层 1"图层左侧的"切换锁定"图标 上，如图 7-14 所示。

图 7-13　打开素材图形

图 7-14　移动鼠标位置

▶ 专家指点

除了直接单击图标锁定图层外，还有以下两种方法：

（1）在"图层"浮动面板中选择不需要锁定的图层，单击面板右上角的 按钮，在弹出的菜单列表框中选择"锁定其它图层"选项，即可将未选择的图层锁定。

（2）在"图层"浮动面板上选择需要锁定的图层，双击鼠标左键，在弹出的"图层选项"对话框中取消选中"锁定"复选框，单击"确定"按钮，即可锁定所选择的图层。

步骤 03 单击鼠标左键，"切换锁定"图标呈 形状，即该图层已被锁定，如图 7-15 所示。

步骤 04 将鼠标指针移至图像窗口的任何区域中，鼠标指针呈 形状，则表示图形已被锁定无法进行编辑，如图 7-16 所示。

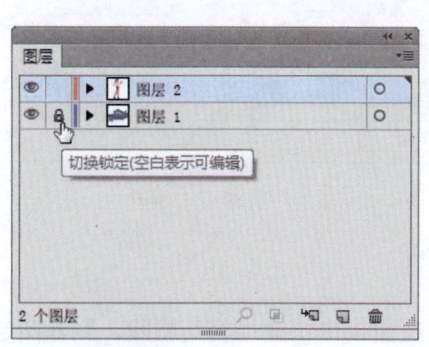

图 7-15　锁定图形

图 7-16　预览图形

7.1.5　图层的合并操作

在使用 Illustrator CC 绘制或编辑图层时，过多的图层将占用过多的内存资源，所以有时需要合并多个图层。在"图层"面板中选择多个需要合并的图层，单击面板右侧的三角形按钮，在弹出的面板菜单中选择"合并所选图层"选项，即可合并选择的图层。

下面介绍合并图层对象的操作方法。

步骤 01 打开素材图形（素材\第 7 章\乒乓球.ai），如图 7-17 所示。

步骤 02 打开"图层"面板，按住【Ctrl】键的同时，在"图层"面板中选中需要合并的图层，如图 7-18 所示。

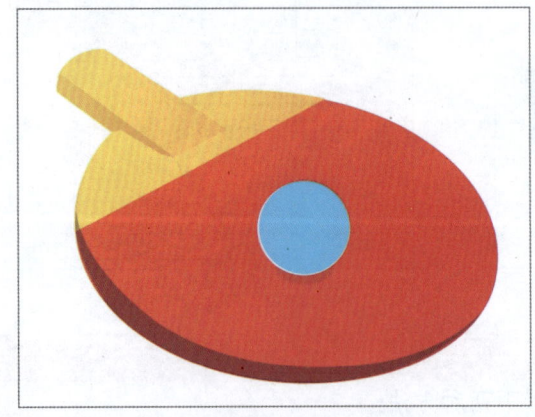

图 7-17 打开素材图形　　　　　　　　　图 7-18 选中所有图层

步骤 03 单击面板右上角的 按钮，在菜单列表框中选择"合并所选图层"选项，所选择的图层合并为一个图层，如图 7-19 所示。

步骤 04 单击"球拍"图层上左侧的三角按钮▶，所合并的图层以子图层的方式显示，如图 7-20 所示。

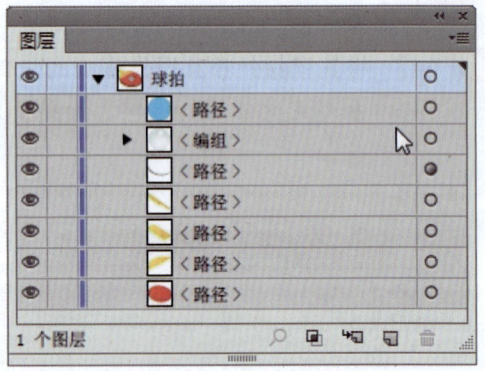

图 7-19 合并图层　　　　　　　　　　　图 7-20 显示子图层

7.1.6 图层的删除操作

对于"图层"面板中不需要的图层，用户可以在面板中快捷地将其删除。删除图层的方法很简单，下面介绍具体操作方法。

打开上一例的素材文件，在面板中选择"乒乓球"图层，单击面板底部的"删除所选图层"按钮，如图 7-21 所示。执行操作后，弹出提示信息框，单击"是"按钮，即可删除"乒乓球"图层，效果如图 7-22 所示。

第 7 章 编辑图层与蒙版对象

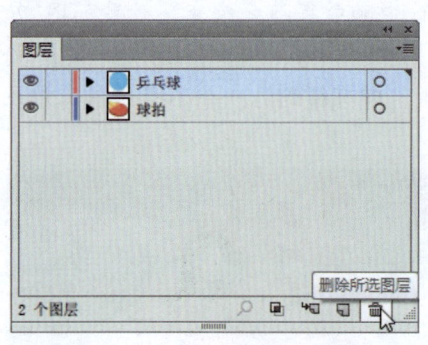

图 7-21 打开上一例的素材文件

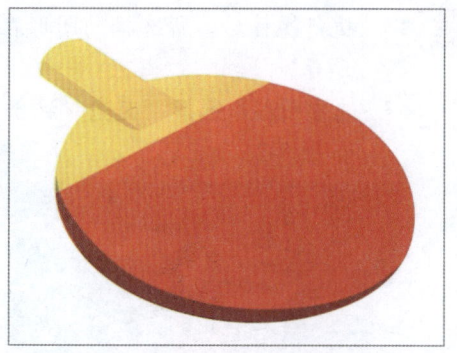

图 7-22 删除图层后的图形效果

7.2 使用混合模式

选择图形或图像后,可以在"透明度"面板中设置它的混合模式和不透明度。混合模式决定了当前对象与它下面的对象堆叠时是否混合,以及采用什么方式混合。本节主要介绍使用混合模式的操作方法。

7.2.1 变暗与变亮混合模式

"变暗"与"变亮"是两种效果恰好相反的混合模式,运用这两种混合模式时,应当注意它们不是图形之间的色彩混合后的效果。因此,在绘制图形时,要把握好图形的色彩明度。下面介绍使用"变暗"与"变亮"混合模式的操作方法。

步骤 01 打开素材图形(素材\第 7 章\红裙女孩.ai),选中相应图形,如图 7-23 所示。

步骤 02 单击"窗口"|"透明度"命令,调出"透明度"浮动面板,单击"混合模式"列表框右侧的下拉三角按钮,在弹出的下拉列表框中选择"变暗"选项,如图 7-24 所示。

图 7-23 打开素材图形

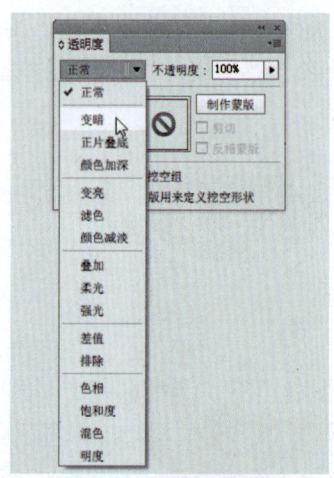

图 7-24 选择选项

步骤 03 执行操作后，所选择的图形在图像窗口中的效果随之改变，效果如图 7-25 所示。

步骤 04 选中图形，选择"变亮"混合模式选项，即可得到另一个不同的图像效果，如图 7-26 所示。

图 7-25 "变暗"混合模式效果　　　　图 7-26 "变亮"混合模式效果

7.2.2 颜色加深与颜色减淡混合模式

"颜色加深"可以降低颜色的亮度，而"颜色减淡"则可以提高颜色的亮度。在混合模式的操作过程中，"颜色加深"可以将所选择的图形根据图形的颜色灰度而变暗，在与其他图形相融合降低所选图形的亮度；"颜色减淡"可以将所选图形与其下方的图形进行颜色混合，从而增加色彩饱和度，会使图形的整体颜色色调变亮。

下面介绍使用"颜色加深"与"颜色减淡"混合模式的操作方法。

步骤 01 打开素材图形（素材\第 7 章\爱心杯.ai），如图 7-27 所示。

步骤 02 选中图像窗口中需要进行混合模式设置的图形，利用"透明度"浮动面板，在"混合模式"列表框中选择"颜色加深"选项，如图 7-28 所示。

 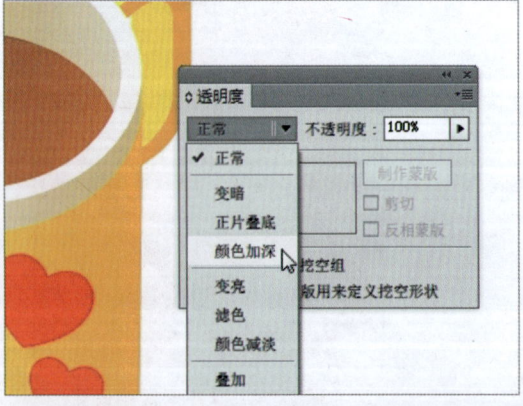

图 7-27 打开素材图形　　　　图 7-28 选择"颜色加深"混合模式

步骤 03　执行操作后，所选图形在图像窗口中的效果随之改变，如图 7-29 所示。

步骤 03　选中图形，选择"颜色减淡"混合模式选项，即可得到另一个不同的图像效果，如图 7-30 所示。

图 7-29　图形效果有所改变

图 7-30　"颜色减淡"混合模式

7.2.3　正片叠底与叠加混合模式

使用"正片叠底"混合模式可以使所选择的图形颜色比原图形颜色变暗，而"叠加"混合模式可以使所选择的图形的亮部颜色变得更亮，而暗部颜色则变暗淡。

下面介绍使用"正片叠底"与"叠加"混合模式的操作方法。

步骤 01　打开素材图形（素材\第 7 章\性感美女.ai），如图 7-31 所示。

步骤 02　使用选择工具，选中图像窗口中需要进行混合模式设置的图形，如图 7-32 所示。

图 7-31　打开素材图形

图 7-32　选择需要设置的图形

步骤 03　利用"透明度"浮动面板，在"混合模式"列表框中选择"正片叠底"选项，所选图形在图像窗口中的效果随之改变，如图 7-33 所示。

步骤 04　选中图形，选择"叠加"混合模式选项，即可得到另一个不同的图像效果，如图 7-34 所示。

图 7-33 "正片叠底"效果　　　　　　　图 7-34 "叠加"效果

7.2.4 柔光与强光混合模式

使用"柔光"混合模式时，若选择的图形颜色超过了 50%的灰色，则下方的图形颜色变暗；若低于 50%的灰色，则可以使下方的图形颜色变亮。

使用"强光"混合模式时，若选择的图形颜色超过了 50%的灰色，则下方的图形颜色将会以"正片叠底"的混合模式变亮。

下面介绍使用"柔光"与"强光"混合模式的操作方法。

步骤 01　打开素材图形（素材\第 7 章\花布鞋.ai），如图 7-35 所示。

步骤 02　选取工具面板中的矩形工具，在"颜色"面板中设置 CMYK 的参数值为 0%、100%、0%、0%，在图像窗口中绘制一个合适的矩形图形，并选中该图形，如图 7-36 所示。

图 7-35 打开素材图形　　　　　　　图 7-36 绘制并选中图形

步骤 03　在"透明度"面板的"混合模式"列表框中选择"柔光"选项，所选图形在图像窗口中的效果随之改变，如图 7-37 所示。

步骤 04　选中图形，在"透明度"面板的"混合模式"列表框中选择"强光"选项，即可得到另一个不同的图像效果，如图 7-38 所示。

第 7 章　编辑图层与蒙版对象

图 7-37　"柔光"混合模式效果

图 7-38　"强光"混合模式效果

7.2.5　明度与混色混合模式

"明度"主要是将选择的图形与其下方图形两者的颜色色相、饱和度进行混合。若选择的图形和其下方的图形的颜色色调都较暗，则混合效果也会较暗。

"混色"主要是将选择的图形与其下方图形两者的颜色色调、饱和度进行互换。若下方的图形颜色为灰度，进行"混色"混合后下方图形将无任何变化。

下面介绍使用"明度"与"混色"混合模式的操作方法。

步骤 01　打开素材图形（素材\第 7 章\电灯泡.ai），如图 7-39 所示。

步骤 02　运用选择工具选择图像中的灯泡对象，如图 7-40 所示。

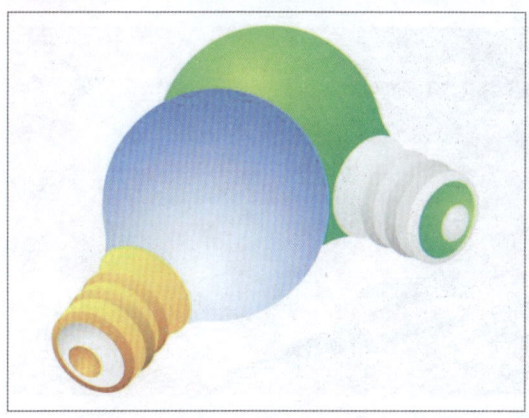

图 7-39　打开素材图形

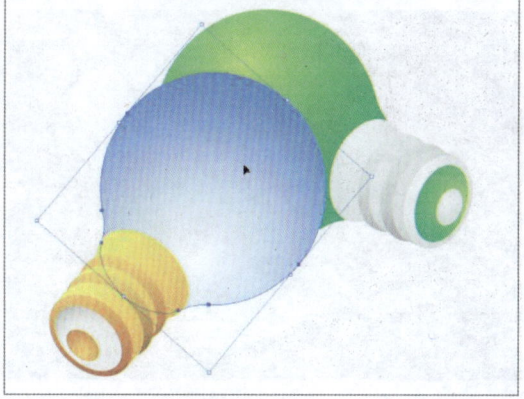

图 7-40　选择灯泡对象

步骤 03　选中所绘制的图形，利用"透明度"浮动面板，在"混合模式"列表框中选择"明度"选项，所选图形在图像窗口中的效果随之改变，如图 7-41 所示。

步骤 04　选中图形，选择"混色"混合模式选项，即可得到另一个不同的图像效果，如图 7-42 所示。

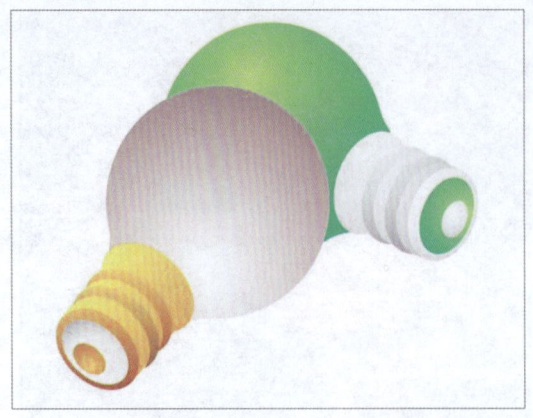 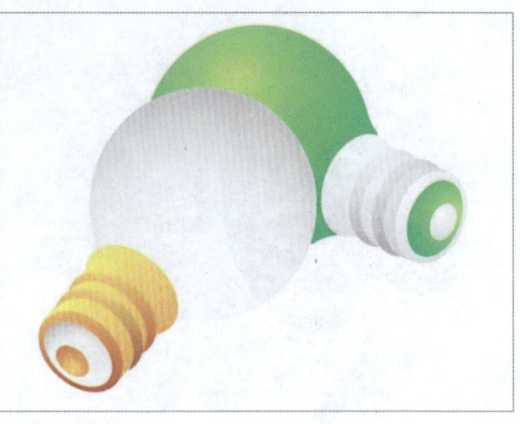

图 7-41　"明度"混合模式效果　　　　图 7-42　"混色"混合模式效果

7.2.6　色相与饱和度混合模式

"色相"混合模式是采用底色的亮度、饱和度以及绘图色的色相来创建最终色,"饱和度"混合模式与"色相"混合模式的混合方式相似。

下面介绍使用"色相"与"饱和度"混合模式的操作方法。

步骤 01　打开素材图形(素材\第 7 章\朦胧灯色.ai),利用"透明度"浮动面板,在"混合模式"列表框中选择"色相"选项,所选图形在图像窗口中的效果随之改变,如图 7-43 所示。

步骤 02　选中图形,选择"饱和度"混合模式选项,即可得到另一个不同的图像效果,如图 7-44 所示。

图 7-43　"色相"混合模式效果　　　　图 7-44　"饱和度"混合模式效果

7.2.7　滤色混合模式

"滤色"混合模式可以将所选择的图形与其下方的图形进行层叠,从而使层叠区域变亮,同时会对混合图形的色调进行均匀处理。若所选择的图形与其下方的图形颜色为同一色系,层叠的区域明度会有所提高,但也会与图形颜色同属于一个色系。

下面介绍使用"滤色"混合模式的操作方法。

步骤 01　打开素材图形(素材\第 7 章\鞋带.ai),如图 7-45 所示。

步骤 02 在图像窗口中选中需要进行混合模式设置的图形，利用"透明度"浮动面板，在"混合模式"列表框中选择"滤色"选项，所选图形在图像窗口中的效果随之改变，如图7-46所示。

图 7-45 打开素材图形

图 7-46 "滤色"混合模式效果

7.3 使用蒙版对象

蒙版在英文中的拼写是 MASK（面具），它的工作原理与面具一样，就是把不想看到的地方遮挡起来，只透过蒙版的形状来显示想要看到的部分。更准确的说，蒙版可以裁切图形中的部分线稿，从而只有一部分线稿可以透过创建的一个或者多个形状显示。本节主要介绍使用蒙版对象的操作方法。

7.3.1 创建路径蒙版

蒙版可以用线条、几何形状及位图图像来创建，也可以通过复合图层和文字来创建一个蒙版。在 Illustrator CC 中，用户可通过单击"对象"|"剪切蒙版"|"建立"命令，对图形进行遮挡，从而达到创建蒙版的效果。下面介绍创建路径蒙版的操作方法。

步骤 01 打开素材图形（素材\第7章\夕阳风光1.ai、夕阳风光2.ai），如图7-47所示。

图 7-47 打开素材图形

步骤 02　将相框素材图像复制到风景素材图像的文档中,并调整相框与风景素材的大小与位置;选取工具面板中的矩形工具,设置"填色"为"无""描边"为"黑色""描边粗细"为 3pt,在图像窗口的中绘制一个与相框一样大小的矩形框,如图 7-48 所示。

步骤 03　将图像窗口中的图形全部选中,单击"对象"|"剪切蒙版"|"建立"命令,即可为图像创建剪切蒙版,如图 7-49 所示。

图 7-48　黑色边框　　　　　　　　　图 7-49　创建剪切蒙版

7.3.2　创建文字蒙版

　　使用文字创建蒙版,可以做出一些意想不到的效果。创建蒙版的图形通常位于图像窗口中的最顶层,它可以是单一的路径,也可以是复合路径,选中需要创建蒙版式的图形后,单击"图层"面板右上角的 ▤ 按钮,在弹出的菜单列表中选择"建立剪切蒙版"选项,也可以为图形创建剪切蒙版。下面介绍创建文字蒙版的操作方法。

步骤 01　打开素材图形(素材\第 7 章\翱翔蓝天.ai),如图 7-50 所示。

步骤 02　按【Ctrl】+【A】组合键,选中图像窗口中的所有图形,单击"对象"|"剪切蒙版"|"建立"命令,即可创建文字剪切蒙版,如图 7-51 所示。

图 7-50　打开素材图形　　　　　　　图 7-51　创建文字剪切蒙版

7.3.3　创建不透明蒙版

　　用户若想创建的不透明蒙版达到良好的图像效果,所绘制的图形填充为黑白色是最佳选择。若图形的颜色为黑色,则图像呈完全透明状态;若图形的颜色为白色,则图像呈半透明状态。图形灰色度越高，则图像越透明。下面介绍创建不透明蒙版的操作方法。

步骤 01 打开素材图形（素材\第 7 章\音乐女孩.ai），如图 7-52 所示。

步骤 02 选取工具面板中的椭圆工具 ⬭，在图像窗口中的合适位置绘制一个椭圆形，再在"渐变"浮动面板中，设置"渐变填充"为 Black White Radial、"类型"为"径向"，单击"反向渐变" ⇄ 按钮，使填充的渐变色进行反向，如图 7-53 所示。

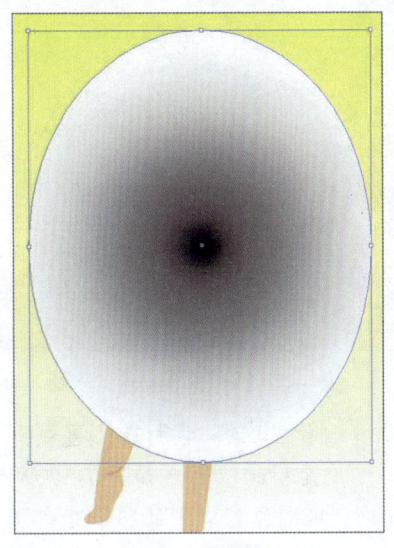

图 7-52　打开素材图形　　　　　　　　图 7-53　绘制椭圆

步骤 03 选中图像窗口中的所有图形，调出"透明度"浮动面板，单击面板右上角的 ≡ 按钮，在弹出的菜单列表框中选择"新建不透明蒙版为剪切蒙版"选项，再次单击面板右上角的 ≡ 按钮，在菜单列表框中选择"建立不透明蒙版"选项，如图 7-54 所示。

步骤 04 执行操作后，即可为图像创建不透明蒙版，效果如图 7-55 所示。

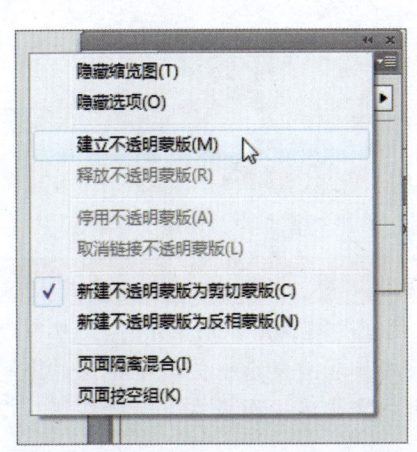

图 7-54　选择"建立不透明蒙版"选项　　　图 7-55　创建不透明蒙版

7.3.4 创建反相蒙版

反相蒙版与不透明蒙版相似，建立反相蒙版图形的白色区域可以将其下方的图形遮盖，而黑色区域下方的图形，则呈完全透明状态。下面介绍创建反相蒙版的操作方法。

步骤 01 打开素材图形（素材\第 7 章\场景.ai、背景.ai），如图 7-56 所示。

图 7-56 打开素材图形

步骤 02 将"背景"素材图形复制到"场景"素材图形的文档中，并调整背景与场景素材的位置，如图 7-57 所示。

步骤 03 将图像窗口中的图形全部选中后，调出"透明度"浮动面板，单击面板右上角的  按钮，在弹出的菜单列表框中选择"新建不透明蒙版为反相蒙版"选项，再次单击面板右上角的 按钮，在菜单列表框中选择"建立不透明蒙版"选项，即可为图像创建反相蒙版，如图 7-58 所示。

图 7-57 拖入素材　　　　　　　　图 7-58 创建反相蒙版

▶ **专家指点**

用户在创建了不透明蒙版和反相蒙版后，选中所建立蒙版的图形，"透明度"面板中的"剪切"和"反相"复选框呈选中状态。若用户取消复选框的选中状态，则可以取消剪切蒙版和反相蒙版，但不透明蒙版不会取消，除非单击面板右上角的按钮，在弹出的菜单列表框中选择"释放不透明蒙版"选项。

7.3.5 编辑剪切蒙版

用户创建剪切蒙版后，若对图像效果满意，除了使用直接选择工具对蒙版中的图形进行编辑外，也可以选中创建剪切蒙版的图形，调整其位置或路径形状，也同样可以改变蒙版的效果。

步骤 01 打开素材图形（素材\第7章\秋思.ai），如图7-59所示。

步骤 02 选取工具面板中的椭圆工具 ⬭，在图像窗口中的合适位置绘制一个正圆形，选中图像窗口中的所有图形，单击鼠标右键，在弹出的快捷菜单中选择"建立剪切蒙版"选项，为图像创建剪切蒙版，如图7-60所示。

图7-59 打开素材图形

图7-60 创建剪切蒙版

步骤 03 使用魔棒工具 ✦，选中图像窗口中需要编辑的图形，如图7-61所示。

步骤 04 使用选择工具 ▶，单击鼠标左键并拖拽，即可移动图形，如图7-62所示。

图7-61 选择图形

图7-62 移动图形

7.3.6 释放蒙版对象

用户若对创建的蒙版效果不满意，需要重新对蒙版中的对象编辑时，就需要先释放蒙版效果，才可对对象进行编辑。

步骤 01 打开素材图形（素材\第7章\礼品.ai），如图7-63所示。

步骤 02 使用选择工具选中图形,单击"对象"|"剪切蒙版"|"释放"命令,即可释放图像中的剪切蒙版,如图7-64所示。

图7-63 打开素材图形

图7-64 释放蒙版

释放蒙版效果的操作方法还有4种,分别如下:

(1)选取工具面板中的选择工具,在图形窗口中选择需要释放的蒙版,单击"图层"面板底部的"建立/释放剪切蒙版"按钮,即可释放创建的剪切蒙版。

(2)选取工具面板中的选择工具,在图形窗口中选择需要释放的蒙版,在窗口中的任意位置处单击鼠标右键,在弹出的快捷菜单中选择"释放剪切蒙版"选项,即可释放创建的剪切蒙版。

(3)选择需要释放剪切蒙版的图形,按【Alt】+【Ctrl】+【7】组合键,即可释放蒙版。

(4)选择需要释放剪切蒙版的图形,单击"图层"面板右上角的按钮,在弹出的菜单列表框中选择"释放剪切蒙版"选项,即可释放蒙版。

本章小结

本章首先介绍了选择与管理图层的方法,如图层的创建、排序、显示、锁定、合并以及删除等;然后介绍了图层混合模式的使用技巧,如变暗模式、变亮模式、颜色加深模式、颜色减淡模式、正片叠底模式、叠加模式、柔光模式、明度模式以及滤色模式等;最后介绍了蒙版的使用技巧,如创建路径蒙版、创建文字蒙版、创建不透明蒙版、创建反相蒙版以及编辑剪切蒙版等内容。

通过本章内容的学习,读者应该对图层与蒙版有一定的了解和掌握,蒙版的功能十分强大,可以制作出多种图形画面的叠加效果。

课后习题

鉴于本章知识的重要性，为了帮助读者更好地掌握所学知识，本节将通过上机习题，帮助读者进行知识回顾和巩固。

本习题需要掌握创建文字蒙版的方法，效果如图7-65所示。

图7-65　素材与效果

第 8 章　应用画笔与符号工具

【本章导读】

画笔工具和"画笔"面板是 Illustrator 中实现绘画效果的主要工具，符号工具可以方便、快捷地生成很多相似效果的图形实例，也是应用比较广泛的工具之一。本章主要介绍应用画笔与符号工具的操作方法。

【本章重点】

➢ 使用画笔绘制图形
➢ 编辑画笔属性参数
➢ 使用符号与符号库

8.1　使用画笔绘制图形

Illustrator CC 中的画笔工具是一个非常奇妙的工具。用户使用该工具，可以实现模拟画家所用的不同形状的笔刷，在指定的路径周围均匀地分布指定的图案等功能，从而使用户能够充分展示自己的艺术构思，表达自己的艺术思想。同时，用户熟练地使用"画笔"面板可以给所需要的路径或图形添加一些画笔笔触，从而达到丰富路径和图形的目的。

8.1.1　创建画笔

使用工具面板中的画笔工具可以创建不同笔触的路径效果，如使用画笔工具可以创建书法画笔、散点画笔、艺术形式的画笔和图案画笔。下面将对其进行详细的讲解。

步骤 01　打开素材图形（素材\第 8 章\汉堡.ai），如图 8-1 所示。

步骤 02　单击"窗口"|"画笔"命令，调出"画笔"浮动面板，将鼠标指针移至面板下方的"新建画笔"按钮 上，单击鼠标左键，如图 8-2 所示。

图 8-1　打开素材图形

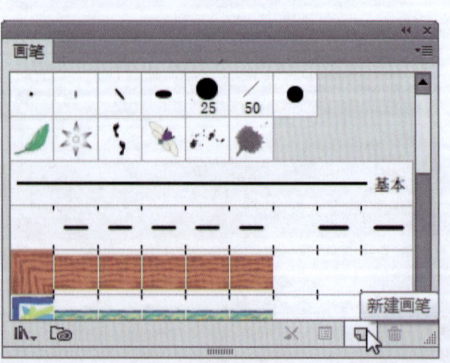

图 8-2　移动鼠标

|步骤 03| 弹出"新建画笔"对话框,选中"书法画笔"单选按钮,如图8-3所示。
|步骤 04| 单击"确定"按钮,弹出"书法画笔选项"对话框,设置"名称"为"书法画笔1""角度"为60°、"圆度"为60%、"大小"为9pt,在"画笔形状编辑器"中可以预览设置的书法画笔笔触样式,如图8-4所示。

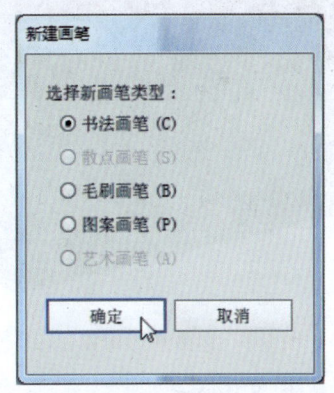

图8-3 "新建画笔"对话框　　　　　图8-4 设置选项

|步骤 05| 单击"确定"按钮,即可将所创建的"书法画笔1"的画笔笔触添加于"画笔"浮动面板中,将鼠标指针移至"书法画笔1"画笔笔触上,如图8-5所示,单击鼠标左键即可选中该画笔笔触。
|步骤 06| 选取工具面板中的画笔工具,在控制面板上设置"填色"为"无""描边"为"白色""描边粗细"为1pt,将鼠标移至图像窗口中的合适位置,单击鼠标左键,即可将该画笔笔触应用于图像窗口中,根据图像的需要应用画笔笔触,就会绘制出美观的图像效果,如图8-6所示。

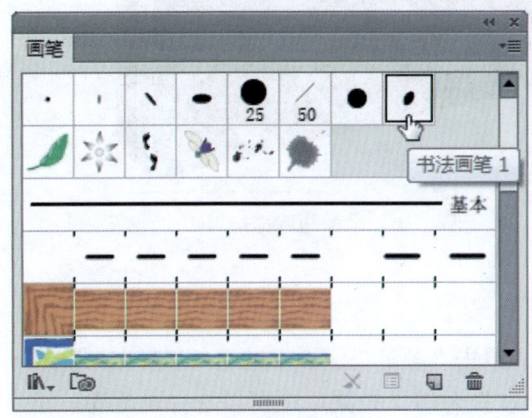 

图8-5 添加画笔笔触　　　　　　　图8-6 图像效果

8.1.2 添加画笔描边

画笔描边可以应用于任何绘图工具或形状工具创建的线条,如钢笔工具和铅笔工具绘制的路径,矩形和弧形等工具创建的图形。下面介绍添加画笔描边的操作方法。

|步骤 01| 打开素材图形(素材\第8章\箱子.ai),如图8-7所示。
|步骤 02| 使用选择工具选择相应的图形对象,如图8-8所示。

图 8-7　打开素材图形　　　　　　　　　图 8-8　选择图形对象

步骤 03　打开"画笔"面板，选择 3 pt Round 画笔，如图 8-9 所示。

步骤 04　执行操作后，即可添加画笔描边，效果如图 8-10 所示。

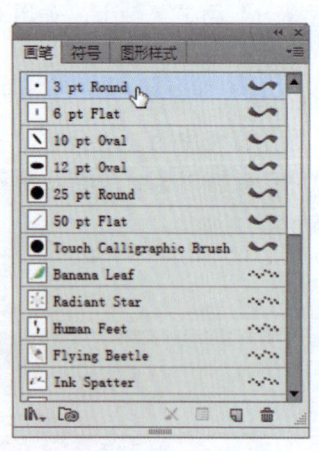

图 8-9　选择画笔　　　　　　　　　　　图 8-10　添加画笔描边

8.1.3　使用画笔库

画笔库是 Illustrator 提供的一组预设画笔。单击"画笔"面板中的"'画笔库'菜单"按钮 ，或执行"窗口"|"画笔库"命令，在打开的下拉菜单中可以选择画笔库。下面介绍使用画笔库的操作方法。

步骤 01　打开素材图形（素材\第 8 章\帽子.ai），如图 8-11 所示。

步骤 02　单击"画笔"浮动面板右上角的 按钮，在弹出的菜单列表框中选择"打开画笔库"|"Wacom 6D 画笔"|"6d 艺术钢笔画笔"选项，即可弹出"6d 艺术钢笔画笔"浮动面板，将鼠标移至"6d 散点画笔 1"画笔笔触上，单击鼠标左键，如图 8-12 所示。

图 8-11　打开素材图形

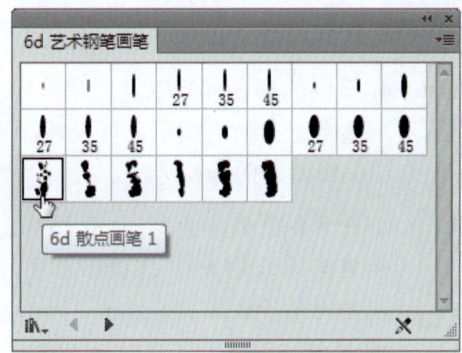

图 8-12　选择画笔笔触

步骤 03　执行操作后，该画笔笔触即可添加至"画笔"浮动面板中，选中所添加的"6d 散点画笔 1"画笔笔触，如图 8-13 所示。

步骤 04　选取工具面板中的画笔工具，在控制面板上设置"填色"为"无""描边"为白色、"描边粗细"为 2pt，如图 8-14 所示。

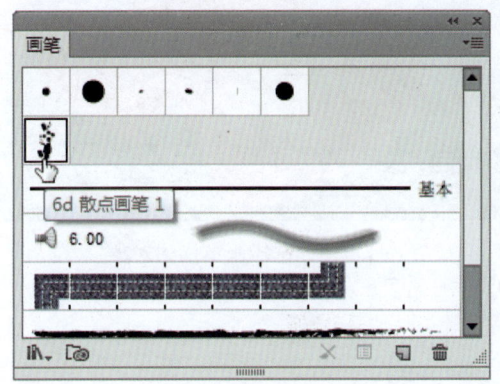

图 8-13　添加画笔笔触　　　　　　　图 8-14　设置画笔笔触

步骤 05　将鼠标移至图像窗口中的合适位置，单击鼠标左键，即可将该画笔笔触应用于图像窗口中，如图 8-15 所示。

步骤 06　用与上同样的方法，并根据图像的需要合理地应用画笔笔触，即可制作出更加美观的图像效果，如图 8-16 所示。

图 8-15　应用画笔笔触　　　　　　　图 8-16　图像效果

8.1.4 编辑画笔

Illustrator 提供的预设画笔以及用户自定义的画笔都可以进行修改，包括缩放、替换和更新图形，重新定义画笔图形，以及将画笔从对象中删除等。

下面介绍编辑画笔的操作方法。

步骤 01 打开素材图像（素材\第 8 章\双爱心.ai），如图 8-17 所示。

步骤 02 使用选择工具 ▶，选择添加了画笔描边的对象，如图 8-18 所示。

步骤 03 双击比例缩放工具，弹出"比例缩放"对话框，选中"比例缩放描边和效果"复选框，设置"等比"为 80%，如图 8-19 所示。

步骤 04 单击"确定"按钮，可以同时缩放对象和画笔描边，如图 8-20 所示。

图 8-17 打开素材图像　　　　图 8-18 选择画笔描边对象

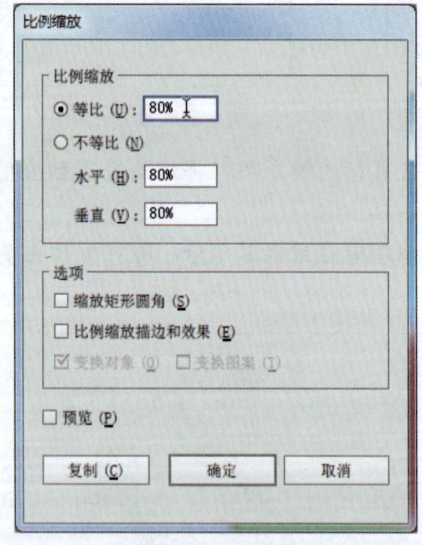

图 8-19 设置相应选项　　　　图 8-20 同时缩放对象和画笔描边

步骤 05 单击"画笔"面板中的"所选对象的选项"按钮 ▣，弹出"描边选项（图案画笔）"对话框，设置"缩放"为 300%，如图 8-21 所示。

步骤 06 单击"确定"按钮，即可将画笔描边放大，效果如图 8-22 所示。

第 8 章　应用画笔与符号工具

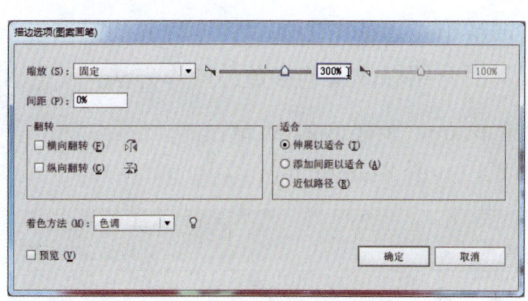

图 8-21　"描边选项（图案画笔）"对话框

图 8-22　图像效果

8.1.5　使用画笔绘制图形

选择画笔工具，在"画笔"面板中选择一种画笔，单击并拖拽鼠标可绘制线条并对路径应用画笔描边。下面介绍使用画笔绘制图形的操作方法。

步骤 01　打开素材图形（素材\第 8 章\长发美女.ai），如图 8-23 所示。

步骤 02　使用画笔工具，在控制面板中设置"描边颜色"为黄色（CMYK 参数值分别为 0%、10%、95%、0%），"描边粗细"为 2pt，如图 8-24 所示。

图 8-23　打开素材图形

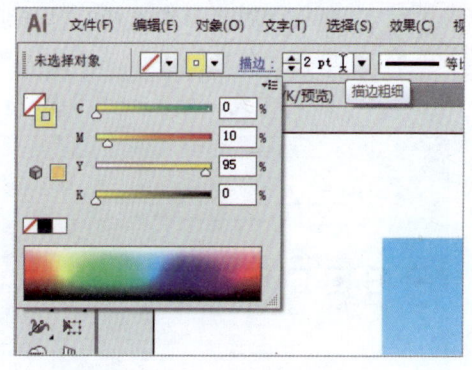

图 8-24　设置"描边粗细"

步骤 03　打开"画笔"面板，选择相应的画笔类型，如图 8-25 所示。

步骤 04　使用画笔工具绘制图形，效果如图 8-26 所示。

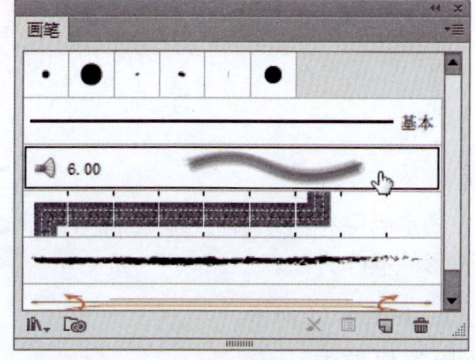

图 8-25　选择相应的画笔类型

图 8-26　绘制图形

8.1.6 修改画笔参数

在 Illustrator CC 中,用户可以在"画笔"面板中双击使用的画笔,在打开的对话框中设置护板参数,达到修改画笔样式的效果。下面介绍修改画笔参数的操作方法。

步骤 01 打开素材图形(素材\第 8 章\一封情书.ai),如图 8-27 所示。

步骤 02 打开"画笔"面板,双击相应的画笔,如图 8-28 所示。

图 8-27　打开素材图形

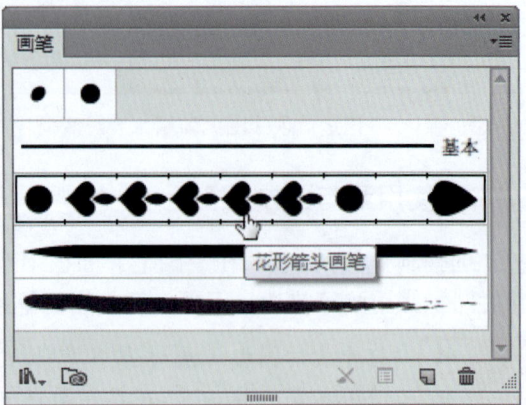
图 8-28　双击相应画笔

步骤 03 弹出"图案画笔选项"对话框,选中"横向翻转"复选框,如图 8-29 所示。

步骤 04 单击"确定"按钮,弹出信息提示框,单击"应用于描边"按钮,即可修改画笔样式,效果如图 8-30 所示。

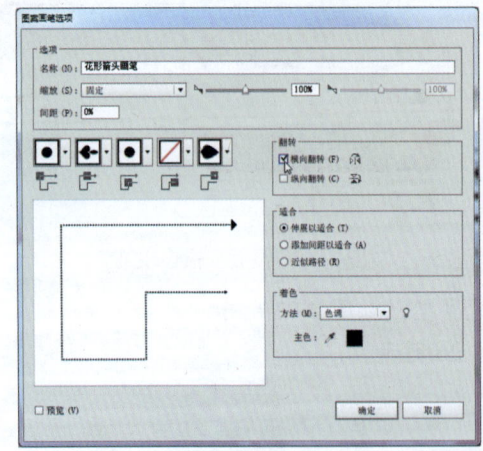
图 8-29　选中"横向翻转"复选框

图 8-30　图像效果

8.1.7 修改画笔样本图形

Illustrator CC 可以将图像定义为散点画笔、艺术画笔和图案画笔,并且允许用户修改画笔样本中的图形。下面介绍修改画笔样本图形的操作方法。

步骤 01 打开素材图像(素材\第 8 章\彩虹.ai),如图 8-31 所示。

步骤 02 使用选择工具 选择画笔样本,如图 8-32 所示。

图 8-31 打开素材图像

图 8-32 选择画笔样本

步骤 03 运用选择工具适合调整画笔样本的大小，如图 8-33 所示。
步骤 04 按住【Alt】键的同时将修改后画笔图形拖拽到"画笔"面板中的原始画笔上，如图 8-34 所示。

图 8-33 调整画笔样本的大小

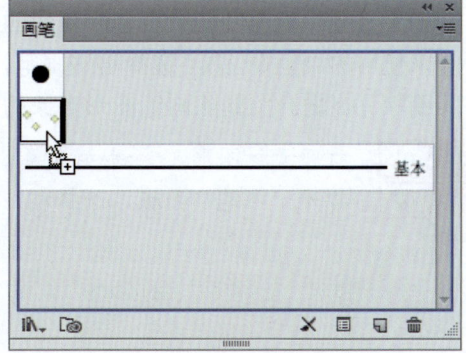
图 8-34 拖拽画笔图形

步骤 05 弹出"散点画笔选项"对话框，单击"确定"按钮，如图 8-35 所示。
步骤 06 弹出信息提示框，单击"应用于描边"按钮，如图 8-36 所示。

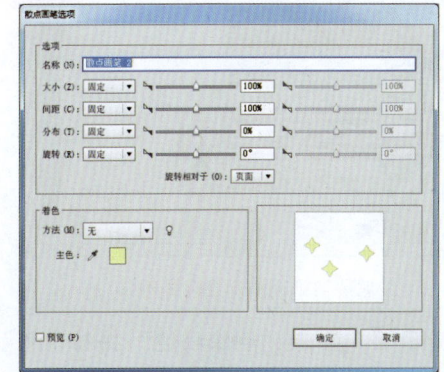
图 8-35 单击"确定"按钮

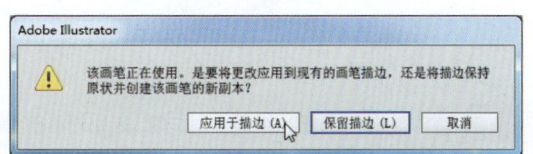
图 8-36 单击"应用于描边"按钮

步骤 07 执行操作后，即可修改其他的画笔样本图形，修改如图 8-37 所示。

图 8-37 图像效果

8.1.8 删除画笔图形对象

如果要删除当前文档中所有未使用的画笔，可以选择"画笔"面板菜单中的"选择所有未使用的画笔"选项，选择这些画笔，再单击"画笔"面板中的"删除画笔"按钮 ，将其删除。下面介绍删除画笔图形对象的操作方法。

步骤 01 打开素材图形（素材\第 8 章\课本.ai），如图 8-38 所示。

步骤 02 打开"画笔"面板，选择相应画笔，如图 8-39 所示。

图 8-38 打开素材图形

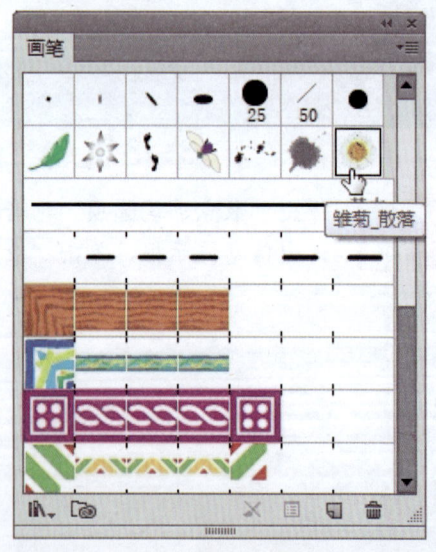

图 8-39 选择相应画笔

步骤 03 单击"删除画笔"按钮 ，弹出信息提示框，单击"删除描边"按钮，可删除"画笔"面板中的画笔，如图 8-40 所示。

步骤 04 同时，从对象中删除画笔，效果如图 8-41 所示。

第 8 章 应用画笔与符号工具

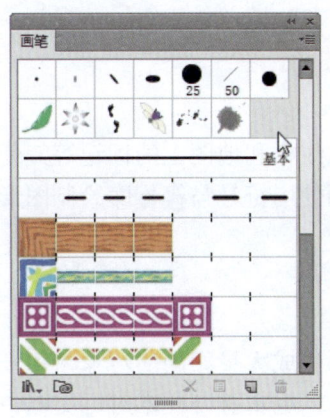

图 8-40 删除画笔

图 8-41 图像效果

8.1.9 反转描边方向

为路径添加画笔描边后,使用钢笔工具单击路径的端点,可以翻转画笔描边的方向。下面介绍反转描边方向的操作方法。

步骤 01 打开素材图像(素材\第 8 章\闪电.ai),如图 8-42 所示。

步骤 02 使用选择工具 选择相应对象,如图 8-43 所示。

图 8-42 打开素材图像

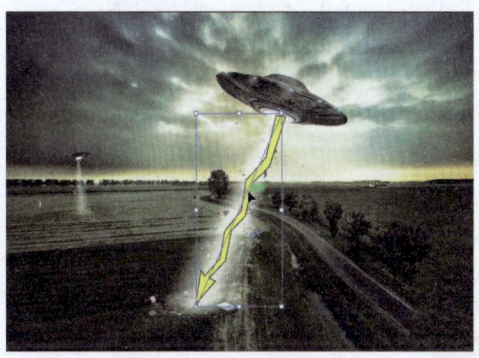

图 8-43 选择相应对象

步骤 03 使用钢笔工具 单击路径的端点,如图 8-44 所示。

步骤 04 执行操作后,即可翻转画笔描边的方向,效果如图 8-45 所示。

图 8-44 单击"扩展外观"命令

图 8-45 图像效果

8.2 使用符号与符号库

符号用于表现文档中大量重复的对象，例如花草、纹样和地图上的标记等，使用符号可以简化复杂对象的制作和编辑过程。本节主要介绍使用符号与符号库绘制图形的操作方法。

8.2.1 新建符号

符号是一种特殊的对象，任意一个符号样本都可以生成大量相同的对象，每一个符号实例都与"符号"面板或符号库中的符号样本链接，当编辑符号样本时，文档中所有与之链接的符号实例都会自动更新。下面介绍新建符号的操作方法。

步骤 01 打开素材图形（素材\第 8 章\小 Q 图形.ai），如图 8-46 所示。

步骤 02 单击"窗口"|"符号"命令，调出"符号"浮动面板，使用选择工具将图像中的所有图形全部选中，单击面板下方的"新建符号"按钮，如图 8-47 所示。

图 8-46 打开素材图形　　　　图 8-47 新建符号

步骤 03 弹出"符号选项"对话框，设置"名称"为"豆豆"，"导出类型"为"图形"，如图 8-48 所示。

步骤 04 单击"确定"按钮，即可完成新建符号的操作，所选择的图形也显示于"符号"浮动面板中，如图 8-49 所示。

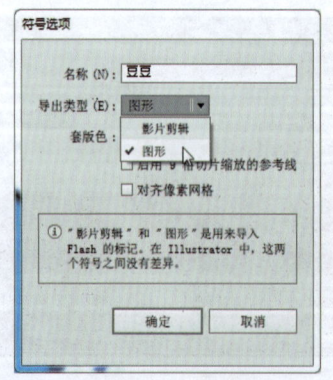
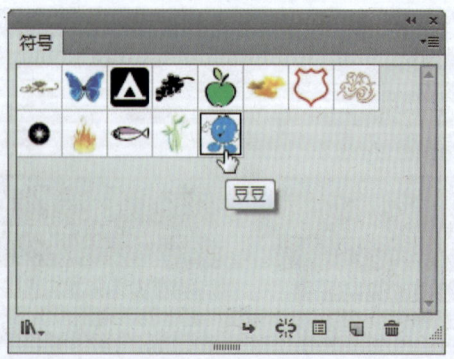

图 8-48 设置选项　　　　图 8-49 新建符号

> ▶ 专家指点
>
> 还有一种创建符号的方法：在图形窗口中选择要创建符号的图形，然后拖拽至"符号"面板处，当鼠标指针呈 形状时，释放鼠标，即可将当前选择的图形创建为新符号。

8.2.2 编辑符号

新创建的符号经过保存后，原图形便成为了一个整体，即一个符号。此时，使用任何选择类工具都会将整个符号图形选中。另外，除了使用"编辑符号"选项外，用户也可以在选中需要编辑的符号后，单击控制面板上"编辑符号"按钮，即可对该符号进行编辑。

步骤 01 打开素材图形（素材\第8章\耳机少年.ai），如图8-50所示。

步骤 02 使用选择工具 选中图像窗口中的符号图形，此时，该图形已经成为一个整体，如图8-51所示。

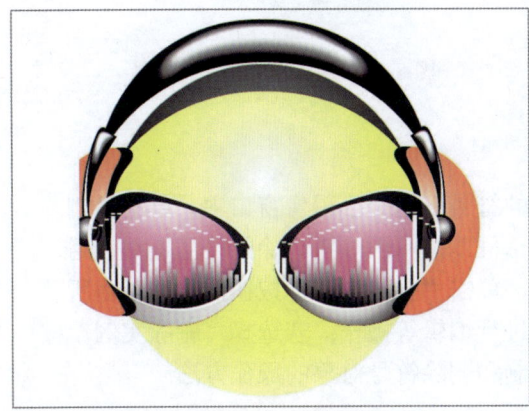
图8-50 打开素材图形

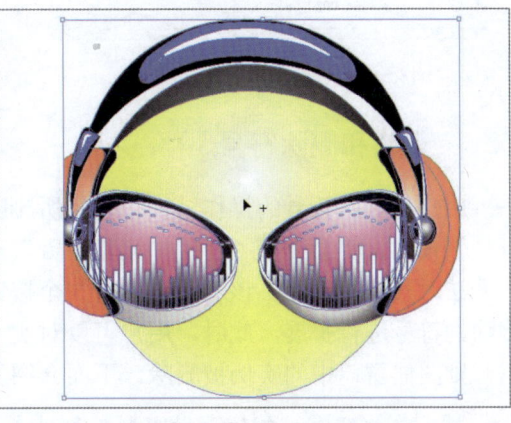
图8-51 图形为一个整体

步骤 03 选中"符号"面板中的"耳机少年"图标，单击"符号"浮动面板右上角的 按钮，在弹出的菜单列表框中选择"编辑符号"选项，如图8-52所示。

步骤 04 使用选择工具，在图像窗口中的合适位置单击鼠标左键，选择符号的局部图形，如图8-53所示。

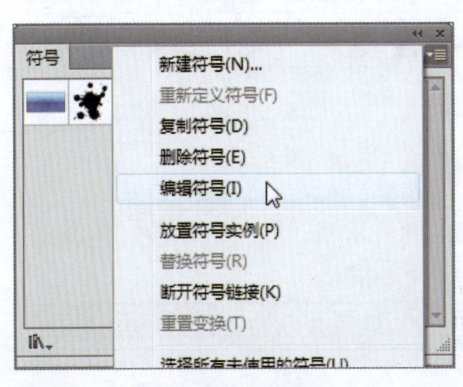
图8-52 选择"编辑符号"选项

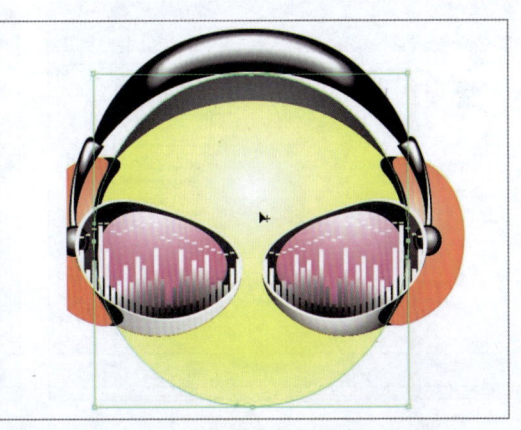
图8-53 选择符号局部图形

步骤 05　打开"渐变"面板,在其中设置中间滑块的颜色为绿色(CMYK 的参数值为 75%、0%、100%、0%),如图 8-54 所示。

步骤 06　执行操作后,即可改变所选择图形的颜色,编辑符号对象,效果如图 8-55 所示。

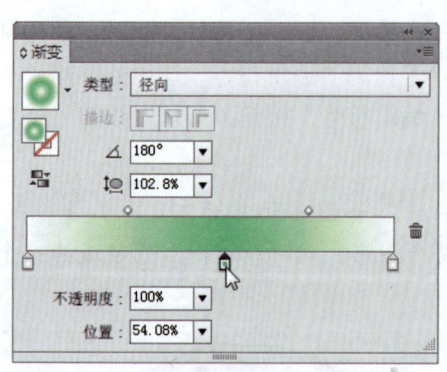
图 8-54　设置中间滑块的颜色

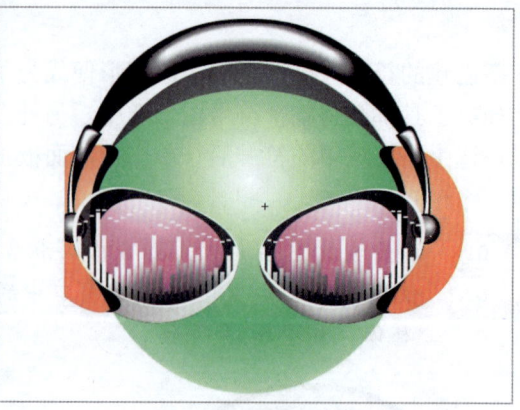
图 8-55　编辑符号对象的效果

8.2.3　复制和删除符号

　　用户在删除符号的操作过程中,若所删除的符号下运用于图像窗口中,单击"删除符号"按钮,将会弹出"使用中删除警告"对话框,提示用户所删除的符号正在使用,并无法对其进行删除。该对话框中有 3 个按钮,单击"扩展实例"按钮,则可以将所要删除的符号进行扩展,此时,用户可以对实例进行编辑等操作;若选择"删除实例"按钮,则图像窗口中的实例被删除。下面介绍复制和删除符号对象的操作方法。

步骤 01　打开上一例的素材图形(素材\第 8 章\耳机少年.ai),选中"符号"浮动面板中的"耳机少年"符号图标,如图 8-56 所示。

步骤 02　单击面板右上角的 按钮,在菜单列表框中选择"复制符号"选项,即可复制所选择的符号,并以"耳机少年 2"的名称显示于"符号"面板中,如图 8-57 所示。

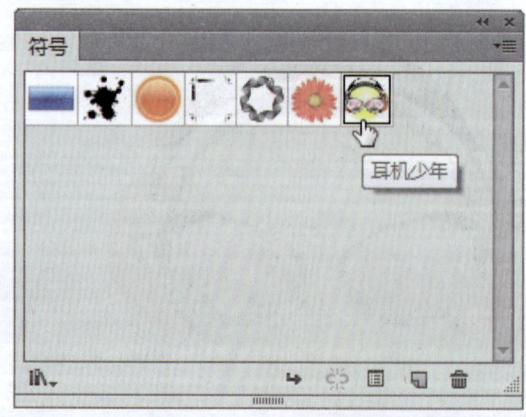
图 8-56　选中符号图形

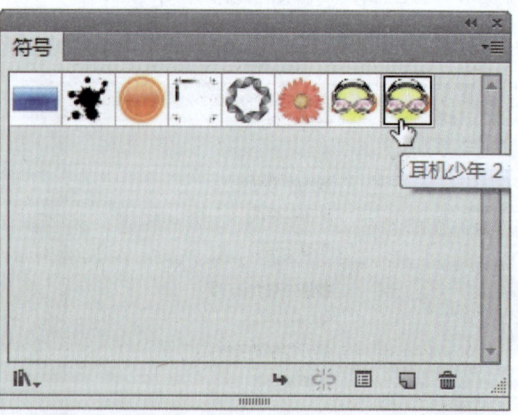
图 8-57　复制图形

步骤 03 选中复制的"耳机少年2"符号图标,将鼠标指针移至面板下方的"删除符号"按钮 上,如图8-58所示。

步骤 04 单击鼠标左键,弹出信息提示框,提示用户是否删除所选择的符号,如图8-59所示,单击"是"按钮,即可将所选择的符号图形删除。

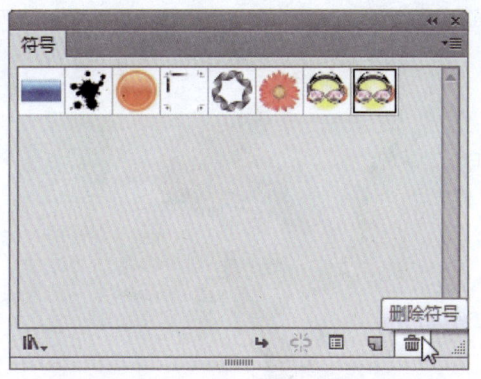
图8-58 "删除符号"按钮

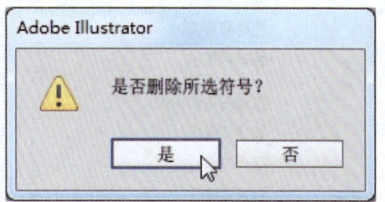
图8-59 信息提示框

▶ 专家指点

用户在"符号"面板中选择需要复制的符号,并将其拖拽至面板底部的"新建符号"按钮 处,释放鼠标后,也可以生成一个符号副本。

8.2.4 替换符号

用户在进行替换符号的操作之前,一定要先选择需要替换的符号图形,否则,"替换符号"的选项呈灰色状态。在选择需要替换的符号图形后,也可以在控制面板上单击"用符号替换实例"右侧的下拉三角按钮▼,在弹出的下拉列表框中选择替换的符号图标即可。

下面介绍替换符号的操作方法。

步骤 01 打开素材图形(素材\第8章\图形.ai),在图像窗口中选中需要替换的符号图形,如图8-60所示。

步骤 02 在"符号"浮动面板中,选中替换的符号图标,如图8-61所示。

图8-60 选中符号

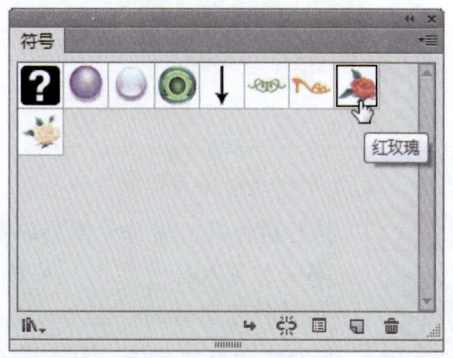
图8-61 选中符号

步骤 03　单击面板右上角的按钮,在菜单列表框中选择"替换符号"选项,如图 8-62 所示。

步骤 04　即可将图像窗口中所选择的符号图形进行替换,并根据需要调整符号图形的大小,如图 8-63 所示。

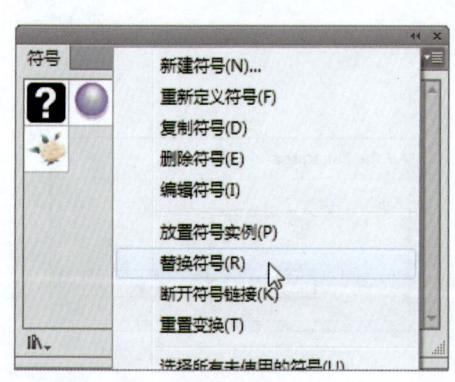

图 8-62　选择"替换符号"选项

图 8-63　替换符号

8.2.5　使用符号库

在 Illustrator CC 中,除了默认的"符号"面板中所提供的有限符号外,还提供了丰富的符号库以供加载。下面介绍使用符号库绘制图形的操作方法。

步骤 01　打开素材图形(素材\第 8 章\小房子.ai),如图 8-64 所示。

步骤 02　单击"符号"浮动面板右上角的按钮,在菜单列表框中选择"打开符号库"|"自然"选项,弹出"自然"浮动面板,选择"树木 1"符号图标,如图 8-65 所示。

图 8-64　打开素材图形

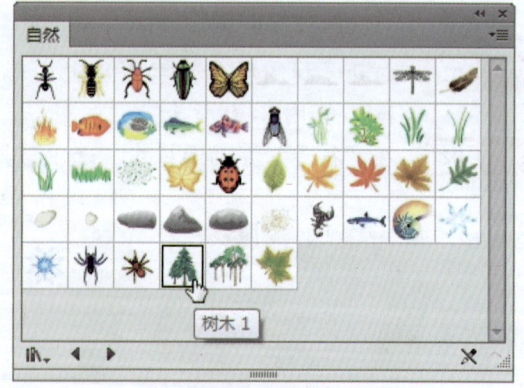

图 8-65　选择符号

步骤 03　执行操作后,该符号图标添加至"符号"浮动面板中,选中所添加的符号,单击"置入符号实例"按钮,将符号置入图像窗口中,并根据图像需要调整符号图形的位置与大小,如图 8-66 所示。

步骤 04　用与上同样的方法,为图像添加相应的符号图形,即可使图像效果绘制得更加美观,如图 8-67 所示。

图 8-66　调整符号　　　　　　　　　图 8-67　图像效果

> ▶ 专家指点
>
> 在 Illustrator CC 中，按【Ctrl】+【Shift】+【F11】组合键，也可以快速打开"符号"面板。

8.2.6 用工具喷射符号

用户可以使用工具面板中的符号喷枪工具在图形窗口中喷射大量无序排列的符号图形，也可以在工具面板中选择不同的符号编辑工具对喷射的符号进行编辑。下面介绍使用符号工具喷射符号图形的操作方法。

步骤 01　打开素材图像（素材\第 8 章\天空.ai），如图 8-68 所示。

步骤 02　打开"符号"面板，选择"焰火"符号图标，如图 8-69 所示。

 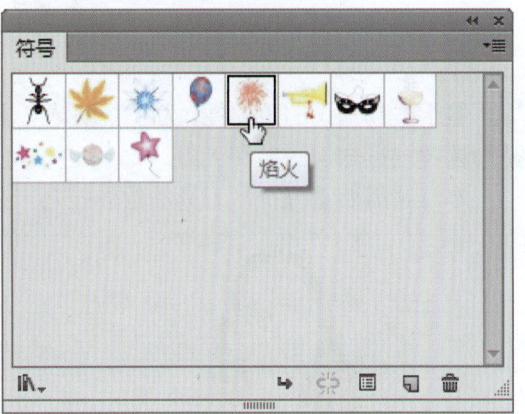

图 8-68　打开素材图像　　　　　　　　　图 8-69　设置选项

步骤 03　在工具面板中选择符号喷枪工具，将鼠标指针移至图像窗口中的合适位置，单击鼠标左键，即可喷射出一个符号图形，如图 8-70 所示。

步骤 04　用与上同样的方法，为图像喷射多个合适的符号图形，如图 8-71 所示。

> ▶ 专家指点
>
> 在符号喷枪工具图标上，双击鼠标左键，在弹出的对话框中可以设置工具的属性。

图 8-70　喷射一个符号　　　　　　　图 8-71　喷射多个符号

本章小结

本章首先介绍了画笔工具的使用技巧，如创建画笔、添加画笔描边、使用画笔库、编辑画笔、修改画笔参数、删除画笔图形对象等内容；然后介绍了符号与符号库的应用技巧，如新建符号、编辑符号、复制和删除符号、替换符号以及使用符号库等内容。

通过本章内容的学习，读者对画笔和符号的使用应该非常熟练了，希望读者学后可以举一反三，使用画笔和符号工具制作出更多漂亮的矢量图形效果。

课后习题

鉴于本章知识的重要性，为了帮助读者更好地掌握所学知识，本节将通过上机习题，帮助读者进行知识回顾和巩固。

本习题需要掌握符号工具的绘图技巧，效果如图 8-72 所示。

图 8-72　素材与效果

第 9 章　应用特殊的图形效果

【本章导读】

在 Illustrator CC 中的"效果"可以分为"Illustrator 效果"和"Photoshop 效果",使用"效果"可以为图形制作一些特殊的光照效果、带有装饰性的纹理效果、改变图形外观以及添加特殊效果等,是制作各种图形特殊效果的重要工具。本章主要介绍应用特殊的图形效果的操作方法。

【本章重点】

- 应用常见的图形效果
- 应用图形样式库特效

9.1　应用常见的图形效果

在"效果"菜单下,包含多种图形特效,使用不同的功能命令,可以制作出风格各异的图形效果。本节主要介绍应用常见的图形效果的操作方法。

9.1.1　应用 3D 效果

3D 效果可以将开放路径、封闭路径或是位图对象等转换为可以旋转、打光和投影的三维(3D)对象。在操作时还可以将符号作为贴图投射到三维对象表面,以模拟真实的纹理和图案。下面介绍应用 3D 效果的操作方法。

步骤 01　打开素材图形(素材\第 9 章\小锁.ai),如图 9-1 所示。

步骤 02　运用直接选择工具,选择需要应用 3D 效果的图形,如图 9-2 所示。

图 9-1　打开素材图形

图 9-2　选择图形对象

步骤 03 单击"效果"|"3D"|"凸出和斜角"命令,弹出"3D 凸出和斜角选项"对话框,设置"位置"为"自定旋转",再依次设置"旋转角度"为 35°、20°、5°、"凸出厚度"为 15pt,设置相应"斜角",并设置"高度"为 4pt,如图 9-3 所示。

步骤 04 单击"确定"按钮,即可将设置的效果应用于图形中,如图 9-4 所示。

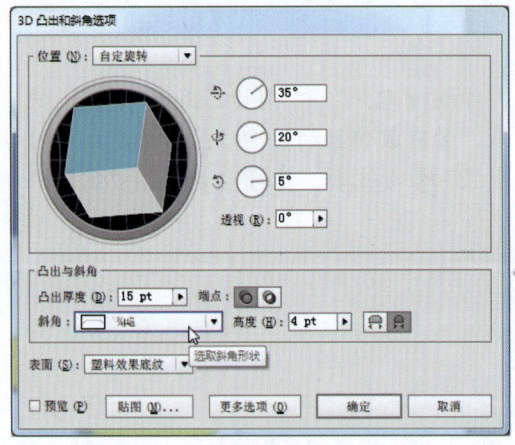

图 9-3 设置各参数值　　　　　　　　图 9-4 应用"凸出和斜角"效果

9.1.2 应用"变形"效果

　　Illustrator CC 具有图形变形的功能。在当前图形窗口中选择一个矢量图形,单击"效果"|"变形"|"弧形"命令,弹出"变形选项"对话框,运用"变形选项"对话框的"样式"下拉列表框中的部分选项,即可对图形进行变形操作。下面介绍应用"变形"效果的操作方法。

步骤 01 打开素材图形(素材\第 9 章\英文.ai),如图 9-5 所示。
步骤 02 运用直接选择工具 ,选择需要应用"变形"效果的图形,如图 9-6 所示。

图 9-5 打开素材图像　　　　　　　　图 9-6 选择图形对象

步骤 03 单击"效果"|"变形"|"弧形"命令,弹出"变形选项"对话框,设置"弯曲"为 60%,如图 9-7 所示。

第 9 章　应用特殊的图形效果

步骤 04　单击"确定"按钮,即可将设置的效果应用于图形中,如图 9-8 所示。

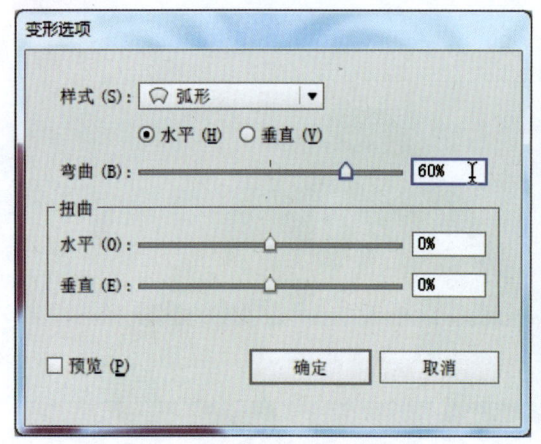

图 9-7　设置"弯曲"参数值

图 9-8　将效果应用于图形中

9.1.3　应用"扭曲与变换"效果

"扭曲与变换"效果组可以快速改变矢量对象的形状,这些效果不会永久改变对象的基本几何形状,可以随时修改或删除。

下面介绍应用"扭曲与变换"效果的操作方法。

步骤 01　打开素材图形(素材\第 9 章\天鹅.ai),如图 9-9 所示。

步骤 02　运用直接选择工具选择需要应用"扭曲与变换"效果的图形,如图 9-10 所示。

图 9-9　打开素材图形

图 9-10　选择图形对象

步骤 03　单击"效果"|"扭曲与变换"|"变换"命令,弹出"变换效果"对话框,设置"水平"为 150%、"垂直"为 150%,如图 9-11 所示。

步骤 04　单击"确定"按钮,即可将设置的效果应用于图形中,如图 9-12 所示。

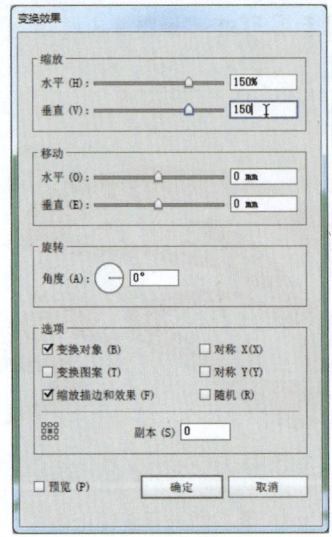

图 9-11 设置选项

图 9-12 图像效果

9.1.4 应用"路径"效果

"效果"|"路径"下拉菜单中包含 3 个命令，分别是"位移路径""轮廓化对象"和"轮廓化描边"，它们用于编辑路径和描边。

下面介绍应用"路径"效果的操作方法。

步骤 01 打开素材图形（素材\第 9 章\生日帽.ai），如图 9-13 所示。

步骤 02 运用直接选择工具，选择需要应用"路径"效果的图形，如图 9-14 所示。

图 9-13 打开素材图形

图 9-14 选择图形对象

步骤 03 单击"效果"|"路径"|"位移路径"命令，弹出"偏移路径"对话框，设置"位移"为 2mm，如图 9-15 所示。

步骤 04 单击"确定"按钮，即可将设置的效果应用于图形中，如图 9-16 所示。

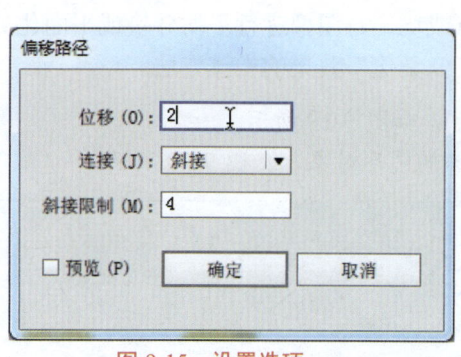
图 9-15 设置选项

图 9-16 图像效果

9.1.5 应用"风格化"效果

"风格化"效果可以为对象添加发光、投影、涂抹和羽化等外观样式,下面对"投影"和"涂抹"效果进行基本介绍。

> **使用"投影"效果:** 可以为选择的图形添加不同的投影效果,它既可以针对矢量图,也可以是位图。另外,选中"暗度"单选按钮后,在其右侧的数值框中设置参数值,可以控制投影的明暗程度。

> **应用"涂抹"效果:** 可以使图形具有类似于手绘效果的风格,在"涂抹选项"对话框中系统提供了 11 种已经设置好的涂抹效果,选择不同的涂抹效果后再设置其他参数,得到的涂抹效果也会有所不同。

下面介绍应用"风格化"效果中的投影样式的操作方法。

步骤 01 打开素材图形(素材\第 9 章\畅听音乐.ai),如图 9-17 所示。

步骤 02 选中人物图形,单击"效果"|"风格化"|"投影"命令,弹出"投影"对话框,设置"模式"为"正常""不透明度"为 30%、"X 位移"为 15 px、"Y 位移"为 0 px、"模糊"为 0px,选中"颜色"单选按钮,设置"颜色"为黑色,单击"确定"按钮,即可将设置的效果应用于图形中,如图 9-18 所示。

图 9-17 打开素材图形

图 9-18 应用"投影"效果

9.1.6 应用"像素化"效果

"像素化"效果组主要是按照指定大小的点或块,对图像进行平均分块或平面化处理,从而产生特殊的图像效果。下面介绍应用"像素化"效果的操作方法。

步骤 01 打开素材图形(素材\第 9 章\风景.ai),如图 9-19 所示。

步骤 02 按【Ctrl】+【A】组合键,选择全部的图形对象,如图 9-20 所示。

图 9-19　打开素材图形

图 9-20　选择图形对象

步骤 03 单击"效果"|"像素化"|"点状化"命令,弹出"点状化"对话框,设置"单元格大小"为 5,如图 9-21 所示。

步骤 04 单击"确定"按钮,即可将设置的效果应用于图形中,如图 9-22 所示。

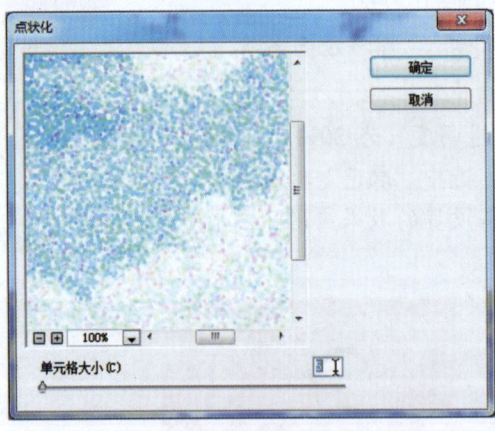
图 9-21　设置选项

图 9-22　图像效果

> ▶ 专家指点
>
> "点状化"效果可以将图像的像素点转换成具有一定位置、颜色、大小属性的随机点。由于有背景色的衬托,虽然图像变得模糊不清,但是还是可以比较容易辨认出来。

9.1.7 应用"扭曲"效果

"扭曲"效果的主要作用是将图像按照一定的方式在几何意义上进行扭曲。使用"扭

第 9 章　应用特殊的图形效果

曲"效果组中的相关滤镜效果,可以改变图像中的像素分布。由于该效果组对图像进行处理时,需要对各像素的颜色进行复杂的移位和插值运算,因此比较耗时;另一方面,该效果组中的效果产生的效果非常明显和强烈,并影响对图像所作的其他处理,所以用户在使用该效果组中的效果时,需要慎重选用,并对达到的变形效果和变形程度进行精细的调整。

下面介绍应用"扭曲"效果的操作方法。

步骤 01　打开素材图形(素材\第9章\水中女孩.ai),如图 9-23 所示。

步骤 02　按【Ctrl + A】组合键,选择全部的图形对象,如图 9-24 所示。

图 9-23　打开素材图形　　　　　　　图 9-24　选择图形对象

步骤 03　单击"效果"|"扭曲"|"海洋波纹"命令,弹出"海洋波纹"对话框,设置"波纹大小"为 10、"波纹幅度"为 5,如图 9-25 所示。

步骤 04　单击"确定"按钮,即可将设置的效果应用于图形中,如图 9-26 所示。

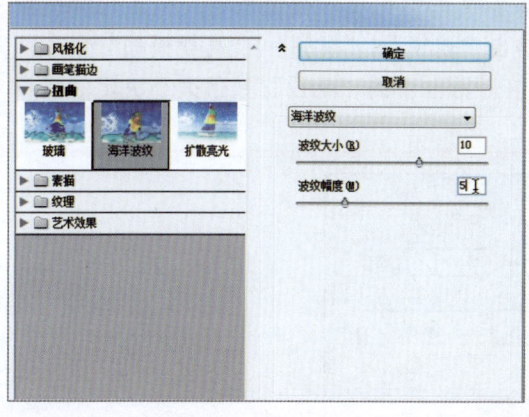 

图 9-25　设置选项　　　　　　　　　图 9-26　图像效果

▶ 专家指点

使用"海洋波纹"效果可以为图像添加一种随机性间隔的波纹,从而使图像产生在水下面的效果。"海洋波纹"对话框中的主要选项含义如下:

(1)波纹大小:用于设置图像生成波纹的大小。

(2)波纹幅度:用于设置图像生成波纹的密度。

9.1.8 应用"模糊"效果

使用"模糊"滤镜组中的滤镜可以对图像进行模糊处理，从而去除图像中的杂色，使图像变得较为柔和平滑，通过该命令还可以突出图像中的某一部分。

下面介绍应用"模糊"效果的操作方法。

步骤 01 打开素材图形（素材\第9章\月圆之夜.ai），如图9-27所示。

步骤 02 选中需要应用效果的图形，单击"效果"|"模糊"|"高斯模糊"命令，弹出"高斯模糊"对话框，在"半径"右侧的数值框中输入5，单击"确定"按钮，即可将设置的效果应用于图形中，如图9-28所示。

图 9-27 打开素材图形

图 9-28 应用"高斯模糊"效果

> ▶ 专家指点
>
> "高斯模糊"效果的工作原理是按照高斯分布曲线对图像中的特定数量的像素进行模糊处理，所谓模糊处理实际上是降低相邻像素间的对比度，而使图像产生柔化和模糊的效果。在图形窗口中选择一个位图图像，单击"滤镜"|"模糊"|"高斯模糊"命令，弹出"高斯模糊"对话框，如图9-29所示，该对话框中的"半径"数值大小决定了模糊的程度，数值越大，图像越模糊。

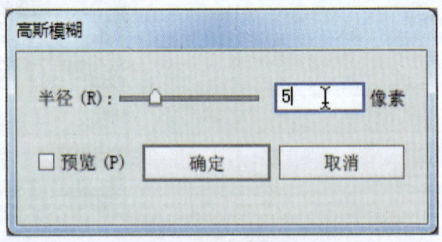
图 9-29 弹出"高斯模糊"对话框

9.1.9 应用"画笔描边"效果

使用"画笔描边"效果组中的效果可以用不同的画笔和油墨笔触效果使图像产生精美的艺术外观，还可以为图像涂抹颜色。用户需要注意的是，"画笔描边"效果组中的效果不能对CMYK和HSB颜色模式的图像起作用。

下面介绍应用"画笔描边"效果的操作方法。

步骤 01　打开素材图形（素材\第9章\蝶恋花.ai），如图9-30所示。
步骤 02　按【Ctrl】+【A】组合键，选择全部的图形对象，如图9-31所示。

图9-30　打开素材图形

图9-31　选择图形对象

步骤 03　单击"效果"|"画笔描边"|"强化的边缘"命令，弹出"强化的边缘"对话框，保持默认设置即可，如图9-32所示。
步骤 04　单击"确定"按钮，即可将设置的效果应用于图形中，如图9-33所示。

▶ 专家指点

"强化的边缘"效果可以对图像中不同颜色的边缘进行强化处理。

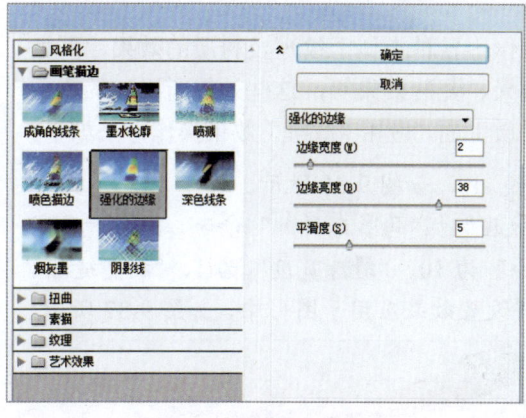

图9-32　设置选项　　　　　　　　　　图9-33　图像效果

▶ 专家指点

"强化的边缘"对话框中的主要选项含义如下。
（1）边缘宽度：用于设置需要加强处理的颜色边缘宽度。
（2）边缘亮度：用于设置颜色边缘的亮度。其数值越大，边缘效果越类似于粉笔画；数值越小，边缘效果越类似于黑色油墨画。
（3）平滑度：用于设置图像边缘的平滑程度。

9.1.10 应用"素描"效果

使用"素锚"滤镜组中的滤镜可以基于当前设置的描边和填色来置换图像中的色彩,从而生成一种更为精确的图像效果。而滤镜组中的"影印"效果可以模拟复制图像的效果,主要复制大范围暗色区域的边缘来组成图像的整体轮廓,而对于远离纯黑或纯白色的中间色调则用白色填充。下面介绍应用"素描"效果的操作方法。

步骤 01 打开素材图形(素材\第9章\真爱一生.ai),如图9-34所示。

步骤 02 选中整幅图形,单击"效果"|"素描"|"影印"命令,弹出"影印"对话框,设置"细节"为15、"暗度"为10,单击"确定"按钮,即可将设置的效果应用于图形中,如图9-35所示。

图9-34 打开素材图形

图9-35 应用"基底凸现"效果

9.1.11 应用"纹理"效果

"纹理"效果组中的效果可以在图像上制作出各种类似于纹理及材质的效果,例如添加木材、大理石纹理、添加马赛克、玻璃效果、瓷砖效果等,这些效果所添加的特效使得一幅位图图像好像是被画在各种不同的材质上面。应用"纹理"效果操作方法如下。

步骤 01 打开素材图形(素材\第9章\望远镜.ai),如图9-36所示。

步骤 02 选中整幅图形,单击"效果"|"纹理"|"马赛克拼贴"命令,弹出"马赛克拼贴"对话框,设置"拼贴大小"为10、"缝隙宽度"为1、"加亮缝隙"为10,单击"确定"按钮,即可将设置效果应用于图形中,如图9-37所示。

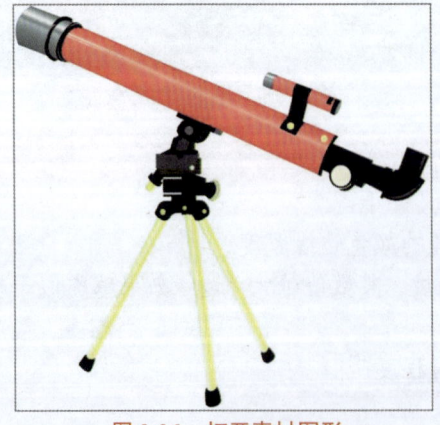
图9-36 打开素材图形

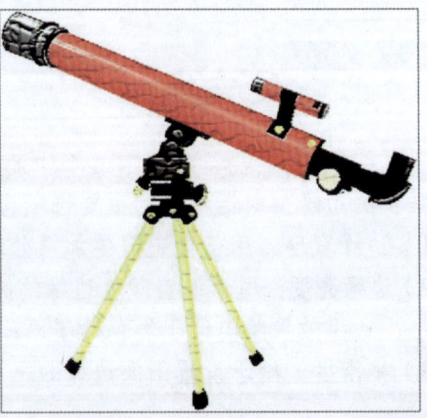
图9-37 应用"马赛克拼贴"效果

> ▶ 专家指点
>
> "马赛克拼贴"效果可以将图像分割成许多小块,并在小块之间添加深色的间隙,从而使图像看上去好像是由马赛克拼贴而成的。
> 在"马赛克拼贴"对话框中,各主要选项含义如下:
> (1)拼贴大小:用于设置图像中生成的块状图像大小。
> (2)缝隙宽度:用于设置图像中生成块状图形之间的宽度。
> (3)加亮缝隙:用于设置图像中块状图形之间的缝隙的亮度。

9.1.12 应用"艺术效果"效果

"艺术效果"滤镜组中有多达 15 种滤镜效果,它们主要是模仿不同画派的画家使用不同的画笔和介质所画出的不同风格的图像效果。当选择一种效果,并将其应用至图像中,效果就会分析图像的色度值和每个像素的位置,采用数学方法对其进行计算,并用计算结果代替原来的像素,从而使图像生成随机化或预先确定的效果。

下面介绍应用"艺术效果"效果的操作方法。

步骤 01 打开素材图形(素材\第 9 章\蓝天白云.ai),如图 9-38 所示。

步骤 02 按【Ctrl】+【A】组合键,选择全部的图形对象,如图 9-39 所示。

图 9-38 打开素材图形 　　　　　图 9-39 选择图形对象

步骤 03 单击"效果"|"艺术效果"|"底纹效果"命令,弹出"底纹效果"对话框,保持默认设置,如图 9-40 所示。

步骤 04 单击"确定"按钮,即可将设置的效果应用于图形中,如图 9-41 所示。

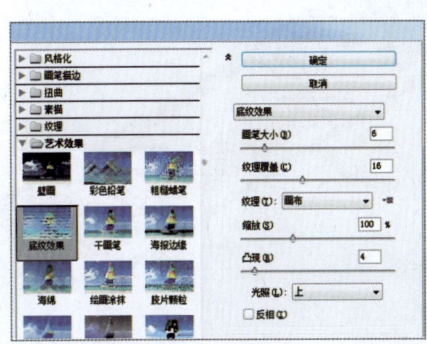

图 9-40 设置选项 　　　　　图 9-41 图像效果

9.2 应用图形样式库特效

图形样式库是一组预设图形样式的集合。用户若要打开一个图形样式库，可单击"窗口"|"图形样式库"命令，在其子菜单中选择该样式库，即可将该样式输入至当前图形窗口中。本节主要介绍应用图形样式库特效的操作方法。

9.2.1 应用涂抹效果

"涂抹效果"浮动面板中的图形样式大多数为笔触很强烈的样式效果，且边缘起伏跌宕。在选择一个规则的图形后，若选择的图形样式边缘为不平滑，则应用后的图形效果边缘也是不平滑的。下面介绍应用涂抹效果的操作方法。

步骤 01　打开素材图形（素材\第 9 章\滑板.ai），如图 9-42 所示。

步骤 02　运用直接选择工具 选中相应的图形对象，如图 9-43 所示。

图 9-42　打开素材图形

图 9-43　选中图形

步骤 03　在"图形样式"浮动面板下方单击"图形样式库菜单"按钮，在弹出的下拉列表框中选择"涂抹效果"选项，调出"涂抹效果"浮动面板，在其中单击"涂抹 1"图形样式，如图 9-44 所示。

步骤 04　即可将该图形样式应用于图形中，如图 9-45 所示。

图 9-44　单击"涂抹 1"图形样式

图 9-45　应用图形样式

9.2.2 应用霓虹效果

在图像窗口中选择需要应用霓虹效果的图形后，在"霓虹效果"浮动面板中选择任何一种图形样式，选择的图形即可变为霓虹效果，若要改变图形的霓虹填色，可以在填色等工具中进行颜色的设置。下面介绍应用霓虹效果的操作方法。

步骤 01　打开素材图形（素材\第 9 章\电子手表.ai），如图 9-46 所示。

步骤 02　按住【Ctrl】键，选中需要应用图形样式的图形，如图 9-47 所示。

图 9-46　打开素材图表

图 9-47　选择图形

步骤 03　调出"霓虹效果"浮动面板，选择"深红色霓虹"图形样式，如图 9-48 所示。

步骤 04　即可将该图形样式应用于图形中，如图 9-49 所示。

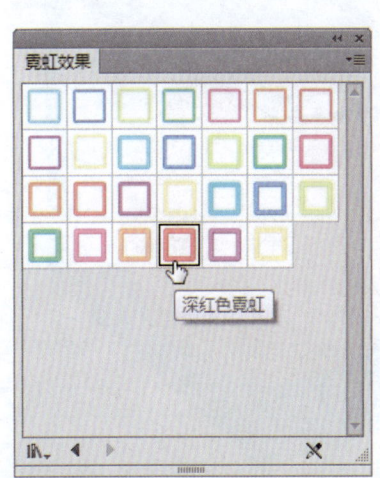

图 9-48　选择图形样式

图 9-49　应用图形样式

9.2.3 应用图像效果样式

在图像窗口中选择需要应用图像效果的图形后,在"图像效果"浮动面板中选择任何一种图形样式,图形路径即可变为选择的图形样式效果。

下面介绍应用图像效果样式的操作方法。

步骤 01 打开素材图形(素材\第 9 章\球盒.ai),如图 9-50 所示。

步骤 02 选中需要应用图形样式的图形,如图 9-51 所示。

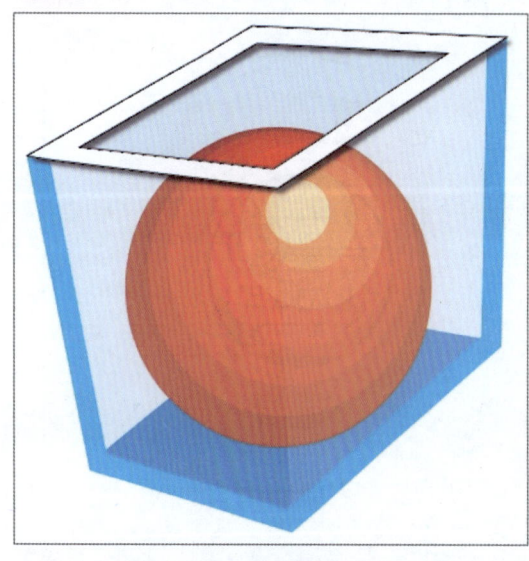

图 9-50 打开素材图表

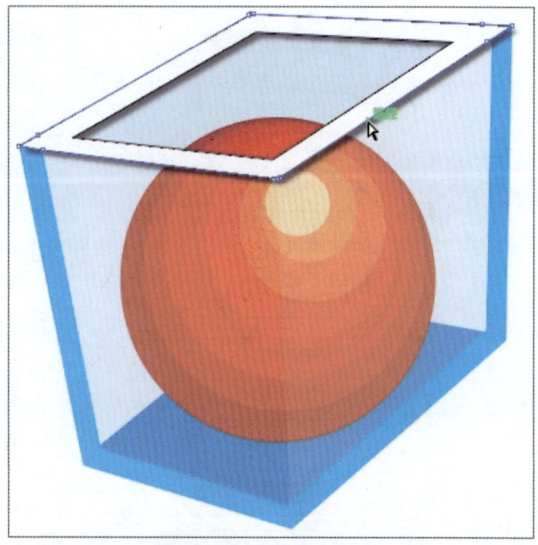

图 9-51 选择图形

步骤 03 调出"图像效果"浮动面板,选择"金属银"图形样式,如图 9-52 所示。

步骤 04 即可将该图形样式应用于图形中,如图 9-53 所示。

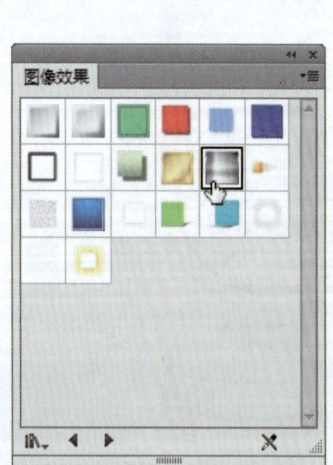

图 9-52 选择图形样式

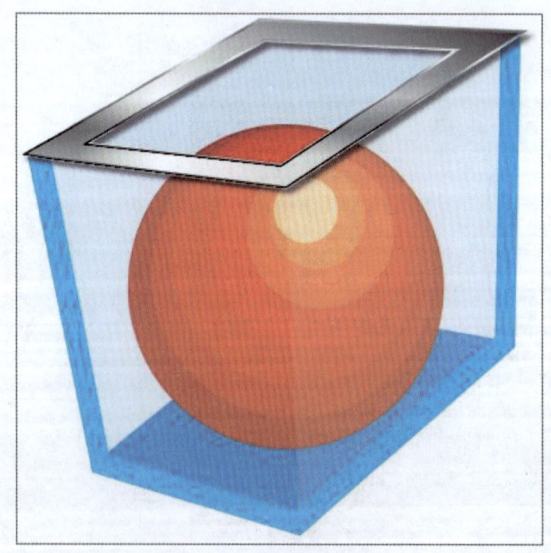

图 9-53 应用图形样式

9.2.4 应用文字效果样式

在图像窗口中选择需要应用文字效果的图形后,在"文字效果"浮动面板中选择任何一种图形样式,图形路径即可变为选择的图形样式效果。

下面介绍应用文字效果样式的操作方法。

步骤 01　打开素材图形(素材\第 9 章\时代广场.ai),如图 9-54 所示。
步骤 02　选中需要应用图形样式的文字图形,如图 9-55 所示。

图 9-54　打开素材图表

图 9-55　选择图形

步骤 03　调出"文字效果"浮动面板,选择"阴影"图形样式,如图 9-56 所示。
步骤 04　即可将该图形样式应用于图形中,如图 9-57 所示。

图 9-56　选择图形样式

图 9-57　应用图形样式

9.2.5 应用照亮样式效果

在图像窗口中选择需要应用照亮样式的图形后，在"照亮样式"浮动面板中选择任何一种图形样式，图形路径即可变为选择的图形样式效果。

下面介绍应用照亮样式效果的操作方法。

步骤 01 打开素材图形（素材\第9章\花纹图.ai），如图9-58所示。

步骤 02 选中需要应用图形样式的图形对象，如图9-59所示。

图9-58 打开素材图表

图9-59 选择图形

步骤 03 调出"照亮样式"浮动面板，选择"黄色文本样式照亮"图形样式，如图9-60所示。

步骤 04 即可将该图形样式应用于图形中，如图9-61所示。

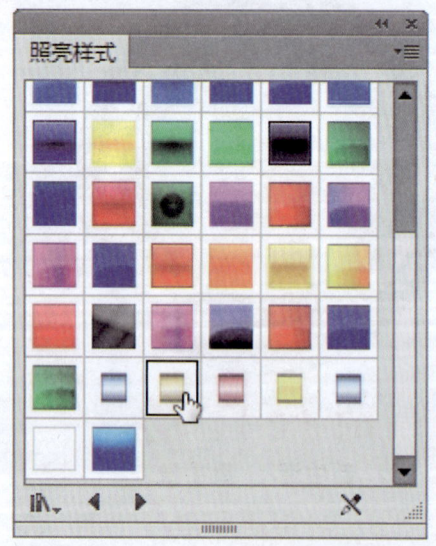
图9-60 选择图形样式

图9-61 应用图形样式

本章小结

滤镜是从摄影行业借用的一个词。在摄影领域中，滤镜是指安装在照相机镜头前面的一种特殊的镜头，使用它可以调节聚焦和光照的效果。而在 Illustrator CC 中，用户使用滤镜效果可以为所绘制的图形或需要处理的图像制作出许多特殊或精美的滤镜效果。本章介绍了许多的滤镜效果，如 3D 效果、"变形"效果、"路径"效果、"扭曲"效果、"素描"效果以及"纹理"效果等。本章最后还详细介绍了图形样式库的多种特效，如涂抹效果、霓虹效果以及文字效果等，熟练掌握本章的内容，可以制作出各种精美的图形艺术效果。

课后习题

鉴于本章知识的重要性，为了帮助读者更好地掌握所学知识，本节将通过上机习题，帮助读者进行知识回顾和巩固。

本习题需要掌握应用"扭曲与变换"制作图形特效的方法，效果如图 9-62 所示。

图 9-62　素材与效果

第 10 章　应用文本与图表对象

【本章导读】

在平面设计中，文字是不可缺少的设计元素，它直接传达着设计者的表达意图。另外，在实际工作中，人们常使用图表来表示各种数据的统计结果，达到更加准确、直观的视觉效果。本章主要介绍应用文本与图表对象的各种操作方法。

【本章重点】

- ➢ 创建文本对象
- ➢ 设置文本属性
- ➢ 创建与更改图表

10.1　创建文本对象

虽然 Illustrator CC 是一款图形软件，但它的文本操作功能同样非常强大，其工具面板中提供了 7 种文本工具，分别是文字工具 [T]、区域文字工具 [T]、路径文字工具 [✓]、直排文字工具 [IT]、直排区域文字工具 [IT]、直排路径文字工具 [✓] 和修饰文字工具 [T]。用户使用这些文字输入工具，不仅可以按常规的书写方法来输入文本，还可以将文本限制在一个区域之内。本节主要介绍创建文本对象的多种方法。

10.1.1　创建横排文本内容

使用工具面板中的文字工具可在图形窗口中直接输入所需要的文字内容，按【Enter】键可换行操作，下面介绍创建横排文字的操作方法。

步骤 01　打开素材图像（素材\第 10 章\幸福影楼.ai），如图 10-1 所示。

步骤 02　选取工具面板中的文字工具 [T]，将鼠标指针移至图像窗口中，此时鼠标指针呈 [I] 形状，如图 10-2 所示。

步骤 03　在图像窗口中的合适位置单击鼠标左键，确认文字的插入点，如图 10-3 所示。

步骤 04　插入点呈闪烁的光标状态时，在控制面板上设置"填色"为"红色""字体"为"文鼎习字体""字体大小"为 50pt、"字距"为 150，如图 10-4 所示。

步骤 05　选择一种输入法，输入相应的文字，如图 10-5 所示。

步骤 06　选中"幸福"文字，设置"字号"为 70pt，如图 10-6 所示。

第 10 章　应用文本与图表对象

图 10-1　打开素材图像

图 10-2　移动鼠标

图 10-3　确认插入点

图 10-4　设置工具属性

图 10-5　输入文字

图 10-6　设置文字属性

10.1.2　创建直排文本内容

　　选取了直排文字工具后，用户可以在 Illustrator CC 工作区中的任何位置单击鼠标左键，确认文字的插入点，并输入直排文字。下面介绍创建直排文本内容的操作方法。

| 步骤 01 | 打开素材图像（素材\第 10 章\旧景时光.ai），如图 10-7 所示。
| 步骤 02 | 选取工具面板中的直排文字工具，将鼠标指针移至图像窗口中，此时鼠标指针呈形状，如图 10-8 所示。

图 10-7　打开素材图像　　　　　　　图 10-8　移动鼠标

> ▶ 专家指点
>
> 选取工具面板中的文字工具 T （或直排文字工具 IT）在图形窗口中直接输入文字时，文字不能自动换行，若用户需要换行，必须按【Enter】键强制换行，这种方法一般用于创建标题和篇幅比较小的文本。

步骤 03　在图像窗口中的合适位置单击鼠标左键，确认文字的插入点，如图 10-9 所示。

步骤 04　插入点呈闪烁的光标状态时，在控制面板上设置"填色"为"红色"，"字体"为"华文隶书"，"字体大小"为 30pt，如图 10-10 所示。

图 10-9　确认插入点　　　　　　　图 10-10　设置工具属性

步骤 05　选择一种输入法，输入相应的文字，如图 10-11 所示。

步骤 06　选中输入的文字，设置"字号"为 70pt，效果如图 10-12 所示。

图 10-11　输入文字　　　　　　　图 10-12　设置文字属性效果

10.1.3 创建区域文本内容

区域文字工具主要是用于在闭合路径的内部创建文本，即用文本填充一个现有的路径形状。若没有选择路径图形，在图像窗口中单击鼠标确认插入点时，将会弹出信息提示框，提示用户在路径中创建文本。另外，在复合路径和蒙版的路径上是无法创建区域文字的。

下面介绍创建与编辑区域文本内容的操作方法。

步骤 01 打开素材图形（素材\第 10 章\秋之枫情.ai），如图 10-13 所示。

步骤 02 选取工具面板中的矩形工具，设置"填色"为"无"、"描边"为"无"，在图像窗口中的合适位置绘制一个矩形框，如图 10-14 所示。

图 10-13 打开素材图形

图 10-14 绘制一个矩形框

步骤 03 选取工具面板中的区域文字工具，将鼠标指针移至矩形框内部的路径附近，此时鼠标指针呈形状，单击鼠标左键，确认区域文字的插入点，插入点呈闪烁的光标状态时，在控制面板上设置"填色"为"黑色"、"字体"为"黑体"、"字体大小"为 18pt，选择一种输入法并输入相应的文字，如图 10-15 所示。

步骤 04 输入完成后，使用选择工具对矩形框的大小进行调整，同时区域文字也随之进行了调整，如图 10-16 所示。

图 10-15 输入文字内容

图 10-16 调整矩形的大小

10.1.4 创建路径文本内容

使用工具面板中的路径文字工具 或直排路径文字工具 ，均可以使文字沿着绘制的路径排列，路径可以为开放的，也可以是闭合的。但输入文本后的路径将失去填充和轮廓属性，但可使用相关工具编辑其锚点和形状。

下面介绍创建路径文本内容的操作方法。

步骤 01　打开素材图像（素材\第 10 章\行车记录仪.ai），如图 10-17 所示。

步骤 02　选取工具面板中的钢笔工具，设置"填色"为"无""描边"为"无"，在图像窗口中的合适位置绘制一条开放路径，如图 10-18 所示。

图 10-17　打开素材图像　　　　　　　图 10-18　绘制开放路径

步骤 03　选取工具面板中的路径文字工具 ，将鼠标指针移至开放路径上，此时鼠标指针呈 形状，如图 10-19 所示。

步骤 04　单击鼠标左键，确认路径文字的插入点，如图 10-20 所示。

图 10-19　移动鼠标　　　　　　　　图 10-20　确认路径文字的插入点

步骤 05　插入点呈闪烁的光标状态时，在控制面板上设置"填色"为黑色、"字体"为"黑体""字体大小"为 36pt，选择一种输入法并输入相应的文字，如图 10-21 所示。

步骤 06　输入完成后，对路径进行适当调整，效果如图 10-22 所示。

第 10 章　应用文本与图表对象

图 10-21　输入相应的文字

图 10-22　创建路径文字

10.1.5　置入其他文本内容

若用户导入的文本是 PSD 格式文件时，在"Photoshop 导入选项"对话框，一定要注意选中"将图层转换为对象"单选按钮，才能将置入的文本文件进行编辑。另外，当用户置入其他格式的文件时，会弹出相应的对话框或信息提示框，可根据需要进行相应的操作。

步骤 01　打开素材图像（素材\第 10 章\传统文化.ai），如图 10-23 所示。
步骤 02　单击"文件"|"置入"命令，弹出"置入"对话框，在其中选择需要置入的文本文件（素材\第 10 章\文本.psd），如图 10-24 所示。

图 10-23　打开素材图像

图 10-24　选中文件

步骤 03　单击"置入"按钮，即可将文件置入于图像中，如图 10-25 所示。
步骤 04　调整图像大小和位置，即可制作出美观的图像效果，如图 10-26 所示。

图 10-25　置入文件

图 10-26　调整图像大小和位置

10.2　设置文本属性

与其他图形图像软件一样，在 Illustrator CC 中，用户可以通过"字符"面板对所创建的文本对象进行编辑，如选择文字、改变字体大小和类型、设置文本的行距、设置文本的字距等操作，从而使用户能够更加自由地编辑文本对象中的文字，使其更符合整体版面的设计安排。本节主要介绍设置文本属性的操作方法。

10.2.1　设置文本字距与行距

在"字符"面板中，"设置所选字符的字距调整"可以设置整个文本的字符间距，若设置"设置两个字符间字距微调"  选项，可以适用于设置两个字符之间的距离。下面介绍设置文本字距与行距的操作方法。

步骤 01　打开素材图像（素材\第 10 章\口红广告.ai），如图 10-27 所示。
步骤 02　在图像窗口中，选择需要设置的文本内容，如图 10-28 所示。

图 10-27　打开素材图像

图 10-28　选择文本内容

第 10 章　应用文本与图表对象

步骤 03　在"字符"浮动面板中设置"行距" 为 70pt、"设置所选字符的字距调整" 为 150，如图 10-29 所示。

步骤 04　执行操作的同时，图像窗口中的文字效果随之改变，如图 10-30 所示。

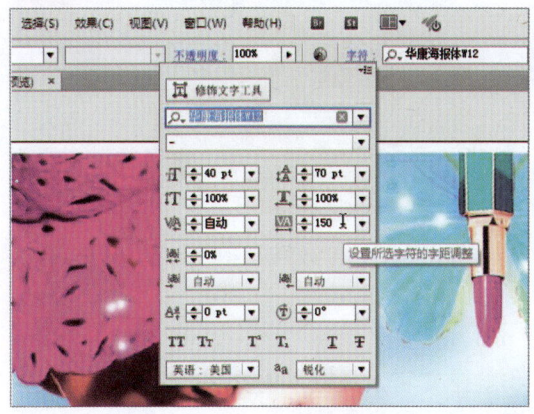
图 10-29　设置各项参数

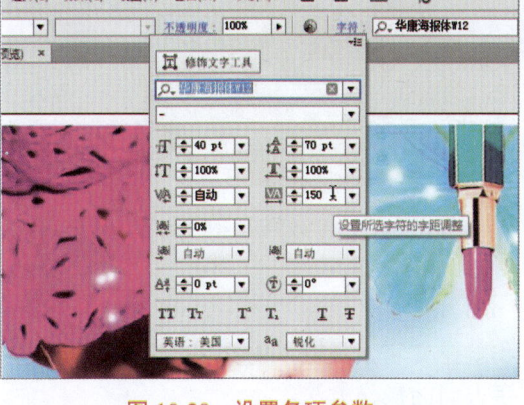
图 10-30　更改属性后的效果

10.2.2　设置文字偏移与旋转

文本基线功能用于将选择的文本对象向上或向下偏移设置，不影响其在文本对象中的排列方向，从而制作成上标或下标等效果。文本的旋转功能用于选择的文本对象本身旋转设置，不影响整体文本对象的排列方向。

下面介绍设置文字偏移与旋转效果的操作方法。

步骤 01　打开素材图形（素材\第 10 章\旋转木马.ai），如图 10-31 所示。

步骤 02　使用文字工具 选中需要设置的部分文字，如图 10-32 所示。

图 10-31　打开素材图形

图 10-32　选中文字

步骤 03　在"字符"浮动面板中设置"设置基线偏移" 为 9pt、"字符旋转" 为 -30°，如图 10-33 所示。

步骤 04　执行操作的同时，图像窗口中的文字效果随之改变，适当调整文本的位置，如图 10-34 所示。

图 10-33　设置选项　　　　　　　　　　　图 10-34　文字效果

10.2.3　转换文本方向

转换文本方向命令，相当于使用文字工具和直排文字工具输入的文字。若文字是垂直的，则可将文字水平转换。下面介绍改变文字方向的操作方法。

步骤 01　打开素材图形（素材\第 10 章\童真世界.ai），如图 10-35 所示。

步骤 02　使用选择工具 选中文字，如图 10-36 所示。

图 10-35　打开素材图形　　　　　　　　　图 10-36　选中文字

步骤 03　单击"文字"｜"文字方向"｜"垂直"命令，如图 10-37 所示。

步骤 04　执行操作后，即可转换文字的方向，适当调整其位置，效果如图 10-38 所示。

图 10-37　单击相应命令　　　　　　　　　图 10-38　转换文本方向

10.2.4 填充文本框

对文本框进行填充时,一定要使用直接选择工具对文本框上的控制点进行选择,若使用选择工具或直接选择工具在文本框中进行选择,只会选中文字,而不会选中文本框。下面介绍填充文本框的操作方法。

步骤 01 打开素材图形(素材\第10章\双人皮划艇.ai),如图10-39所示。

步骤 02 选取工具面板中的直接选择工具 ▶,将鼠标指针移至文本框的控制点上,单击鼠标左键,如图10-40所示。

图10-39 打开素材图像

图10-40 选择控制点

步骤 03 打开"颜色"面板,设置CMYK参数值分别为0%、50%、100%、0%,即可对文本框进行填充,效果如图10-41所示。

步骤 04 选中文字,填充为白色,效果如图10-42所示。

图10-41 填充颜色

图10-42 填充文字颜色

10.2.5 图文混排操作

Illustrator CC 具有较好的图文混排功能,可以实现常见的图文混排效果。下面介绍图文混排的操作方法。

步骤 01 打开素材图形(素材\第10章\运动.ai),如图10-43所示。

步骤 02 选中文本和人物图形,单击"对象"|"文本绕排"|"建立"命令,即可创建图文混排效果,如图10-44所示。

图 10-43 打开素材图形 　　　　　　　　图 10-44 创建图文混排效果

10.3　创建与更改图表

通过图表将各种数据进行统计和比较，可以获得更为准确、直观的效果。Illustrator CC 不仅提供了丰富的图表类型，还可以对所创建的图表进行数据设置、类型更改以及设置参数等编辑操作。本节主要介绍创建与更改图表对象的操作方法。

10.3.1　创建柱形图表效果

柱形图表是"图表类型"对话框中默认的图表类型，该类型的图表是通过柱形长度与数据值成比例的垂直矩形，表示一组或多组数据之间的相互关系。柱形图表可以将数据表中的每一行的数据数值放在一起，以供用户进行比较。该类型的图表将事物随着时间的变化很直观的表现出来。下面介绍创建柱形图的操作方法。

步骤 01 新建文档，将鼠标指针移至柱形图工具图标上，双击鼠标左键，弹出"图表类型"对话框，选择"图表选项"列表框中的"数值轴"选项，选中"忽略计算出的值"复选框，设置"最大值"为 500、"刻度"为 5，如图 10-45 所示。

步骤 02 单击"确定"按钮，在图像窗口中绘制一个合适大小的矩形框，释放鼠标后，图像窗口将创建一个图表坐标轴，如图 10-46 所示。

> ▶ 专家指点
>
> 图表的创建操作主要包括确定图表范围的长度和宽度以及进行比较的图表资料，而资料是图表的核心和关键。图表资料的输入是创建图表过程中非常重要的一环。在 Illustrator CC 中，用户可以通过 3 种方法来输入图表资料：第一种方法是使用图表数据输入框直接输入相应的图表数据；第二种方法是导入其他文件中的图表资料；第三种方法是从其他的程序或图表中复制资料。

第 10 章　应用文本与图表对象

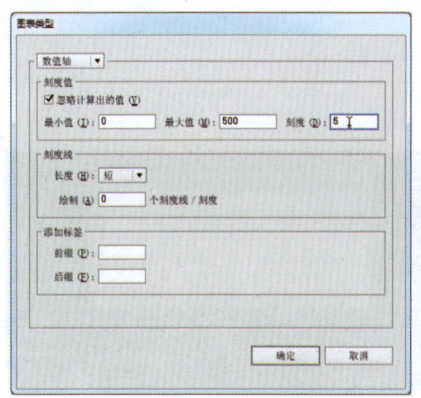
图 10-45　设置数值

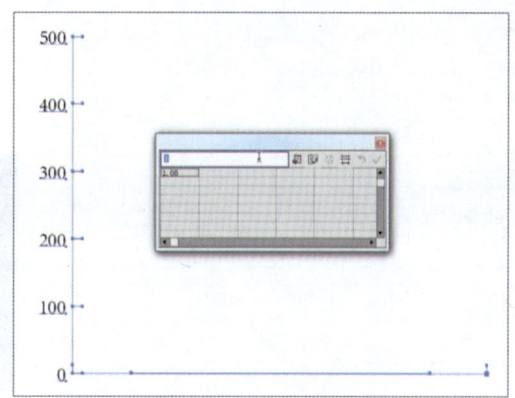
图 10-46　图表坐标轴

步骤 03　在弹出的图表数据框中，输入需要的图表数据，如图 10-47 所示。

步骤 04　数据输入完毕后，单击"应用"按钮✓，即可创建柱形图表，如图 10-48 所示。

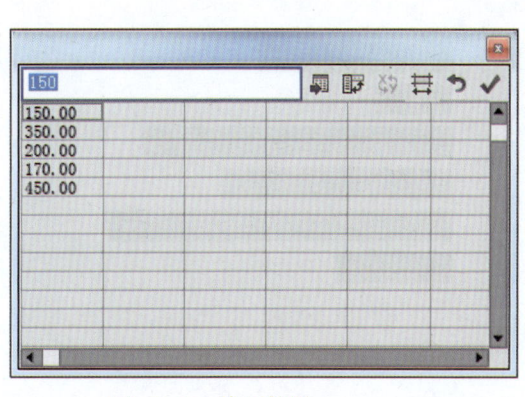
图 10-47　输入数据

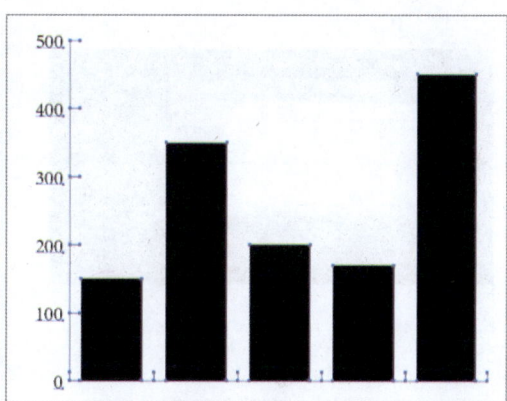
图 10-48　柱形图表

10.3.2　创建条形图表效果

条形图表与柱形图表相似，都是通过柱形长度与数据数值相比较的矩形，表示一组或多组数据数值之间的相互关系。它们的不同之处在于，柱形图形中的数值形成的矩形是垂直方向的，而条形图表的数据数值形成的矩形是水平方向的。

下面介绍创建条形图表的操作方法。

步骤 01　新建文档，在条形图工具图标上双击鼠标左键，在"图表类型"对话框的"数值轴"选项中设置"最大值"为 100、"刻度"为 5，如图 10-49 所示。

步骤 02　单击"确定"按钮，在图像窗口中绘制一个合适大小的图表坐标轴，如图 10-50 所示。

步骤 03　在图表数据框中，输入相应的数据，如图 10-51 所示。

步骤 04　输入完毕后，单击"应用"按钮✓，即可创建条形图表，如图 10-52 所示。

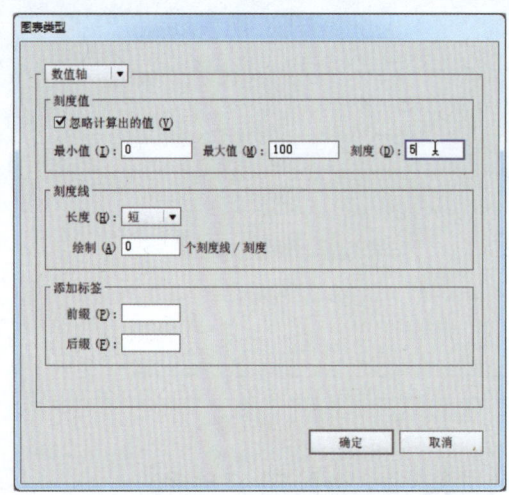
图 10-49　设置数值

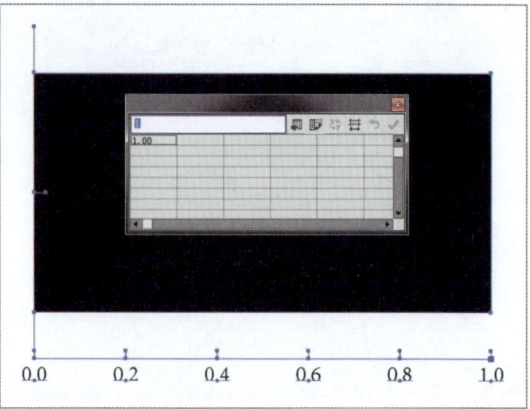
图 10-50　图表坐标轴

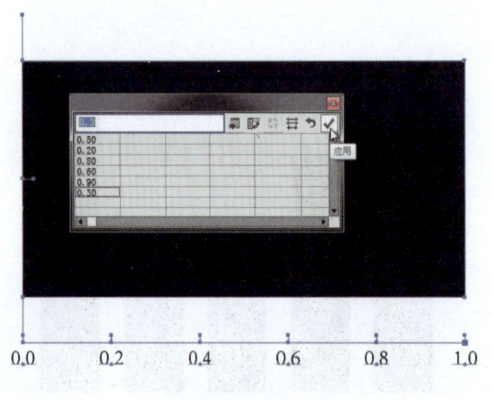
图 10-51　条形图表坐标轴

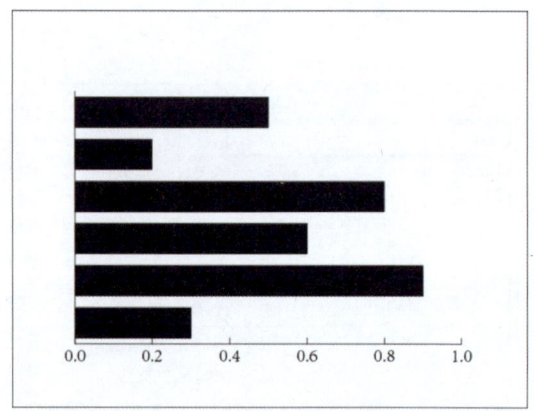
图 10-52　条形图表

10.3.3　创建堆积柱形图表效果

堆积形图表与柱形图表相似，只是在表达数值信息的类型上有所不同。柱形图表用于每一类项目中单个分项目数据的数值比较，而堆积柱形图表用于将每一类项目中所有分项目数据的数值比较。下面介绍创建堆积柱形图表的操作方法。

步骤 01　新建文档，在堆积柱形图工具图标上 🔲 双击鼠标左键，在"图表类型"对话框的"数值轴"选项中设置"最大值"为 500、"刻度"为 5，单击"确定"按钮，在图像窗口中绘制一个合适大小的图表坐标轴，在图表数据框中输入相应的数据，如图 10-53 所示。

步骤 02　单击"应用"按钮 ✓，即可创建堆积柱形图表，如图 10-54 所示。

第 10 章　应用文本与图表对象

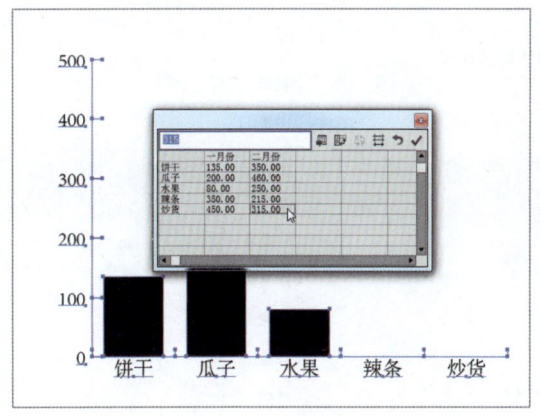

图 10-53　设置选项　　　　　　　　图 10-54　图表坐标轴

10.3.4　更改图表的类型

若用户想将当前的图表改为用另一种类型来表示，使用"图表类型"对话框，可以很方便快捷地进行更改。下面介绍更改图表类型的操作方法。

步骤 01　打开素材图形（素材\第 10 章\统计表.ai），如图 10-55 所示。

步骤 02　使用选择工具选中柱形图表，单击"对象"|"图表"|"类型"命令，在弹出的"图表类型"对话框的"类型"选项区中，单击"折线图"按钮，如图 10-56 所示。

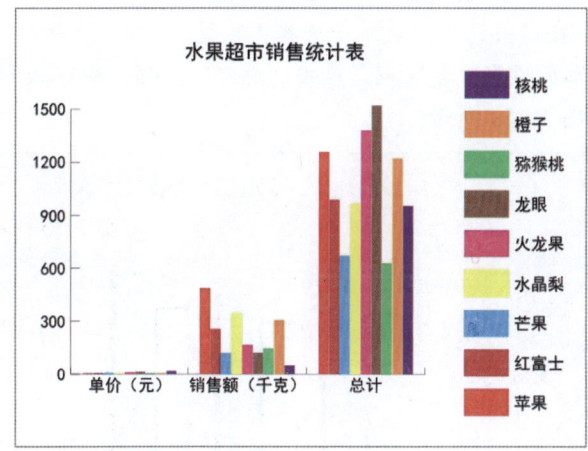

图 10-55　素材图表　　　　　　　　图 10-56　单击"折线图"按钮

步骤 03　单击"确定"命令，即可更改图表的类型，如图 10-57 所示。

> ▶ 专家指点
>
> 在"图表类型"对话框中所有的图表工具的"样式"选项区都是相同的。其中，"第一行在前"和"第一列在前"的复选框的效果，只有当"选项"选项区中的"列宽"大于 100% 和"群集宽度"大小 120% 时，图表上才表现出明显的效果。

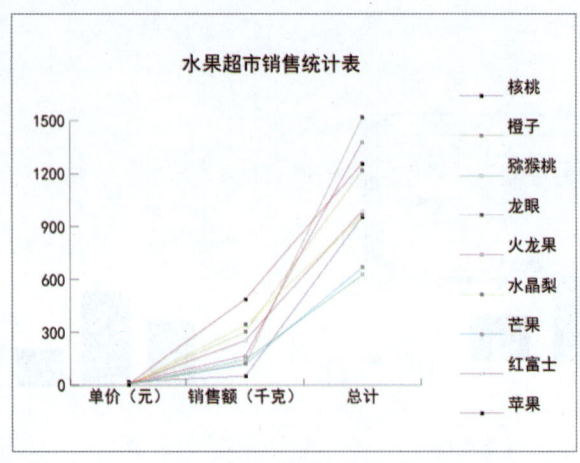

图 10-57　更改图表的类型

10.3.5　添加图表投影样式

用户在图形窗口中创建的不同类型的图表，不仅可以调整其数据数值，而且还可以添加图表的视觉效果，如为图表添加投影、显示图例在图表上方等。

下面介绍设置图表投影样式的操作方法。

步骤 01　打开素材图表（素材\第 10 章\超市数据.ai），如图 10-58 所示。

步骤 02　选中图表并单击鼠标右键，在弹出的快捷菜单中选择"类型"选项，弹出"图表类型"对话框，选中"添加投影"复选框，单击"确定"按钮，即可为图表添加投影样式，效果如图 10-59 所示。

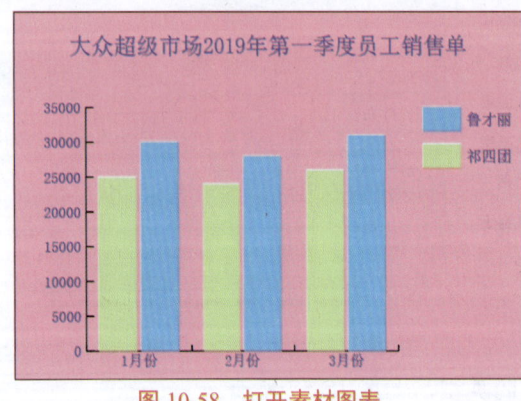

图 10-58　打开素材图表

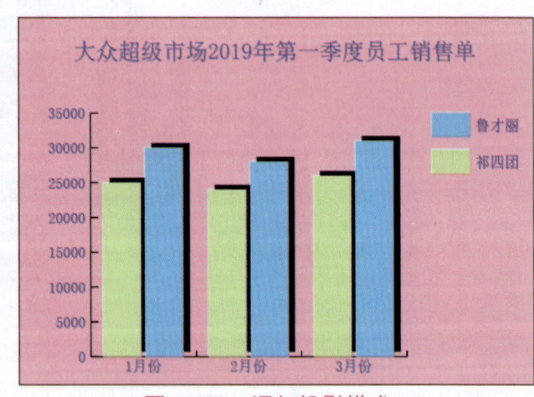

图 10-59　添加投影样式

本章小结

本章首先介绍了创建文本对象的多种方法，如创建横排文本、创建直排文本、创建区域文本以及创建路径文本等内容；然后介绍了设置文本属性的方法，如设置文本字距、行距、偏移、旋转、更改方向以及图文混排等操作；最后介绍了创建与更改图表的方法。在实际生活中，为了对各种统计数据进行比较并获得直观的视觉效果，通常用图表来表现，希望读者熟练掌握本章内容。

课后习题

鉴于本章知识的重要性，为了帮助读者更好地掌握所学知识，本节将通过上机习题，帮助读者进行知识回顾和巩固。

本习题需要掌握创建文本的方法，效果如图10-60所示。

图10-60　素材与效果

第 11 章　优化与打印输出文件

【本章导读】

"动作"浮动面板中的记录功能,可以将一系列的命令的组成一个动作来完成任务,使用该面板可以大幅度的降低工作强度,提高工作效率。用户还可以通过 Illustrator CC 中的打印设置,以更加合适的方式打印输出文字、图形或图像,如以专业印刷的分色方式打印输出,以及将彩色的图形用所设置的单色打印输出等。本章主要介绍优化与打印输出文件的操作方法。

【本章重点】

- 使用动作批处理文件
- 优化图像选项
- 创建与管理切片
- 打印与输出图像

11.1　使用动作批处理文件

在 Illustrator CC 中,设计师不断追求更高的设计效率,动作的出现无疑极大地提高了设计师的操作效率。使用动作可以减少许多重复操作,大大降低了工作强度。例如,在转换上百张图像的格式时,用户无需一一进行操作,只需对这些图像文件使用一个设置好的动作,即可一次性完成对所有图像文件的相同操作。本节主要介绍使用动作批处理文件的方法。

11.1.1　创建一个新动作

Illustrator CC 提供了许多现成的动作以提高设计师的工作效率,但在大多数情况下,设计师仍然需要自己录制大量新的动作,以应对不同的工作情况。

- **将常用操作录制成为动作:** 用户根据自己的习惯将常用操作的动作记录下来,在设计工作中更加便捷。
- **与"批处理"结合使用:** 单独使用动作尚不足以充分显示动作的优点,如果将动作与"批处理"命令结合起来,则能够成倍放大动作的威力。

创建动作的操作有以下 3 种方法:

（1）展开"动作"面板,单击"创建新动作"按钮 ,弹出"新建动作"对话框,设置相应的选项,单击"记录"按钮,即可创建一个新的动作。

（2）调出"动作"面板,单击面板右上角的按钮,在弹出的菜单列表框中选择"新

第 11 章　优化与打印输出文件

建动作"选项，弹出"新建动作"对话框，进行相应设置后，单击"确定"按钮即可。

（3）按住【Alt】键的同时，单击"创建新动作"按钮，即可快速创建动作集，并直接开始记录窗口中的动作。

下面介绍创建一个新的动作的操作方法。

步骤 01 新建文档，单击"窗口"｜"动作"命令，图 11-1 所示。

步骤 02 调出"动作"浮动面板，单击"创建新动作"按钮，如图 11-2 所示。

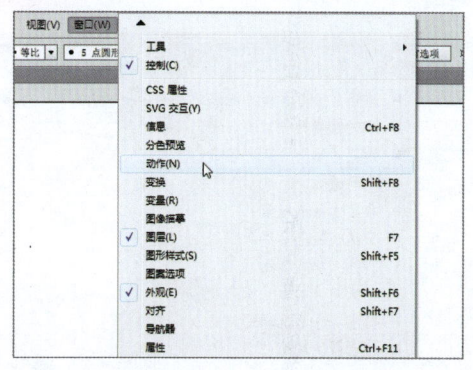
图 11-1　单击"动作"命令

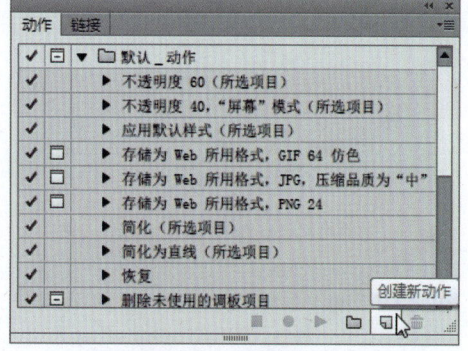
图 11-2　单击"创建新动作"按钮

步骤 03 弹出"新建动作"对话框，设置"名称"为"广告设计动作""动作集"为"默认_动作""功能键"为"无""颜色"为"橙色"如图 11-3 所示。

步骤 04 单击"记录"按钮，即可创建一个新的动作如图 11-4 所示。

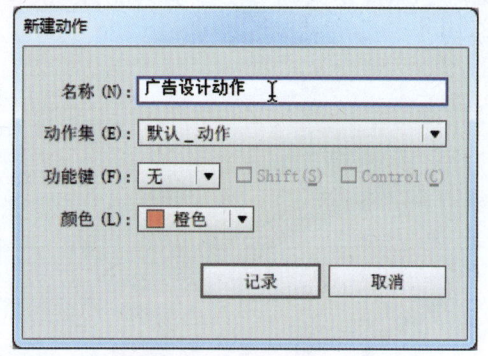
图 11-3　"新建动作"对话框

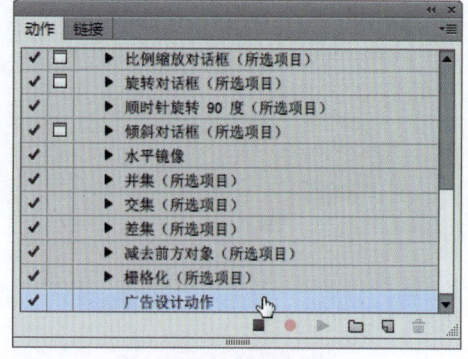
图 11-4　新建动作

▶ 专家指点

　　动作与自动化命令都被用于提高工作效率，不同之处在于，动作的灵活性更大，而自动化命令类似于由 Illustrator CC 录制完成的动作。

　　"动作"实际上是一组命令，其基本功能具体体现在以下两个方面。

（1）将常用的两个或多个命令及其他操作组合为一个动作，在进行相同操作时，直接执行该动作即可。

（2）Illustrator CC 中可以将多个效果操作录制成一个单独的动作，执行该动作，就像执行单个效果操作一样，完成对图像快速执行多种效果的处理。

11.1.2 录制需要的动作

使用"动作"面板可以对动作进行记录，在记录完成之后，还可以执行插入等编辑操作。下面介绍录制动作的操作方法。

步骤 01 打开素材图形（素材\第 11 章\拖鞋.ai），如图 11-5 所示。

步骤 02 调出"动作"浮动面板，并新建"动作 1"，选中"动作 1"项目后，单击面板下方的"开始记录"按钮，如图 11-6 所示。

图 11-5 打开素材图形

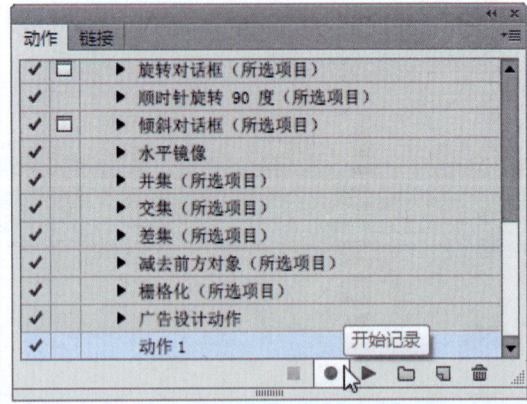
图 11-6 单击"开始记录"按钮

步骤 03 在图像中选择需要创建动作的图形，如图 11-7 所示。

步骤 04 在控制面板中，将填充颜色更改为绿色（CMYK 参数值分别为 100%、0、100%、0%），图形效果如图 11-8 所示。

图 11-7 选择需要创建动作的图形

图 11-8 将填充颜色更改为绿色

步骤 05 用与上同样的方法，将另一个图形的颜色也更改为绿色，如图 11-9 所示。

步骤 06 单击"动作"面板下方的"停止播放/记录"按钮，如图 11-10 所示，系统将停止记录动作，完成动作的录制。此时，"动作"面板中的"动作 1"的项目中记录了图像窗口中的操作过程。

第 11 章 优化与打印输出文件

图 11-9　更改另一个图形的颜色

图 11-10　单击"停止播放/记录"按钮

> ▶ **专家指点**
>
> "动作"面板中主要选项的功能如下。
> - ➢ **"切换对话开/关"图标**：当面板中出现这个图标时，动作执行到该步时将暂停。
> - ➢ **"切换项目开/关"图标**：可设置允许/禁止执行动作组中的动作、选定的部分动作或动作中的命令。
> - ➢ **"展开/折叠"图标**：单击该图标可以展开/折叠动作组，以便保存新的动作。
> - ➢ **"创建新动作"按钮**：单击该图标可以展开/折叠动作组，以便保存新的动作。
> - ➢ **"创建新动作集"按钮**：单击该按钮，可以创建一个新的动作组。
> - ➢ **"开始记录"按钮**：单击该按钮，可以开始录制动作。
> - ➢ **"播放选定的动作"按钮**：单击该按钮，可以播放当前选择的动作。
> - ➢ **"停止播放/记录"按钮**：该按钮只有在记录动作或播放动作时才可以使用，单击该按钮，可以停止当前的记录或播放操作。

11.1.3　播放录制的动作

当用户录制好动作后，选择相应的图形对象，在"动作"面板中单击"播放当前所选动作"按钮，如图 11-11 所示，即可播放录制的动作，对图形进行批处理。

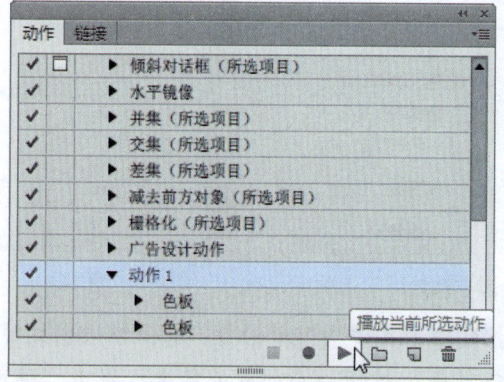

图 11-11　单击"播放当前所选动作"按钮

11.1.4 批处理图形对象

批处理就是将一个指定的动作应用于某文件夹下的所有图像或当前打开的多个图像。在使用批处理命令时，需要进行批处理操作的图像必须保存于同一个文件夹中或全部打开，执行的动作也需要提前载入至"动作"面板。下面介绍批处理图形对象的操作方法。

步骤 01 打开素材图形（素材\第 11 章\风景 1.ai、风景 2.ai），如图 11-12 所示。

图 11-12 打开素材图像

步骤 02 单击"动作"面板右上角的 按钮，在弹出的面板菜单中选择"批处理"选项，如图 11-13 所示。

步骤 03 弹出"批处理"对话框，设置"动作集"为"默认-动作""动作"为"不透明度 40，"屏幕"模式（所选项目）"，单击"选取"按钮，如图 11-14 所示。

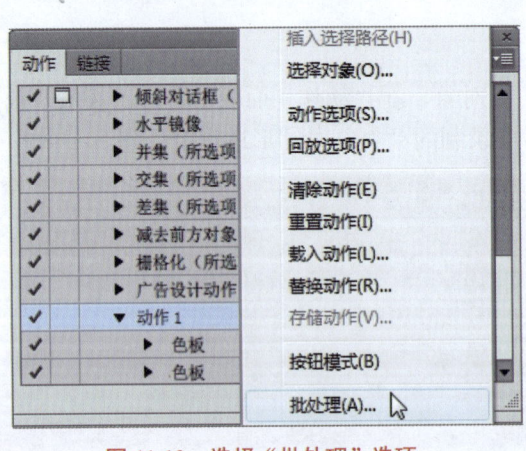
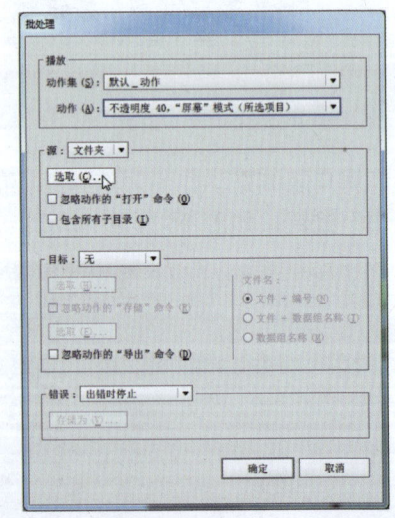

图 11-13 选择"批处理"选项　　　　图 11-14 单击"选取"按钮

步骤 04 弹出"选择批处理源文件夹"对话框，选择相应的文件夹，如图 11-15 所示。

步骤 05 单击"选择文件夹"按钮，添加源文件夹，单击"确定"按钮，如图 11-16 所示，即可批处理同文件夹内的图像。

第 11 章　优化与打印输出文件

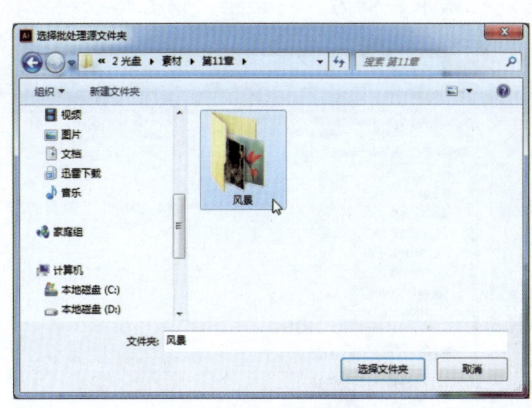

图 11-15　选择相应的文件夹

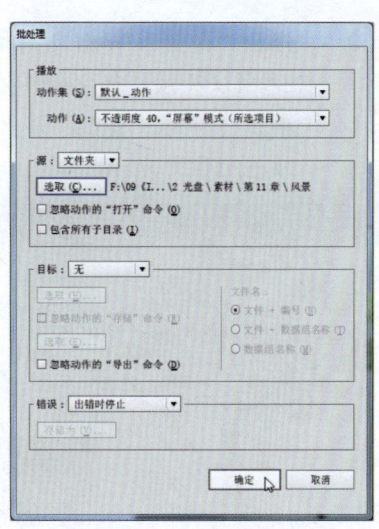

图 11-16　添加源文件夹

11.2　优化图像选项

在 Illustrator CC 中，用户可以根据需要对图像进行优化，以减小图像容量的大小。尤其是在 Web 上发布图像时，较小的图像可以使 Web 服务器更加高效地存储和传输图像，同时用户也可以更快速地下载图像。本节主要介绍优化图像选项的各种操作方法。

11.2.1　存储为 Web 所用格式

用户通过运用 Illustrator CC 的优化功能可以在不同的 Web 图形格式和不同的文件属性下对同一图像进行不同的优化设置，以得到最佳效果。下面介绍存储为 Web 所用格式的方法。

步骤 01　打开素材图形（素材\第 11 章\枫叶掉落.ai），如图 11-17 所示。
步骤 02　单击"文件"|"存储为 Web 所用格式"命令，如图 11-18 所示。

图 11-17　打开素材图像

图 11-18　单击相应命令

步骤 03 弹出"存储为 Web 所用格式"对话框，如图 11-19 所示，可以用来选择优化选项以及预览优化的图像。

步骤 04 单击"存储"按钮，弹出"将优化结果存储为"对话框，设置路径和名称，如图 11-20 所示，单击"保存"按钮，即可完成操作。

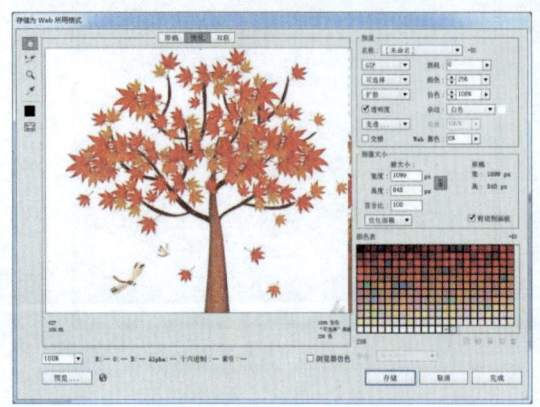

图 11-19 "存储为 Web 所用格式"对话框

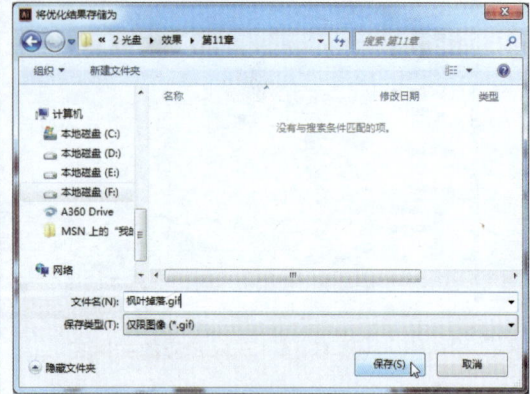

图 11-20 "将优化结果存储为"对话框

11.2.2 选择最佳的文件格式

文件的优化操作就是要设置针对不同文件格式的优化选项，以达到最佳效果。下面介绍选择最佳的文件格式的操作方法。

步骤 01 打开素材图形（素材\第 11 章\盆景.ai），如图 11-21 所示。

步骤 02 单击"文件"|"存储为 Web 所用格式"命令，弹出"存储为 Web 所用格式"对话框，设置"优化的文件格式"为 JPEG，如图 11-22 所示。

图 11-21 打开素材图像

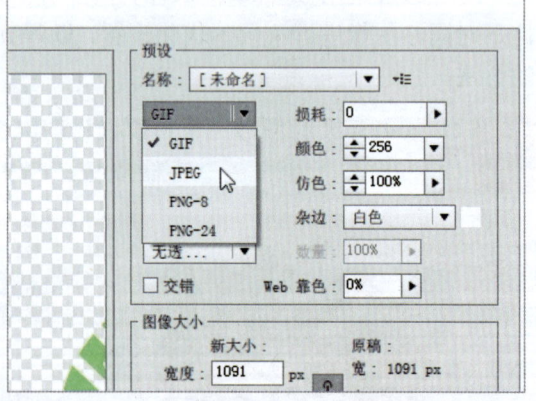

图 11-22 设置参数

步骤 03 单击"存储"按钮，弹出"将优化结果存储为"对话框，设置路径和名称，如图 11-23 所示，单击"保存"按钮，即可完成操作。

第 11 章　优化与打印输出文件

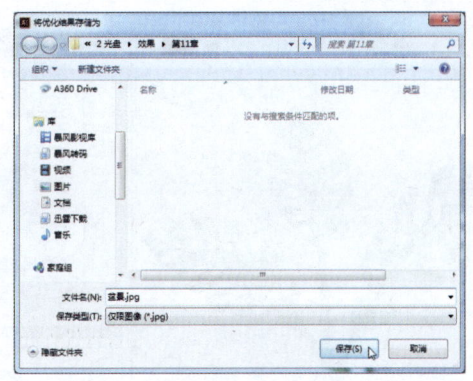

图 11-23　"将优化结果存储为"对话框

11.2.3　优化图像的像素尺寸

用户可在"存储为 Web 所用格式"对话框中输入相应的数值，以改变图像的尺寸。在"存储为 Web 所用格式"对话框右侧的"图像大小"选项区中，用户可以设置如图 11-24 所示的选项及参数。

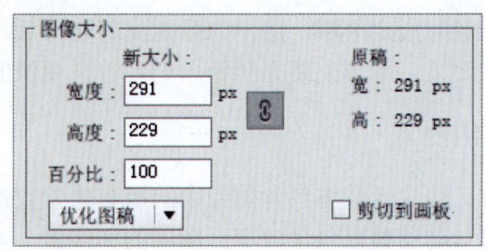

图 11-24　"图像大小"选项卡中的选项及参数

该选项卡中的选项及参数含义如下：
- **宽度**：在其右侧中设置数值，可以改变图像的宽度。
- **高度**：在其右侧中设置数值，可以改变图像的高度。
- **百分比**：在其右侧中设置数值，可以改变图像的整体缩放比例。
- **保留原始图像比例**：激活该图标，在改变图像的任意一参数时，其余的参数也会按比例相应地发生改变。
- **剪切到画板**：选中该复选框，可使图像与画板边界大小相匹配。如图像超出画板的边界，超出的部分将被裁剪掉。

11.2.4　优化颜色表

图像所使用的调色板中的颜色数越少，所生成的文件也就越小，但图形的质量也会越差。优化调色板也就是调整调色板中颜色的数量，以求得文件大小和图像质量间的最佳平衡。颜色面板显示了 GIF 或 PNG-8 图像中的全部颜色，在颜色表中可以增加颜色、删除颜色、编辑颜色等，也可以锁定颜色，以防止颜色被删除。

在"存储为 Web 所用格式"对话框的"预设"选项区中，单击"名称"右侧的下三角按钮，弹出颜色列表框，如图 11-25 所示，选择相应的颜色，可以对图形的颜色进行优化操作。

图 11-25　弹出颜色列表框

11.3　使用切片管理图像

切片主要用于定义图像的指定区域，用户一旦定义好切片后，这些图像区域可以用于模拟动画和其他的图像效果。本节主要介绍使用切片管理图像的操作方法。

11.3.1　创建一个用户切片

从图像中创建切片时，切片区域将包含图像中的所有像素数据。如果移动该图层或编辑其内容，切片区域将自动调整以包含改变后图层的新像素。当使用切片工具创建用户切片区域时，在用户切片区域之外的区域将生成自动切片，每次添加或编辑用户切片时都将重新生成自动切片，自动切片是由点线定义的。

下面介绍使用切片工具创建切片的操作方法。

步骤 01　打开素材图形（素材\第 11 章\充电.ai），如图 11-26 所示。

步骤 02　选取工具箱中的切片工具 ，拖拽鼠标至图像编辑窗口中的左上方，单击鼠标左键并向右下方拖拽，创建一个用户切片，如图 11-27 所示。

图 11-26　打开素材图像

图 11-27　创建用户切片

11.3.2 选择需要的切片

在 Illustrator CC 中创建切片后,用户可使用切片选择工具选择切片。下面介绍使用切片选择工具选择切片的操作方法。

步骤 01 打开素材图形(素材\第 11 章\礼品盒.ai),如图 11-28 所示。

步骤 02 选取工具箱中的切片工具,拖拽鼠标至图像编辑窗口中的合适位置,单击鼠标左键并向右下方拖拽,创建切片,如图 11-29 所示。

图 11-28 打开素材图像　　　　　　图 11-29 创建切片

步骤 03 选取工具箱中的切片选择工具,如图 11-30 所示。

步骤 04 移动鼠标指针至图像编辑窗口中的用户切片内,单击鼠标左键,即可选择切片,如图 11-31 所示。

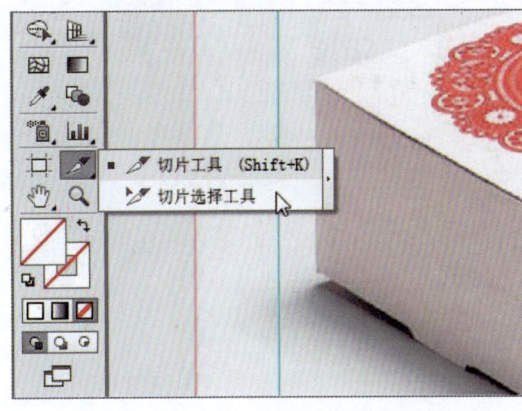

图 11-30 选取切片选择工具　　　　图 11-31 选择切片

11.3.3 调整切片的大小

使用切片选择工具,选定要调整的切片,此时切片的周围会出现 4 个控制柄,可以对这 4 个控制柄进行拖移,来调整切片的位置和大小。下面介绍调整切片大小的方法。

步骤 01 打开素材图形(素材\第 11 章\唇彩广告.ai),如图 11-32 所示。

步骤 02 选取工具箱中的切片工具,拖拽鼠标至图像编辑窗口中合适位置,单击鼠标左键并向右下方拖拽,创建切片,如图 11-33 所示。

图11-32 打开素材图像　　　　　图11-33 创建切片

步骤 03　选取工具箱中的切片选择工具,移动鼠标指针至图像编辑窗口中的用户切片内,单击鼠标左键,即可选择切片并调出变化控制框,如图11-34所示。

步骤 04　拖拽鼠标至变换控制框右下方的控制柄上,此时鼠标指针呈双向箭头形状,单击鼠标左键并向右下方拖拽至合适位置,即可调整切片,如图11-35所示。

图11-34 调出变换控制框　　　　　图11-35 调整切片

11.4　打印与输出图像

无论是使用各种工具进行绘制图形,还是使用各种命令对图形进行处理,对于设计师而言,最终的目的都是希望将设计作品发布到网络中或打印出来。在作品完成还没成稿之前，通常要将小样打印出来，用来检查、修改错误，或提供给客户看初步的效果。本节主要介绍打印与输出图像的相关知识，希望读者熟练掌握本节内容。

11.4.1 设置打印区域大小

在 Illustrator CC 中，单击"文件"|"打印"命令，弹出"打印"对话框，在该对话框中，用户可以根据所需要打印输出对象的特性，及所要打印输出的打印要求进行相关设置。下面将对"打印"对话框中的各选项，以及主要参数选项进行介绍。

在"打印"对话框的最上方有"打印预设""打印机"和 PPD 3 个参数选项。这 3 个选项不会随用户在设置"打印"对话框中的选项而改变。

打印预设：在其右侧的下拉列表框中，用户可以选择打印设置的方式，有"自定"和"默认"两个选项。

打印机：用户在其右侧的下拉列表框中，可以选择所要使用的打印机。

PPD：用户在其右侧的下拉列表框中，可以设置打印机所需描述的文件。

在"打印"对话框的"设置选项类型"列表框中，选择"常规"选项，即可显示"常规"选项区域。该选项设置区域的主要选项含义如下：

➢ **份数：** 在其右侧的文本框中输入所要打印输出的文件的份数。
➢ **拼版：** 选中该复选框，将可在打印多页文件时，设置文件打印输出的页面顺序。
➢ **逆页序打印：** 选中该复选框，可以在打印多页文件时，将所设置的打印输出的文件页序，按反向顺序进行打印输出。
➢ **介质大小：** 其右侧下拉列表框中的选项用于设置所要打印输出的页面尺寸。
➢ **"宽度"和"高度"选项：** 用户若在"大小"下拉列表中选择"自定义"选项时，该选项为可用状态。用户可在这两个文本框中自由设置所需打印输出的页面尺寸大小。
➢ **取向：** 用于设置打印输出的页面方向。用户只需单击相应的方向按钮，即可选择所需的方向。
➢ **打印图层：** 在其右侧的下拉列表中，用户可以选择打印图层的类型，如"可见图层和可打印图层""可见图层""所有图层" 3 个选项。
➢ **不要缩放：** 在"缩放"列表框中选择该选项，可以按打印对象在页面中的原有比例进行打印输出。
➢ **调整到页面大小：** 在"缩放"列表框中选择该选项，可以将打印对象缩放至适合页面的最大比例进行打印输出。
➢ **自定：** 在"缩放"列表框中选择该选项，可以自定义打印对象在页面中的比例大小进行打印输出。

下面介绍设置打印区域大小的操作方法。

步骤 01 打开素材图形（素材\第 11 章\溜冰男孩.ai），如图 11-36 所示。

步骤 02 单击"文件"|"打印"命令，弹出"打印"对话框，在左侧的列表框中选择"常规"选项，在"选项"选项区的"缩放"列表框中选择"调整到页面大小"选项，即可修改打印区域大小，如图 11-37 所示，单击"完成"按钮即可。

图 11-36 打开素材图像

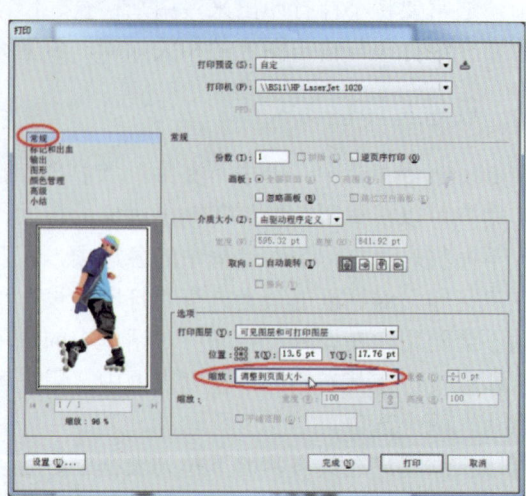

图 11-37 修改打印区域大小

11.4.2 预览显示打印颜色条

在"打印"对话框的"设置选项类型"列表框中,选择"标记和出血"选项,即可显示"标记和出血"选项区域,如图 11-38 所示。

图 11-38 显示"标记和出血"选项区域

在"标记和出血"选项设置区域中,各主要选项含义如下:

➢ **所有印刷标记:** 选中该复选框,可以在打印的页面中打印所有的打印标记。

➢ **裁切标记:** 选中该复选框,可以在打印的页面中,打印垂直和水平裁切标记。

➢ **套准标记:** 选中该复选框,可以在打印的页面中,打印用于对准各个分色页面的定位标记。

➢ **颜色条:** 选中该复选框,可以在打印的页面中,打印用于校正颜色的色彩色样。

➢ **页面信息:** 选中该复选框,可以在打印的页面中,打印用于描述打印对象页面的信息，如打印的时间、日期、网线等信息。
- ➤ **印刷标记类型**：在其右侧的下拉列表框中，可以设置打印标记的类型，有"西式"和"日式"两种式样。
- ➤ **裁切标记粗细**：在右侧的文本框中输入数值，可用于设置裁切标记与打印页面之间的距离。

步骤 01 打开素材图形（素材\第11章\数码光圈.ai），如图11-39所示。

步骤 02 单击"文件"|"打印"命令，弹出"打印"对话框，在"常规"选项区设置"缩放"为"调整到页面大小"，如图11-40所示。

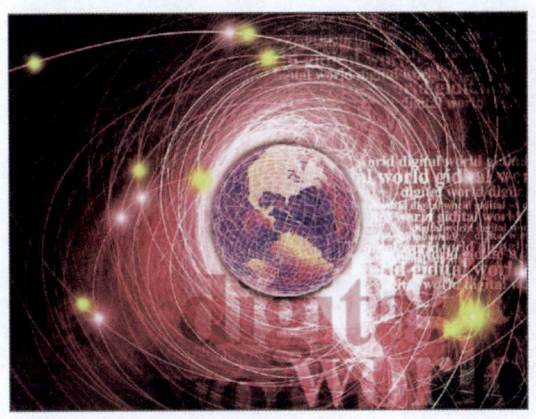
图11-39 打开素材图像

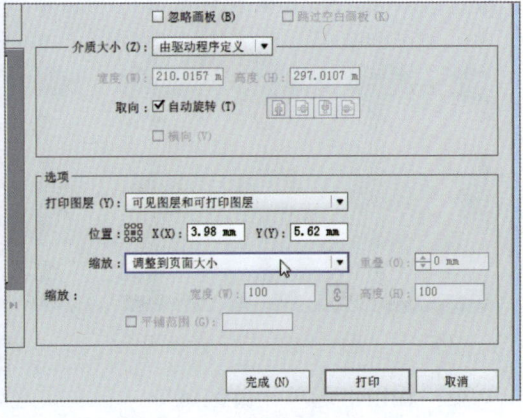
图11-40 调整到页面大小

步骤 03 在左侧的列表框中选择"标记和出血"选项，如图11-41所示。

步骤 04 在"标记"选项区中选中"颜色条"复选框，即可在预览区域显示颜色条，如图11-42所示，单击"完成"按钮。

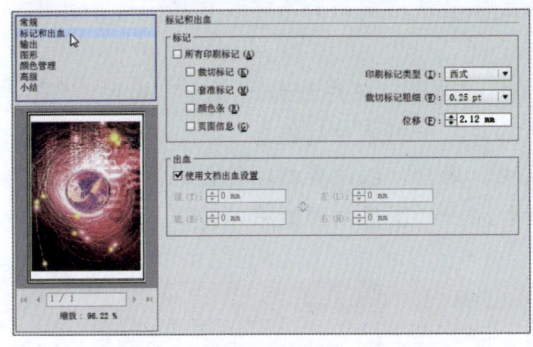
图11-41 选择"标记和出血"选项

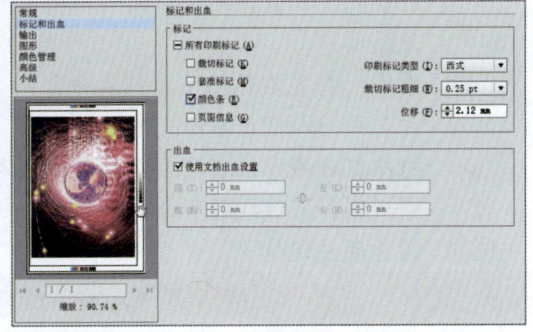
图11-42 显示颜色条

11.4.3 改变打印的方向

在"打印"对话框的"设置选项类型"列表框中，选择"输出"选项，即可显示"输出"选项区域。下面介绍改变打印方向的操作方法。

步骤 01 打开素材图形（素材\第11章\时尚购物.ai），如图11-43所示。

步骤 02 单击"文件"|"打印"命令，弹出"打印"对话框，在"常规"选项区设置"缩放"为"调整到页面大小"，在左侧的列表框中选择"输出"选项，在

"输出"选项区中设置"药膜"为"向下（正读）"，即可改变打印的方向，如图11-44所示。

图11-43 打开素材图像

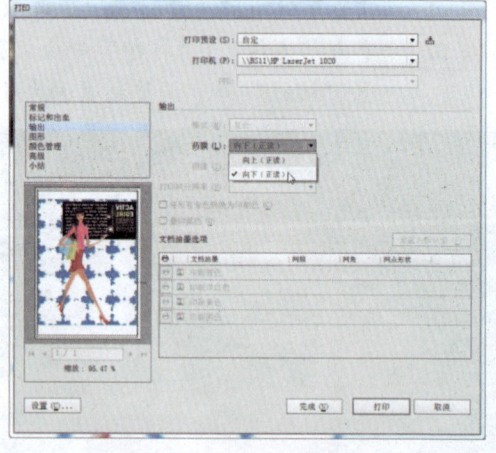

图11-44 调整到页面大小

在"输出"选项设置区域中，各主要选项含义如下：

➢ **模式：** 在其右侧的下拉列表中，用户可以选择"复合""分色"等打印模式。

➢ **药膜：** 药膜是指胶片或纸张的感光层所在面。药膜一般分为"向下"和"向上"两种。"向上"是指旋转胶片或纸张时，其感光层被朝上放置，打印出的图形图像和文字可以直接阅读，也就是正读；"向下"是指放置胶片或纸张时，其感光层被朝下放置，打印出的图形图像和文字显示为反向的不可以直接阅读，也就是反读。

➢ **图像：** 在其右侧的下拉列表中，用户可以选择"正片"和"负片"两种。"正片"如同人们日常所见的相片，而"负片"如同底片的概念。

➢ **打印机分辨率：** 在其右侧的下拉列表中，用户可以设置打印输出的网线线数和分辨率。网线线数和分辨率越大，所打印出的图像画面效果越清晰，但是打印的速度也就越慢。

▶ 专家指点

在"打印"对话框的"设置选项类型"列表框中，选择"图形"选项，即可显示"图形"选项区域。该选项设置区域的主要选项含义如下：

➢ **路径：** 该选项区域用于设置打印对象中路径形状的打印输出质量。当打印对象中的路径为曲线时，用户若设置偏向"品质"，那么将会使路径线条具有平滑的过渡；若设置偏向"速度"，那么将会使路径线条变得粗糙。

➢ **PostScript：** 用于设置PostScript格式的图形、字体的输出兼容性级别。

➢ **数据格式：** 用于设置数据输出的格式。

11.4.4 改变打印输出时的渲染方法

在"打印"对话框的"设置选项类型"列表框中,选择"颜色管理"选项,即可显示"颜色管理"选项区域。该选项设置区域的主要选项含义如下:

> **颜色处理:** 文件在打印时,Illustrator CC 会转换适合于选中打印机的颜色值。
> **打印机配置文件:** 用于设置打印对象的颜色配置文件。
> **渲染方法:** 用于设置配置文件转换为目的配置文件的颜色属性选项。

单击"文件"|"打印"命令,弹出"打印"对话框,如图 11-45 所示。在左侧的列表框中选择"颜色管理"选项,在"打印方法"选项区中设置"渲染方法"为"饱和度",即可改变打印输出时的渲染方法,如图 11-46 所示。

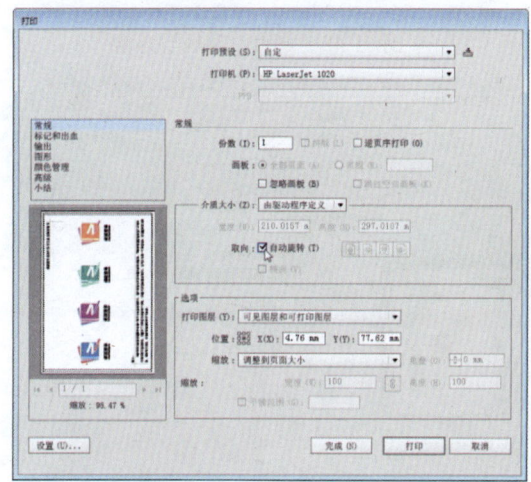
图 11-45 "打印"对话框

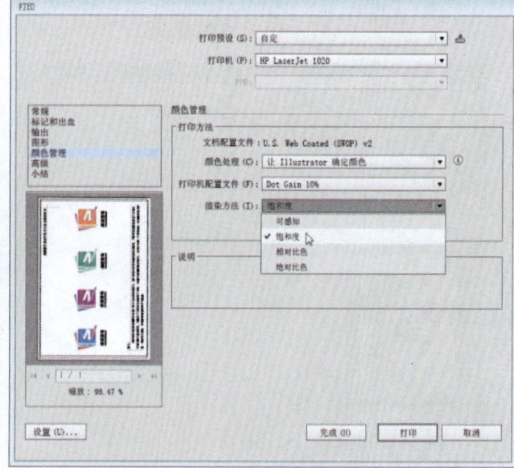
图 11-46 设置"渲染方法"

11.4.5 设置打印分辨率

在"打印"对话框的"设置选项类型"列表框中,选择"高级"选项,即可显示"高级"选项区域,在"预设"列表框中可以设置打印时的分辨率高低。另外,用户可以选中"打印成位图"复选框,将当前的打印对象作为位图图像进行打印输出。

下面介绍设置打印分辨率的操作方法。

步骤 01 打开素材图形(素材\第 11 章\飞天旅行.ai),如图 11-47 所示。

步骤 02 单击"文件"|"打印"命令,弹出"打印"对话框,在"常规"选项区设置"缩放"为"调整到页面大小",并选中"自动旋转"复选框,如图 11-48 所示。

步骤 03 在左侧的列表框中选择"高级"选项,如图 11-49 所示。

步骤 04 在"叠印和透明度拼合器选项"选项区中设置"预设"为"用于复杂图稿",如图 11-50 所示,单击"完成"按钮。

图 11-47 打开素材图像

图 11-48 设置"常规"选项

图 11-49 选择"高级"选项

图 11-50 设置"高级"选项

11.4.6 查看打印信息

在"打印"对话框的"设置选项类型"列表框中,选择"小结"选项,即可显示"小结"选项区域,在此可以查看打印信息。下面介绍查看打印信息的操作方法。

步骤 01 打开素材图形(素材\第 11 章\冬季雪景.ai),如图 11-51 所示。

步骤 02 单击"文件"|"打印"命令,弹出"打印"对话框,在"常规"选项区中设置"缩放"为"调整到页面大小",并选中"自动旋转"复选框,在左侧的列表框中选择"小结"选项,单击右侧的"存储小结"按钮,如图 11-52 所示。

步骤 03 弹出"存储为"对话框,设置相应的保存路径,如图 11-53 所示,单击"保存"按钮,返回"打印"对话框,单击"完成"按钮。

步骤 04 用户可以在保存小结的位置打开相应的 TXT 文档,查看打印信息,如图 11-54 所示。

第 11 章　优化与打印输出文件

图 11-51　打开素材图形

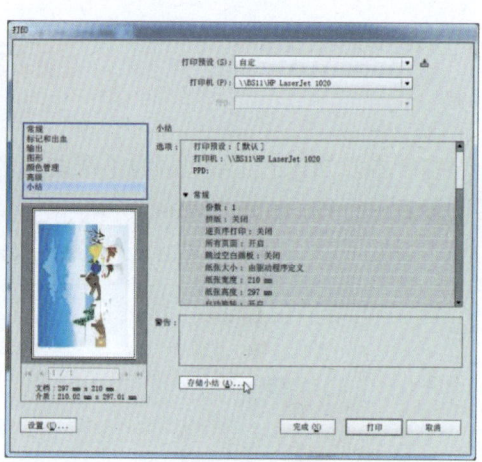

图 11-52　单击"存储小结"按钮

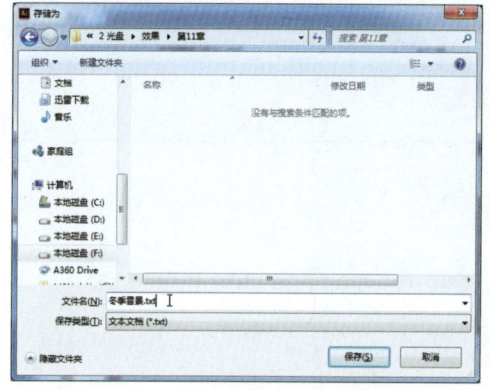

图 11-53　设置相应的保存路径

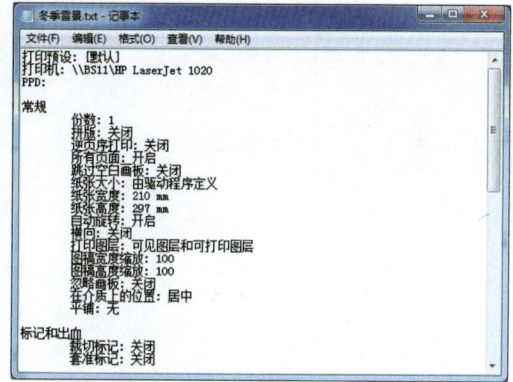

图 11-54　查看打印信息

本章小结

　　本章首先介绍了使用动作对图形进行批处理的方法，主要包括创建一个新动作、录制需要的动作、播放录制的动作以及批处理图形对象等内容；然后介绍了优化图像选项的方法，主要包括存储为 Web 所用格式、选择最佳的文件格式、优化图像的像素尺寸以及优化颜色表等内容；接下来介绍了使用切片管理图像的方法，包括切片的创建、选择以及调整操作等；最后介绍了打印与输出图像的方法，主要包括设置打印区域、改变打印方向、设置打印分辨率等内容。希望读者学完本章内容后，可以熟练掌握优化与输出打印文件的各种方法。

课后习题

鉴于本章知识的重要性,为了帮助读者更好地掌握所学知识,本节将通过上机习题,帮助读者进行知识回顾和巩固。

本习题需要掌握录制动作的方法,效果如图 11-55 所示。

图 11-55　素材与效果

第 12 章　商业广告效果的设计实例

【本章导读】

通过对前面 11 章的学习，读者一定对 Illustrator CC 这个软件有了更进一步的认识。本章将使用 Illustrator CC 软件，进行 VI 设计、卡片设计、海报设计以及包装设计，对 Illustrator CC 的主要功能作一个回顾，将相对独立的章节内容融会贯通，达到举一反三的目的，帮助读者制作出更多的商业广告效果。

【本章重点】

- VI 设计：制作企业标志
- 卡片设计：制作会员卡片
- 海报设计：制作车类广告
- 包装设计：制作手提袋包装

12.1　VI 设计：制作企业标志

VI 是视觉识别的英文简称，它借助一切可见的视觉符号传递与企业相关的信息。如企业的经营理念等。VI 能够将企业的基本精神及差异性，利用视觉符号充分地表达出来，从而使消费大众识别并认知。在企业内部，VI 则通过标准识别来划分生产区域、工种类别，统一视觉要素，以利于规范化管理和增强员工归属感。

本实例主要制作企业标志，内嵌企业 VI 标识，效果如图 12-1 所示。

图 12-1　制作企业标志

12.1.1 制作 VI 整体效果

下面介绍制作企业 VI 整体效果的具体过程：首先新建空白图像，然后通过矩形工具设计标志大门，最后再为大门填充相应颜色等内容，具体步骤如下。

步骤 01　单击"文件"|"新建"命令，弹出"新建文档"对话框，设置"名称"为"VI设计：制作企业大门""宽度"为 297mm、"高度"为 210mm，如图 12-2 所示。

步骤 02　单击"确定"按钮，新建一个横向的空白文件，如图 12-3 所示。

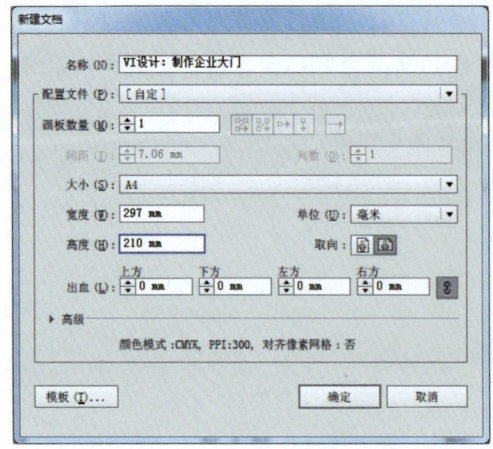
图 12-2　"新建文档"对话框

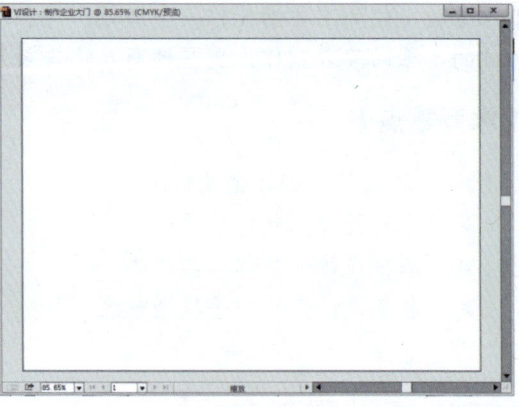
图 12-3　新建横向空白文件

步骤 03　选取工具面板中的矩形工具，在控制面板中设置"填色"为"白色""描边"为"黑色""描边粗细"为 1pt，如图 12-4 所示。

步骤 04　将鼠标移至画板中，单击鼠标左键，弹出"矩形"对话框，设置"宽度"为 280mm、"高度"为 200mm，如图 12-5 所示。

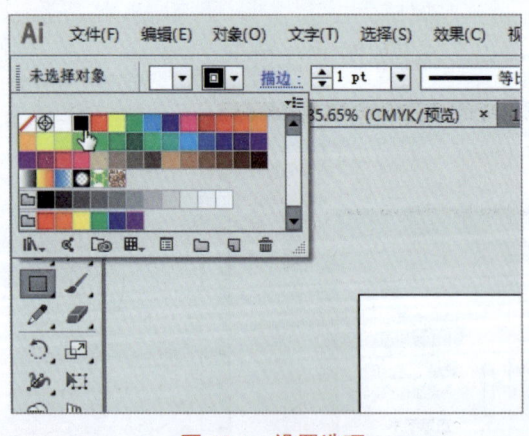
图 12-4　设置选项

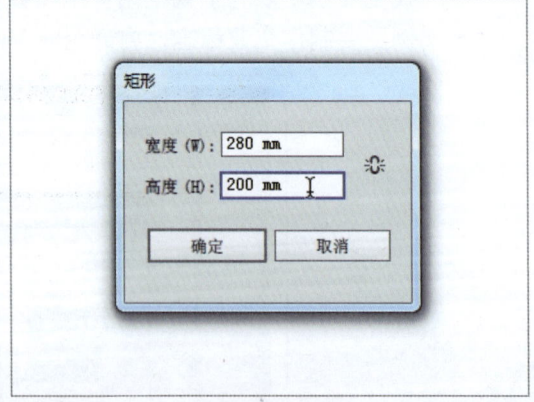
图 12-5　"矩形"对话框

步骤 05　单击"确定"按钮，即可绘制一个相应大小的矩形图形，如图 12-6 所示。

步骤 06　单击"窗口"|"对齐"命令，调出"对齐"面板，设置"对齐方式"为"对齐画板"，在"对齐对象"选项区中依次单击"水平居中对齐"按钮和"垂直居中对齐"按钮，如图 12-7 所示。

第 12 章　商业广告效果的设计实例

图 12-6　绘制矩形图形

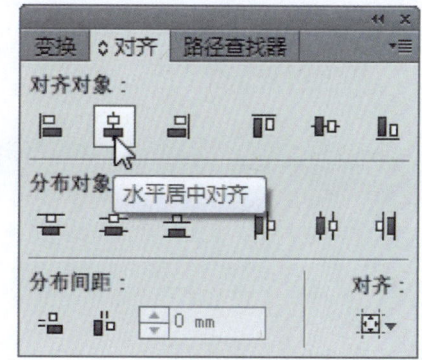

图 12-7　设置"对齐"选项

步骤 07　执行操作后，即可调整矩形图形的位置，如图 12-8 所示。

步骤 08　使用矩形工具 ▭，绘制一个"宽度"为 5mm、"高度"为 200mm 的矩形长条图形，如图 12-9 所示。

图 12-8　调整矩形图形的位置

图 12-9　绘制矩形长条井

步骤 09　在控制面板中，设置"填色"为灰色（CMYK 颜色参考值分别为 0%、0%、0%、50%），如图 12-10 所示。

步骤 10　执行操作后，即可修改矩形图形的颜色，如图 12-11 所示。

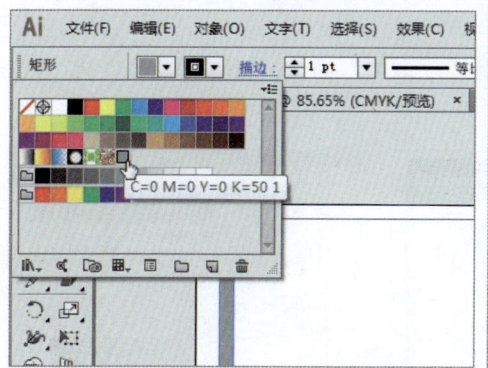

图 12-10　设置"填色"

图 12-11　修改矩形图形的颜色

步骤 11　复制矩形长条，将其移至右侧的合适位置处，效果如图 12-12 所示。

步骤 12　使用矩形工具 ▭，在页面的顶端绘制一个"宽度"为 280mm、"高度"为 10mm 的横向矩形长条，如图 12-13 所示。

图 12-12　复制矩形

图 12-13　绘制横向的矩形长条

步骤 13　设置横向矩形长条的"填色"为"黑色",效果如图 12-14 所示。

步骤 14　运用矩形工具■,在页面的顶端绘制一个"宽度"为 280mm、"高度"为 14.3mm、"填色"为"蓝色"的横向矩形长条,适当调整其位置,修改如图 12-15 所示。

图 12-14　设置填色效果

图 12-15　绘制蓝色矩形

步骤 15　运用矩形工具■,绘制一个"宽度"为 25mm、"高度"为 153mm 的矩形长条图形,如图 12-16 所示。

步骤 16　单击"窗口"|"渐变"命令,打开"渐变"面板,设置"类型"为"线性",如图 12-17 所示。

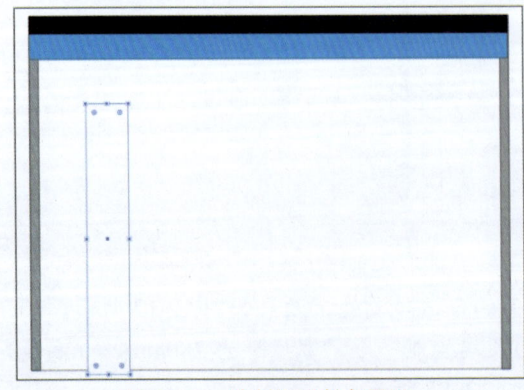
图 12-16　绘制矩形长条图形

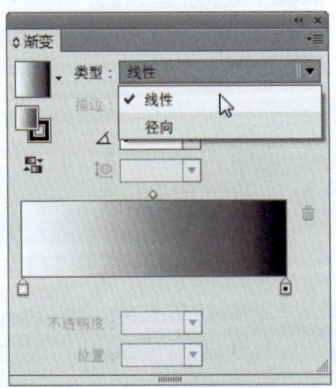
图 12-17　"渐变"面板

步骤 17 在渐变条的 50%位置处添加一个渐变滑块，如图 12-18 所示。

步骤 18 设置第 1 个渐变滑块的颜色为深灰色（CMYK 颜色参考值分别为 36%、33%、31%、0%），如图 12-19 所示。

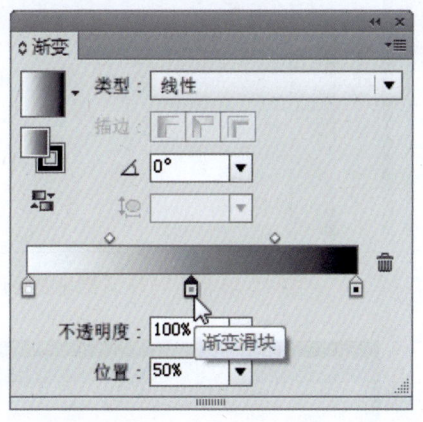
图 12-18　添加渐变滑块

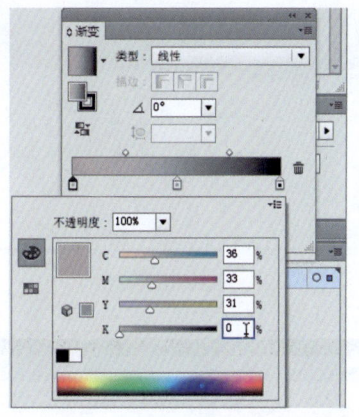
图 12-19　设置第一个渐变滑块的颜色

步骤 19 设置第 2 个渐变滑块的颜色为白色（CMYK 颜色参考值均为 0%），如图 12-20 所示。

步骤 20 设置第 3 个渐变滑块的颜色为灰色（CMYK 颜色参考值分别为 21%、20%、18%、0），如图 12-21 所示。

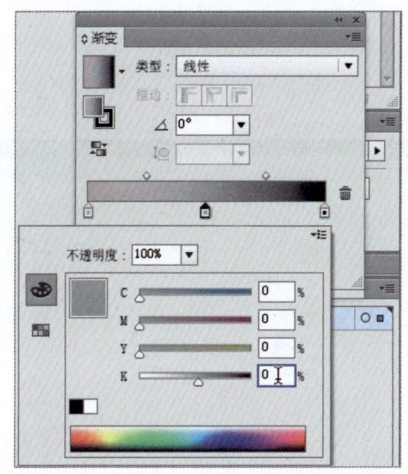
图 12-20　设置第二个渐变滑块的颜色

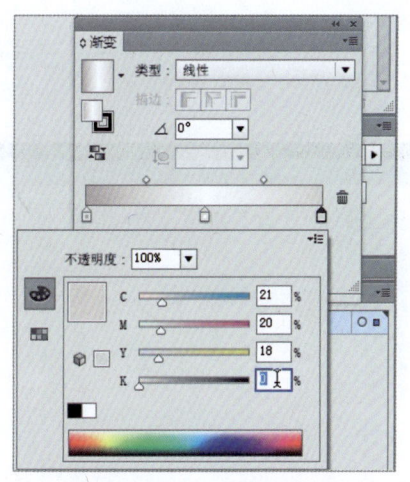
图 12-21　设置第 3 个渐变滑块的颜色

步骤 21 执行上述操作后，即可为矩形填充渐变色，效果如图 12-22 所示。

步骤 22 对绘制的渐变矩形条进行复制粘贴，并调整位置和大小，效果如图 12-23 所示。

步骤 23 选择所复制的矩形，将其排列方式修改为"后移一层"，效果如图 12-24 所示。

步骤 24 使用选择工具，依次选择两个渐变矩形，按住【Alt】键的同时，单击鼠标左键并拖拽，对图形进行复制，效果如图 12-25 所示。

步骤 25 使用选择工具，选择相应的矩形对象，如图 12-26 所示。

步骤 26 单击鼠标右键，在弹出的快捷菜单中选择"编组"选项，如图 12-27 所示。

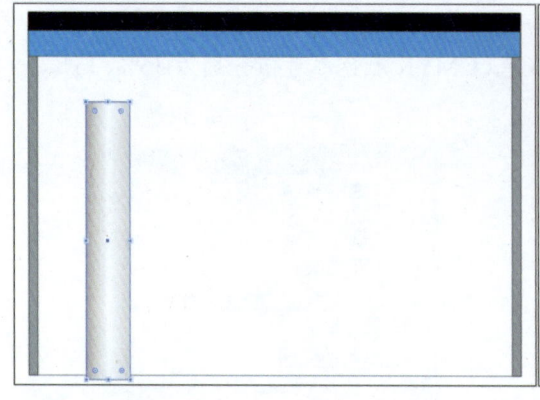
图 12-22 填充渐变色

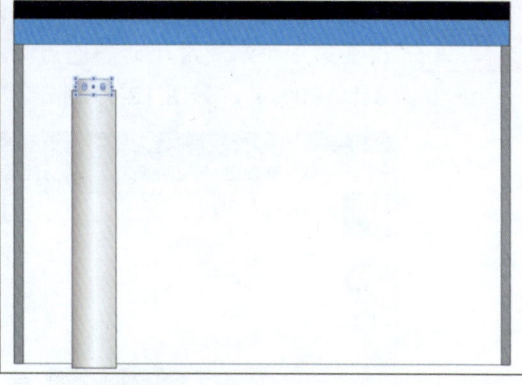
图 12-23 复制并调整渐变矩形

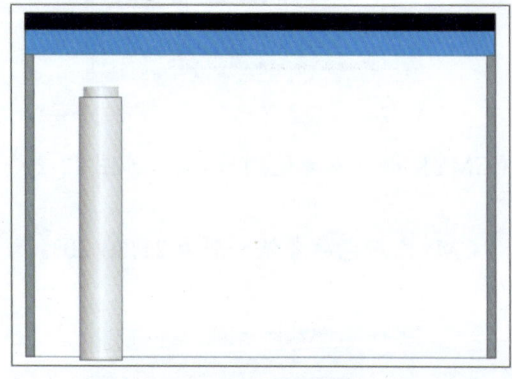
图 12-24 修改排列方式

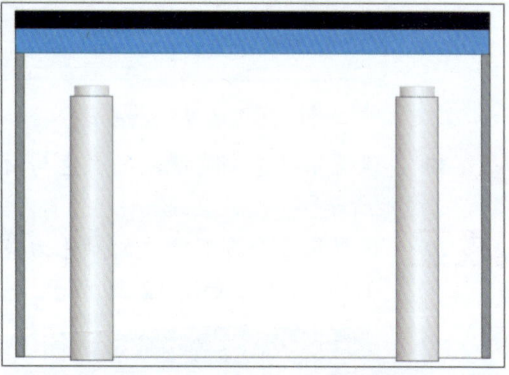
图 12-25 复制并调整图形位置

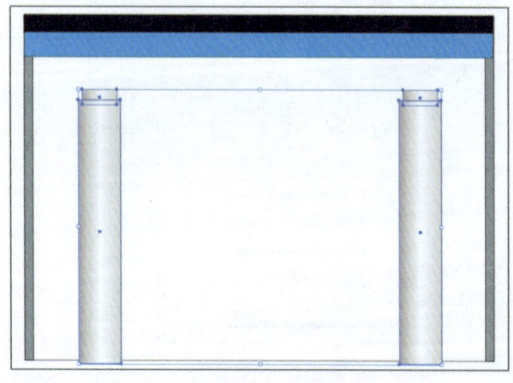
图 12-26 选择相应的矩形对象

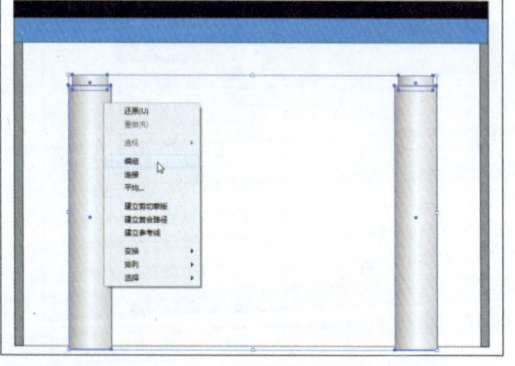
图 12-27 选择"编组"选项

步骤 27 执行操作后,即可将所选对象进行编组,调出"对齐"面板,在"对齐对象"选项区中单击"水平居中对齐"按钮,如图 12-28 所示。

步骤 28 执行操作后,即可调整矩形对象组的位置,效果如图 12-29 所示。

第 12 章　商业广告效果的设计实例

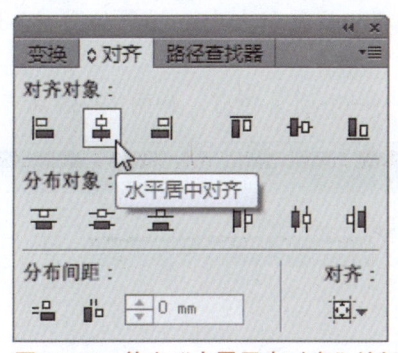

图 12-28　单击"水平居中对齐"按钮

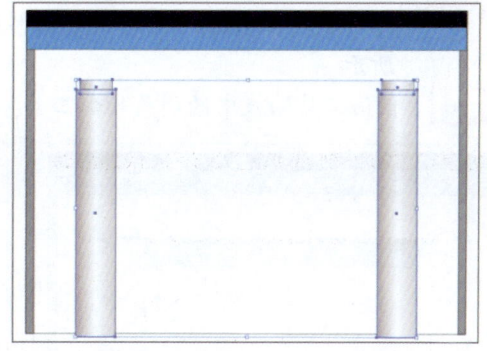

图 12-29　调整矩形对象组的位置

12.1.2　制作 VI 细节效果

下面介绍使用矩形工具和圆角矩形工具，制作出企业大门的主体与细节效果，并使用文字工具，完成企业 VI 设计之企业大门设计效果的制作，具体步骤如下。

步骤 01　使用矩形工具▣，在渐变矩形条之间绘制一个矩形长条，如图 12-30 所示。

步骤 02　设置"填色"为黑色，效果如图 12-31 所示。

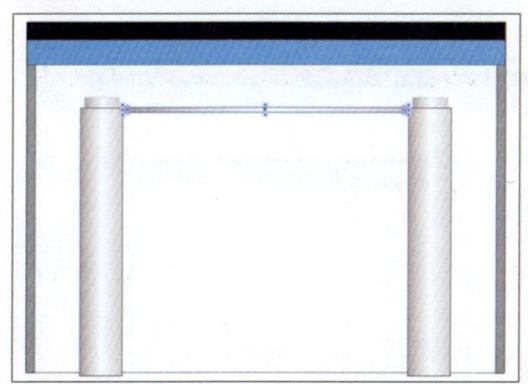

图 12-30　绘制矩形

图 12-31　填充矩形

步骤 03　对黑色矩形条进行复制和原位粘贴，调整矩形的高度和位置，并设置"填色"为蓝色，效果如图 12-32 所示。

步骤 04　运用矩形工具▣，绘制一个"填色"为无、"描边"为黑色的矩形，如图 12-33 所示。

图 12-32　复制并填充矩形

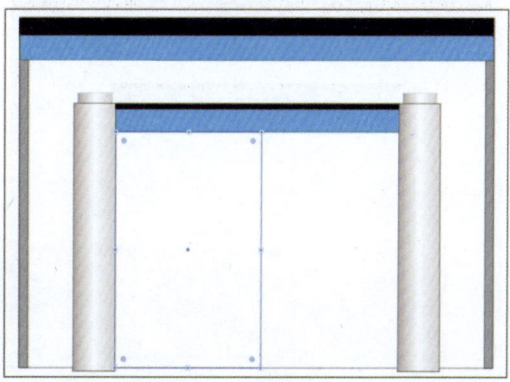

图 12-33　绘制矩形

步骤 05 对绘制的矩形进行复制和原位粘贴，并调整位置和大小，效果如图 12-34 所示。

步骤 06 使用工具面板中的圆角矩形工具 ▭，绘制一个圆角矩形，如图 12-35 所示。

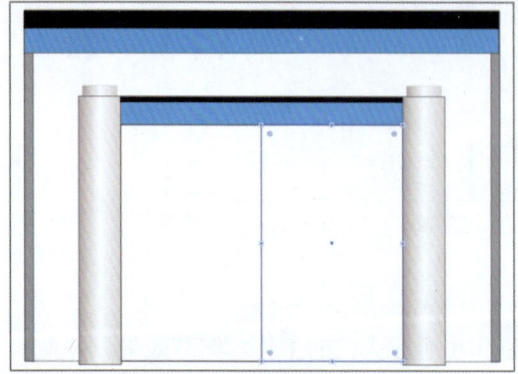

图 12-34　复制并调整矩形　　　　　　图 12-35　绘制圆角矩形

步骤 08 选取工具面板中的吸管工具，将鼠标移至先前绘制的渐变矩形上，单击鼠标左键，如图 12-36 所示。

步骤 09 执行操作后，即可吸取并填充颜色，效果如图 12-37 所示。

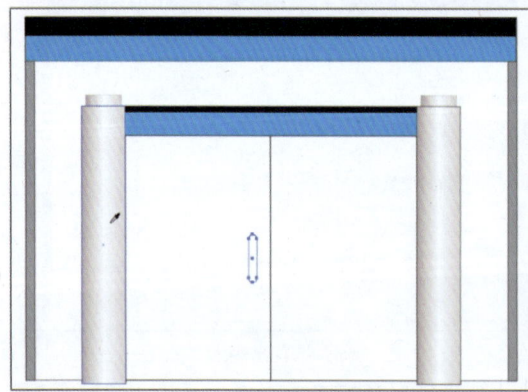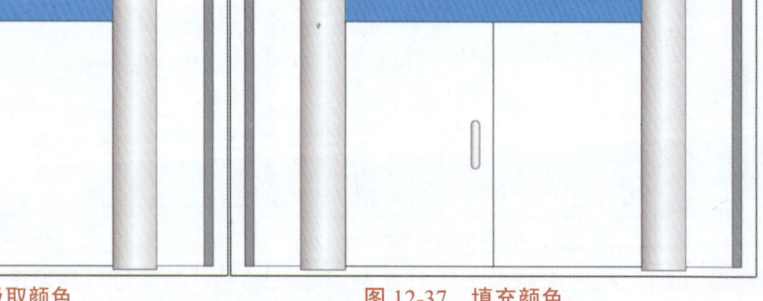

图 12-36　吸取颜色　　　　　　　　　图 12-37　填充颜色

步骤 09 对圆角矩形进行复制和原位粘贴，如图 12-38 所示。

步骤 10 适当调整图形位置，效果如图 12-39 所示。

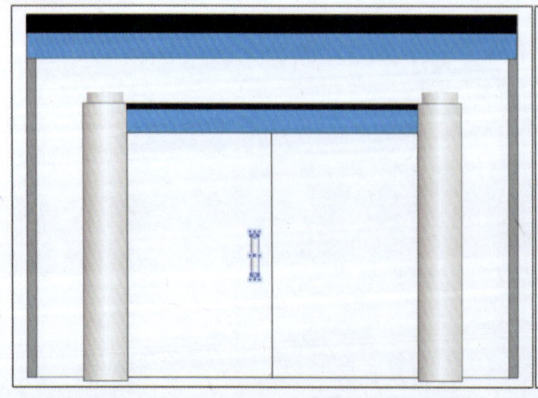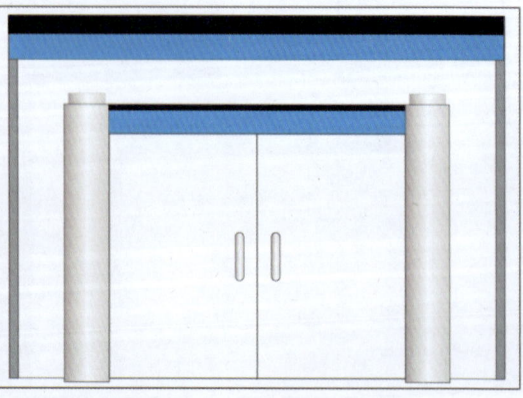

图 12-38　复制图形　　　　　　　　　图 12-39　调整图形

第 12 章　商业广告效果的设计实例

步骤 11　选取工具面板中的文字工具 T，在图像编辑窗口中的合适位置输入文字"正章图书"，如图 12-40 所示。

步骤 12　选择输入的文字，展开"字符"面板，设置"字体"为"方正粗圆简体""字体大小"为 30pt，并适当调整其位置，如图 12-41 所示。

图 12-40　输入并设置文字

图 12-41　素材图形

步骤 13　在控制面板中设置"填色"为白色，效果如图 12-42 所示。

步骤 14　单击"文件"|"打开"命令，打开一幅素材图形（素材\第 12 章\标志素材.ai），如图 12-43 所示。

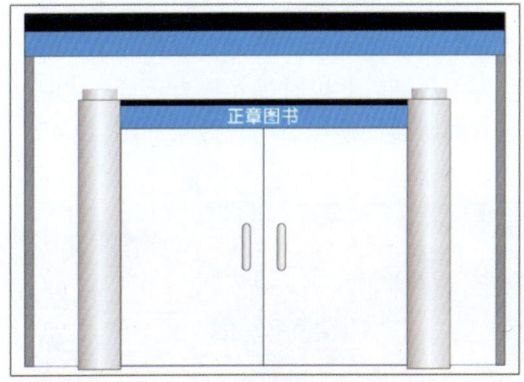
图 12-42　输入并设置文字

图 12-43　素材图形

步骤 15　将素材图形进行复制，并粘贴至当前工作窗口中，效果如图 12-44 所示。

步骤 16　选择粘贴的图形，如图 12-45 所示。

图 12-44　复制粘贴图形

图 12-45　再次复制粘贴图形

步骤 17 按【Ctrl】+【C】组合键复制,按【Ctrl】+【V】组合键粘贴,如图12-46所示。

步骤 18 使用选择工具 ▶ 适当调整其位置,本实例最终效果如图12-47所示。

图12-46 复制粘贴图形

图12-47 再次复制粘贴图形

12.2 卡片设计:制作会员卡片

随着时代的发展,各类卡片广泛应用于商务活动中,在推销各类产品的同时还起着展示、宣传企业的作用,使用 Illustrator CC 可以方便而快捷地设计出各类卡片效果。

本例设计的是一款淑女阁的 VIP 卡片,粉色为主色调,并以时尚女孩为元素,体现了淑女阁服装是针对年轻女性的,同时传达了淑女阁服装的清纯风格,效果如图12-48所示。

 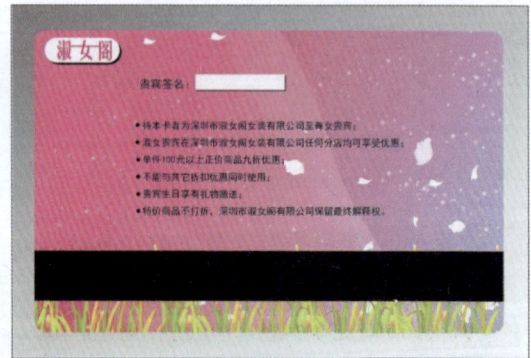

图12-48 制作会员卡片

12.2.1 制作卡片正面效果

下面介绍制作卡片正面效果的方法,主要使用矩形工具、渐变工具、圆角矩形工具以及剪切蒙版等,具体过程如下。

步骤 01 单击"文件"|"新建"命令,弹出"新建文档"对话框,设置"名称"为"卡片设计:制作会员卡片""大小"为 A4、"取向"为纵向 ▯,如图12-49所示。

步骤 02 单击"确定"按钮,新建一个纵向的空白文件,如图12-50所示。

第 12 章　商业广告效果的设计实例

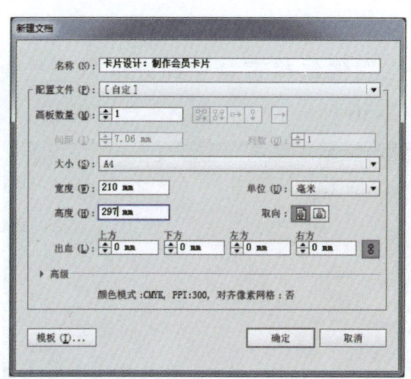

图 12-49　"新建文档"对话框

图 12-50　新建空白文件

步骤 03　选取工具面板中的矩形工具■，绘制一个与页面相同大小的矩形，并使用渐变工具■进行渐变填充，如图 12-51 所示。

步骤 04　展开"渐变"面板设置"类型"为"线性""角度"为 118°，如图 12-52 所示。

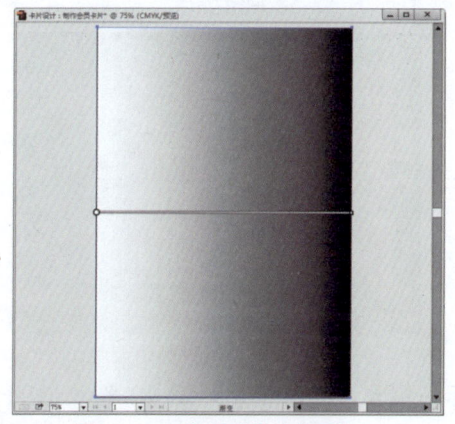

图 12-51　绘制并填充矩形

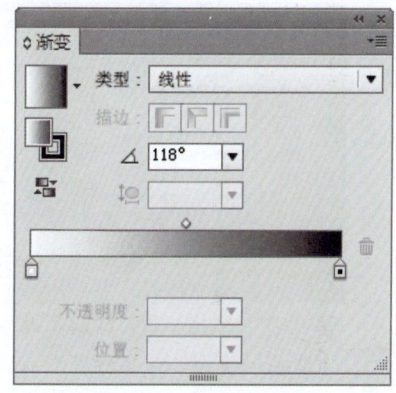

图 12-52　"渐变"面板

步骤 05　执行操作后，即可改变渐变填充效果，如图 12-53 所示。

步骤 06　单击"文件"|"打开"命令，打开一幅素材图像（素材\第 12 章\粉色背景.jpg），如图 12-54 所示。

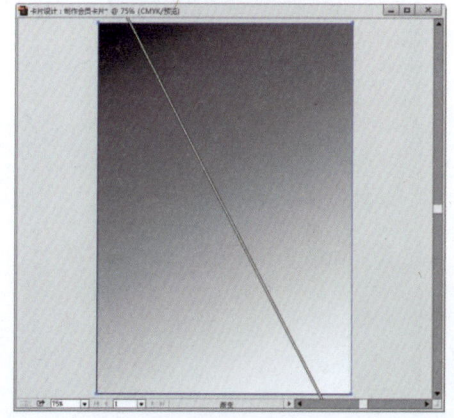

图 12-53　改变渐变填充效果

图 12-54　素材图像

步骤 07 将打开的素材图像复制粘贴至当前工作窗口中,调整位置和大小,效果如图 12-55 所示。

步骤 08 选取工具面板中的圆角矩形工具 ◻,在图像编辑窗口中的合适位置绘制一个无填色、无描边的圆角矩形,如图 12-56 所示。

图 12-55 复制粘贴素材图像

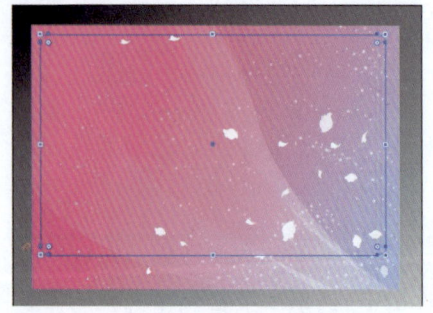

图 12-56 绘制圆角矩形

步骤 09 使用工具面板中的选择工具 ▶,依次选择绘制的圆角矩形和素材图像,单击鼠标右键,弹出快捷菜单,选择"建立剪切蒙版"选项,如图 12-57 所示。

步骤 10 执行操作后,即可创建剪切蒙版,效果如图 12-58 所示。

图 12-57 选择"建立剪切蒙版"选项

图 12-58 创建剪切蒙版

步骤 11 单击"文件"|"打开"命令,打开一幅素材图形(素材\第 12 章\女孩.ai),如图 12-59 所示。

步骤 12 将素材图形复制粘贴至当前工作窗口中,调整位置和大小,效果如图 12-60 所示。

图 12-59 素材图形

图 12-60 复制粘贴图形

步骤 13 选取工具面板中的圆角矩形工具 ▭，绘制一个大小合适的无填色、无描边的圆角矩形，如图 12-61 所示。

步骤 14 使用选择工具 ▶，依次选择绘制的圆角矩形和素材图形，如图 12-62 所示。

图 12-61 绘制圆角矩形　　　　　　　　图 12-62 选择图形

步骤 15 单击鼠标右键，弹出快捷菜单，选择"建立剪切蒙版"选项，如图 12-63 所示。

步骤 16 执行操作后，即可创建剪切蒙版，效果如图 12-64 所示。

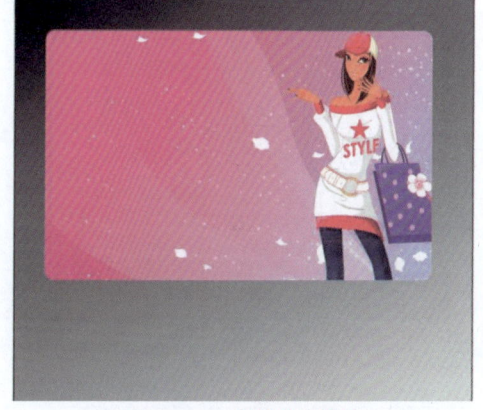

图 12-63 选择"建立剪切蒙版"选项　　　图 12-64 创建剪切蒙版

步骤 17 单击"文件"|"打开"命令，打开一幅素材图形（素材\第 12 章\小草.ai），如图 12-65 所示。

步骤 18 将打开的素材图形复制粘贴至当前工作窗口中，如图 12-66 所示。

图 12-65 素材图形　　　　　　　　图 12-66 复制粘贴图形

步骤 19　选取工具面板中的圆角矩形工具，绘制一个大小合适的圆角矩形，如图 12-67 所示。

步骤 20　使用选择工具依次选择绘制的圆角矩形和素材图形，单击鼠标右键，弹出快捷菜单，选择"建立剪切蒙版"选项，创建剪切蒙版，效果如图 12-68 所示。

图 12-67　绘制圆角矩形

图 12-68　创建剪切蒙版

步骤 21　单击"文件"|"打开"命令，打开一幅素材图形（素材\第 12 章\矢量图形.ai），如图 12-69 所示。

步骤 22　将打开的素材图形复制粘贴至当前工作窗口中，如图 12-70 所示。

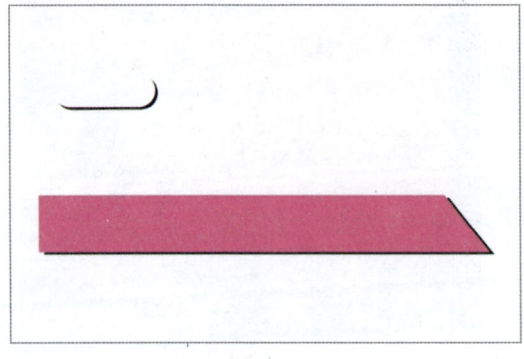

图 12-69　素材图形

图 12-70　复制粘贴图形

12.2.2　制作卡片背面效果

本实例主要介绍用文字工具、"创建轮廓"命令、选择工具以及矩形工具等，制作 VIP 会员卡的背面效果，具体过程如下。

步骤 01　选取工具面板中的文字工具，在白色的圆角矩形上输入文字"淑女阁"，设置"字体"为"方正姚体""字体大小"为 22pt、"颜色"为洋红色（CMYK 颜色参考值分别为 5%、93%、0%、0%），如图 12-71 所示。

步骤 02　保持输入的文字为选中状态，单击鼠标右键，弹出快捷菜单，选择"创建轮廓"选项，将文字转换为轮廓，如图 12-72 所示。

步骤 03　选取直接选择工具，选择"女"字上的两个锚点，如图 12-73 所示。

步骤 04　按键盘上的【→】键，调整锚点的位置，效果如图 12-74 所示。

第 12 章　商业广告效果的设计实例

图 12-71　输入并设置文字

图 12-72　将文字轮换为轮廓

图 12-73　选择两个锚点

图 12-74　调整锚点位置

步骤 05　用与上同样的方法，调整另外两个锚点的位置，效果如图 12-75 所示。

步骤 06　使用选择工具 选择调整形状后的文字，将其复制，设置"颜色"为白色，并调整其位置，效果如图 12-76 所示。

图 12-75　调整另两个锚点的位置

图 12-76　复制并调整图形

步骤 07　选取工具面板中的文字工具 T ，在图像编辑窗口中的合适位置输入文字"VIP 会员卡"，设置"字体"为"方正综艺体简""字体大小"为 35pt，如图 12-77 所示。

步骤 08　将输入的文字进行复制，设置"颜色"为白色，如图 12-78 所示。

图 12-77　输入并设置文字　　　　　图 12-78　复制并设置文字

步骤 09　使用选择工具 ▶ 调整白色文字的位置，效果如图 12-79 所示。

步骤 10　单击"文件"|"打开"命令，打开一幅素材图形（素材\第 12 章\编号.ai），将打开的素材图形复制粘贴至当前工作窗口中，效果如图 12-80 所示。

图 12-79　调整文字位置　　　　　图 12-80　添加文字素材

步骤 11　使用选择工具 ▶ 选择所有绘制的卡片正面的图形，按住【Alt】+【Shift】键的同时，单击鼠标左键并向下拖拽，复制并移动图形，如图 12-81 所示。

步骤 12　将复制图形中的部分图形对象删除，效果如图 12-82 所示。

图 12-81　复制并移动图形　　　　　图 12-82　删除部分对象

第 12 章　商业广告效果的设计实例

步骤 13　选取工具面板中的矩形工具，在图像编辑窗口中的合适位置绘制一个黑色的矩形条，如图 12-83 所示。

步骤 14　选取工具面板中的文字工具，在图像编辑窗口中的合适位置输入"贵宾签名："，设置"字体"为"黑体""字体大小"为 12pt，如图 12-84 所示。

图 12-83　绘制矩形

图 12-84　输入并设置文字

步骤 15　选取工具面板中的矩形工具，在文字右侧绘制一个黑色的矩形，如图 12-85 所示。

步骤 16　将黑色的矩形进行复制，设置"颜色"为白色，并调整其位置，效果如图 12-86 所示。

图 12-85　绘制矩形

图 12-86　复制并调整矩形

步骤 17　单击"文件"|"打开"命令，打开一幅素材图形（素材\第 12 章\文字.ai），如图 12-87 所示。

- 持本卡者为深圳市淑女阁女装有限公司至尊女贵宾；
- 淑女贵宾在深圳市淑女阁女装有限公司任何分店均可享受优惠；
- 单件100元以上正价商品九折优惠；
- 不能与其它折扣优惠同时使用；
- 贵宾生日享有礼物赠送；
- 特价商品不打折，深圳市淑女阁有限公司保留最终解释权。

图 12-87　素材图形

步骤 18 将素材图形复制粘贴至当前工作窗口中，适当调整文字位置，如图 12-88 所示。

步骤 19 按【Ctrl】+【0】组合键，显示图像编辑窗口中的所有图形，完成会员卡片的设计，最终效果如图 12-89 所示。

图 12-88 适当调整文字位置　　　　　　图 12-89 完成会员卡片的设计

12.3　海报设计：制作车类广告

随着经济的发展，越来越多的人拥有汽车，汽车成了大多数人出行的工具，极大方便了人们的生活，用户可以使用 Illustrator CC 软件来制作汽车类的海报广告。进行广告设计时必须坚持的总原则：广告的思想性、真实性、科学性以及艺术性。

本实例设计的是一款汽车广告，整幅设计以红色为主色调，极具视觉冲击力，实例效果如图 12-90 所示。

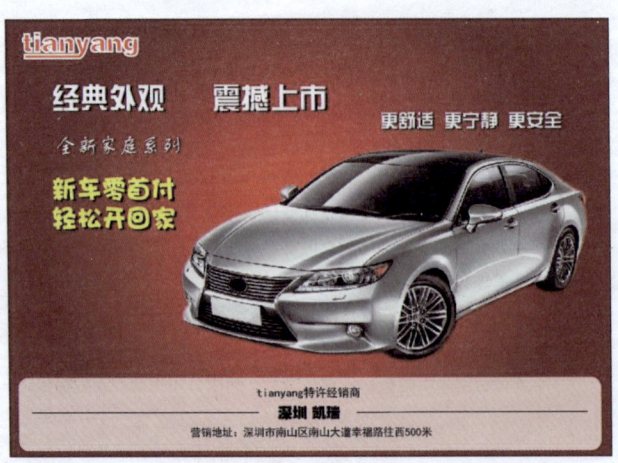

图 12-90 制作车类广告

12.3.1 制作广告背景效果

本实例主要使用矩形工具与"渐变"面板,制作出车类广告的背景效果,下面介绍具体的操作方法与过程。

步骤 01　单击"文件"|"新建"命令,弹出"新建文档"对话框,设置"名称"为"海报设计:制作车类广告""大小"为A4、"取向"为横向,如图12-91所示。

步骤 02　单击"确定"按钮,新建一个横向的空白文件,如图12-92所示。

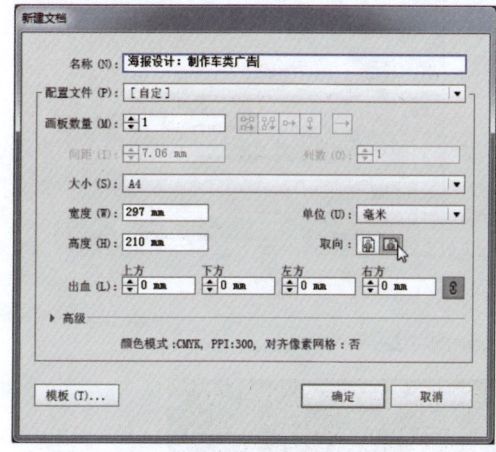

图12-91　"新建文档"对话框

图12-92　新建横向空白文件

步骤 03　选取工具面板中的矩形工具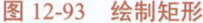,绘制一个与页面相同大小的矩形,并设置"描边"为"无",如图12-93所示。

步骤 04　在"渐变"面板中,设置"类型"为"径向",如图12-94所示。

图12-93　绘制矩形

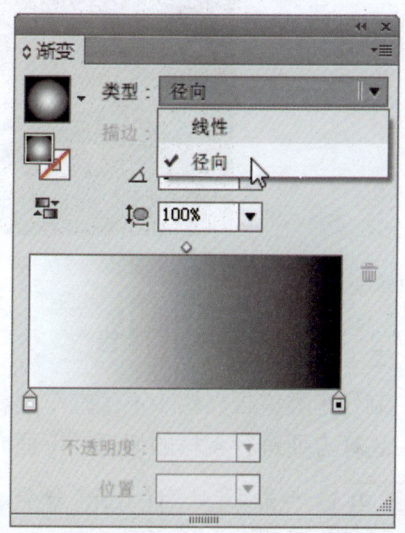

图12-94　设置"类型"选项

步骤 05　设置0%位置的渐变滑块的"颜色"为红色(CMYK 颜色参考值分别为11%、99%、99%、0%),如图12-95所示。

步骤 06　设置 100%位置的渐变滑块的"颜色"为暗红色（CMYK 颜色参考值分别为 50%、100%、100%、27%），如图 12-96 所示。

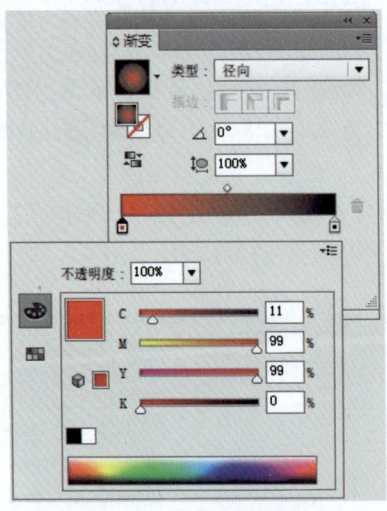

图 12-95　设置参数值

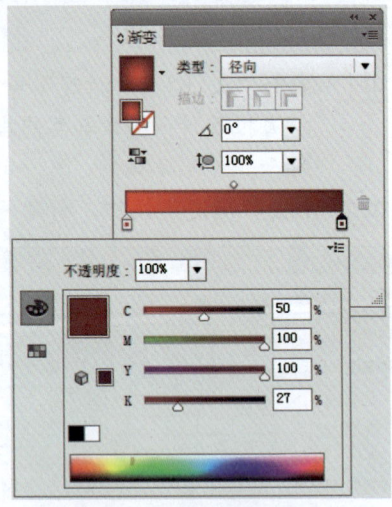

图 12-96　设置参数值

步骤 07　执行操作后，即可填充渐变色，效果如图 12-97 所示。

图 12-97　填充矩形

12.3.2　添加汽车图片广告

制作车类广告当然少不了汽车素材，挑选汽车图片的时候，尽量选择 png 格式的图片，这样方便进行素材的调用。下面介绍添加汽车图片广告素材的操作方法。

步骤 01　单击"文件"|"打开"命令，打开一幅素材图像（素材\第 12 章\汽车素材.png），如图 12-98 所示。

步骤 02　将打开的素材图像复制粘贴至当前工作窗口中，调整位置和大小，效果如图 12-99 所示。

第 12 章　商业广告效果的设计实例

图 12-98　素材图像

图 12-99　复制粘贴素材图像

步骤 03　选取工具面板中的圆角矩形工具▢，在图像的下方绘制一个圆角矩形，设置"填色"为白色，如图 12-100 所示。

步骤 04　在控制面板中设置"不透明度"为 80%，效果如图 12-101 所示。

图 12-100　绘制圆角矩形

图 12-101　设置图形的不透明度

步骤 05　选取工具面板中的直线段工具╱，在透明圆角矩形上绘制一条直线，设置"描边"为黑色，如图 12-102 所示。

步骤 06　用与上同样的方法，绘制另一条直线，效果如图 12-103 所示。

图 12-102　绘制直线段

图 12-103　绘制另一条直线段

12.3.3 制作广告文字效果

本实例主要运用文字工具、"创建轮廓"选项、"字符"面板等，制作车类广告的文字效果，下面介绍具体操作方法。

步骤 01 选取文字工具 T，在图像编辑窗口中的合适位置输入 tianyang，设置"字体"为"方正超粗黑简体"，"字体大小"为 35pt，"颜色"为红色（CMYK 颜色参考值分别为 0%、100%、100%、0%），"描边"为白色，"描边粗细"为 3pt，效果如图 12-104 所示。

步骤 02 保持输入的文字为选中状态，单击鼠标右键，弹出快捷菜单，选择"创建轮廓"选项，将文字转换为轮廓，如图 12-105 所示。

图 12-104 输入并设置文字

图 12-105 将文字转换为轮廓

步骤 03 选取工具面板中的直接选择工具 ，选择轮廓文字中"Y"下面的多个锚点，如图 12-106 所示。

图 12-106 选择"Y"下面的多个锚点

步骤 04 按键盘上的【←】键，调整锚点的位置，效果如图 12-107 所示。

图 12-107 调整锚点位置

步骤 05 选取工具面板中的文字工具 T，在图像编辑窗口中的合适位置输入需要的文字"经典外观 震撼上市"，设置"字体"为"方正综艺简体""字体大小"为40pt、"颜色"为黑色，效果如图12-108所示。

步骤 06 将输入的文字进行复制，设置"颜色"为白色，使用选择工具 调整白色文字的位置，效果如图12-109所示。

图12-108　输入并设置文字　　　　　　　　图12-109　复制文本调为白色

步骤 07 选取工具面板中的文字工具 T，在图像编辑窗口中的合适位置输入需要的文字"更舒适 更宁静 更安全"，设置"字体"为"方正综艺简体""字体大小"为25pt、"颜色"为黑色，效果如图12-110所示。

步骤 08 将输入的文字进行复制，设置"颜色"为白色，使用选择工具 调整白色文字的位置，效果如图12-111所示。

图12-110　输入并设置文字　　　　　　　　图12-111　复制文本调为白色

步骤 09 选取工具面板中的文字工具 T，在图像编辑窗口中的合适位置输入需要的文字"全新家庭系列"，设置"字体"为"方正舒体""字体大小"为30pt、"颜色"为黑色，将输入的文字进行复制，设置"颜色"为白色，使用选择工具 调整白色文字的位置，效果如图12-112所示。

步骤 10 选取工具面板中的文字工具 T，在图像编辑窗口中的合适位置输入需要的文字"新车零首付 轻松开回家"，设置"字体"为"华康海报体W12""字体大小"为 35pt、"颜色"为黑色,将输入的文字进行复制,然后设置"颜色"为黄色,使用选择工具 ▶ 调整黄色文字的位置,效果如图 12-113 所示。

图 12-112 输入并设置文字 1

图 12-113 输入并设置文字 2

步骤 11 单击"文件"|"打开"命令,打开一幅素材图像(素材\第 12 章\商家信息.ai),将打开的素材图像复制粘贴至当前工作窗口中,如图 12-114 所示。

步骤 12 使用选择工具,适当调整素材的位置和大小,最终效果如图 12-115 所示。

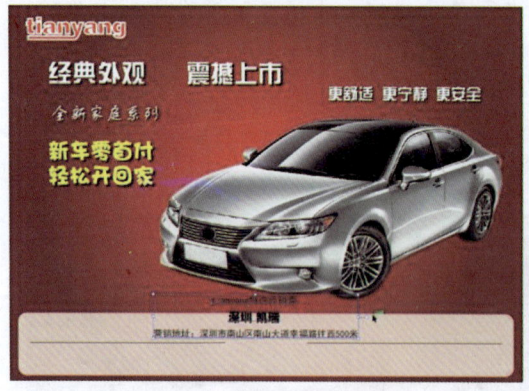

图 12-114 复制粘贴素材图像

图 12-115 调整素材的位置和大小

▶ 专家指点

好的广告语,是广告成功的要素之一。意念隽永的广告语,既能树立企业的形象,又能突出产品的优点。

12.4 包装设计:制作手提袋包装

包装设计是平面设计不可或缺的一部分,是根据产品的内容进行内外包装的总体设计的工作,是一项极具艺术性的设计。

本实例设计的是一款"香雅别墅"手提袋型楼盘广告,采用绿色为主体色调,以简

第 12 章　商业广告效果的设计实例

单的绘画表现主题，并加以少许文字进行修饰，充分表现该楼盘的生活情调和可信赖度，同时带给未来居住者一种健康生活的感觉，实例效果如图 12-116 所示。

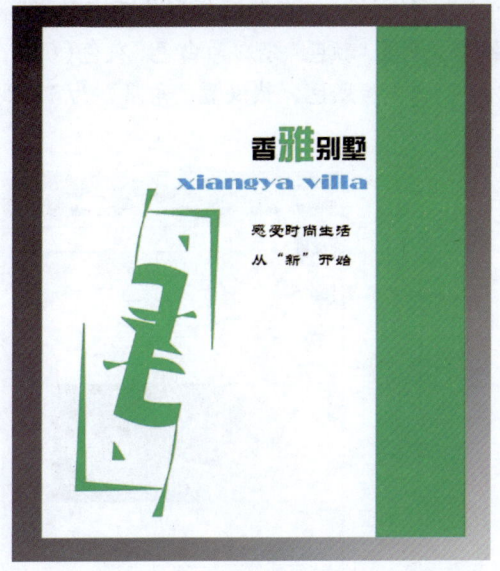
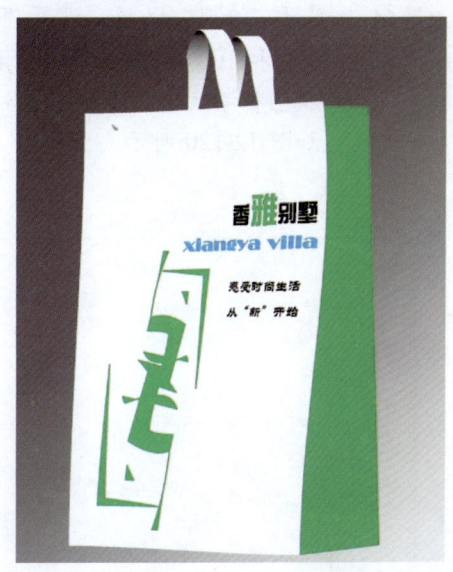

图 12-116　制作手提袋包装

12.4.1　制作包装的平面效果

下面介绍使用矩形工具与线性渐变填充，制作包装袋的平面效果，具体操作步骤如下。

步骤 01　单击"文件"|"新建"命令，弹出"新建文档"对话框，设置"名称"为"包装设计：制作手提袋包装"、"大小"为 A4、"取向"为横向，如图 12-117 所示。

步骤 02　单击"确定"按钮，新建一个横向的空白文件，如图 12-118 所示。

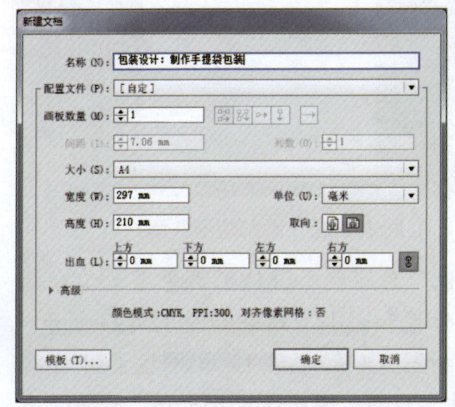

图 12-117　"新建文档"对话框　　　　图 12-118　新建横向空白文件

步骤 03　选取工具面板中的矩形工具 ▣，在页面内绘制一个大小合适的矩形，设置"描边"为"无"，如图12-119所示。

步骤 04　展开"渐变"面板，设置"类型"为"线性"，在渐变矩形条下方的0%、45%和100%位置添加3个渐变滑块，设置"颜色"分别为白色、灰色（CMYK颜色参考值分别为0%、0%、0%、77%）和黑色，然设置"角度"为130°，如图12-120所示。

图12-119　绘制矩形　　　　　　　　图12-120　设置选项

步骤 05　执行操作后，即可为矩形填充渐变色，效果如图12-121所示。

步骤 06　使用矩形工具 ▣，在图形上绘制一个矩形，填充"颜色"为白色，如图12-122所示。

图12-121　填充渐变色　　　　　　　图12-122　绘制矩形并填充

步骤 07　将绘制的白色矩形进行复制，填充"颜色"为绿色（CMYK颜色参考值分别为85%、10%、100%、0%），并调整位置和大小，效果如图12-123所示。

步骤 08　单击"文件"|"打开"命令，打开一幅素材图像（素材\第12章\图案素材.ai），将打开的素材图像复制粘贴至当前工作窗口中，调整位置和大小，效果如图12-124所示。

第 12 章　商业广告效果的设计实例

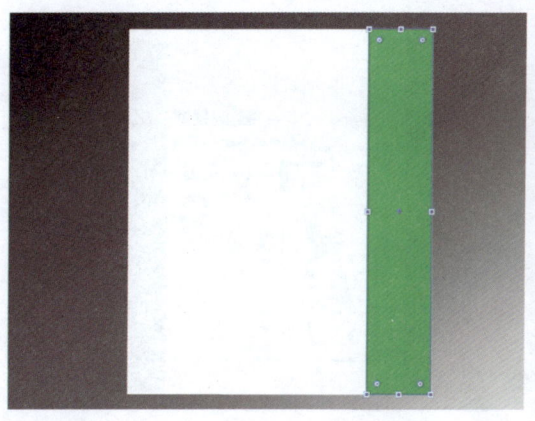
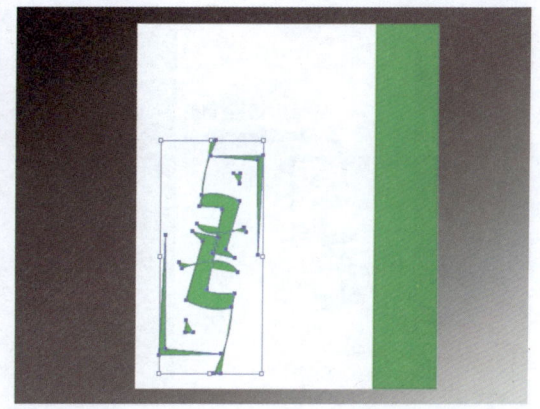

图 12-123　复制并设置矩形　　　　　　图 12-124　添加素材图像

12.4.2　制作包装的文字效果

本实例主要介绍使用文字工具与"填色"选项，制作手提袋包装的文字效果，下面介绍具体的操作方法。

步骤 01　选取工具面板中的文字工具 T，在图像编辑窗口中的合适位置输入文字"香雅别墅"，设置"字体"为"方正综艺简体""字体大小"为 20pt，如图 12-125 所示。

步骤 02　使用文字工具选择文字"雅"，设置"字体大小"为 30pt、"填色"为绿色（CMYK 颜色参考值分别为 85%、10%、100%、0%），效果如图 12-126 所示。

图 12-125　输入并设置文字　　　　　　图 12-126　设置文字

步骤 03　使用文字工具，在图像编辑窗口中的合适位置输入英文 xiangya villa，设置"字体"为 Broadway BT、"字体大小"为 15pt、"水平缩放"为 130、"填色"为青色（CMYK 颜色参考值分别为 100%、0%、0%、0%），效果如图 12-127 所示。

步骤 04　使用文字工具，在图像编辑窗口中的合适位置输入相应文本内容，设置"字体"为"华文隶书""字体大小"为 13pt、"水平缩放"为 0、"行距"为 22pt、"填色"为黑色，效果如图 12-128 所示。

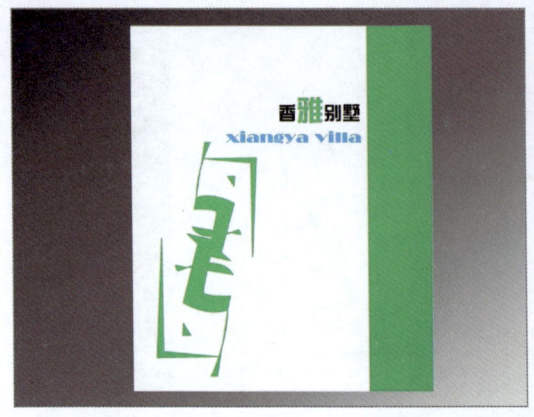
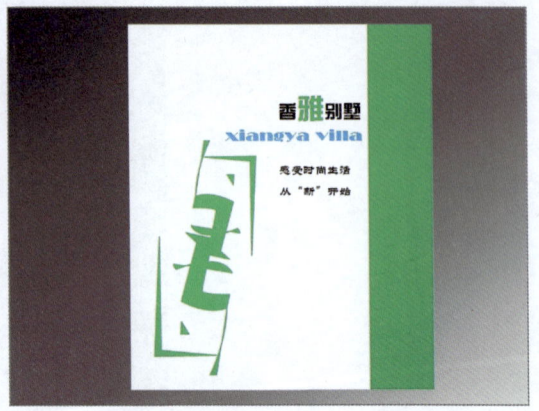

图 12-127 输入并设置文字　　　　　　　图 12-128 输入并设置其他文字

12.4.3 制作包装的立体效果

本实例主要介绍使用封套扭曲、直接选择工具等，制作手提袋包装的立体效果，具体操作步骤如下。

步骤 01 将绘制的手提袋的正面图形进行编组，将所有绘制的手提袋图形进行复制粘贴，再将其调整至图形的右侧，如图 12-129 所示。

步骤 02 接下来将对右侧粘贴的平面图形进行操作，首先取消编组，然后选择手提袋的所有正面图形，再将其进行进行编组，如图 12-130 所示。

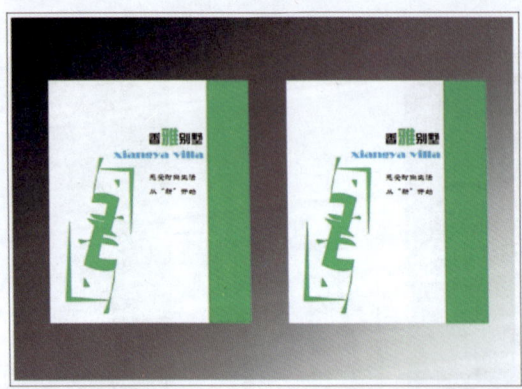
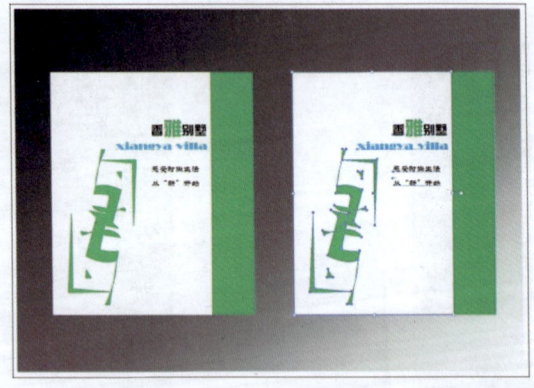

图 12-129 编组并复制图形　　　　　　　图 12-130 编组部分图形

步骤 03 单击"对象"|"封套扭曲"|"用网格建立"命令，弹出"封套网格"对话框，设置"行数"和"列数"均为1，如图 12-131 所示。

步骤 04 单击"确定"按钮，即可将手提袋的正面图形创建封套扭曲，如图 12-132 所示。

步骤 05 选择工具面板中的直接选择工具 ，选择左上角的锚点，单击鼠标左键并拖拽，至合适位置后释放鼠标，调整图形的形状，如图 12-133 所示。

步骤 06 选择图形右上角的锚点，单击鼠标左键并拖拽，调整锚点至合适位置，如图 12-134 所示。

第 12 章　商业广告效果的设计实例

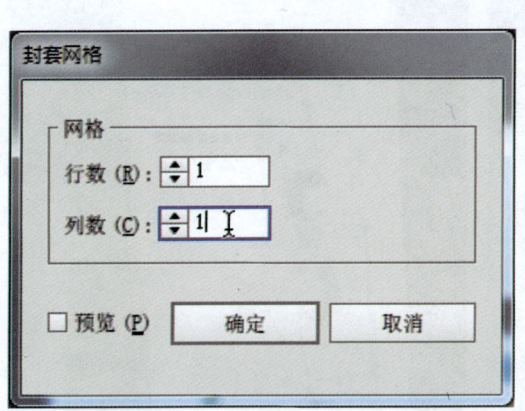

图 12-131　"封套网格"对话框

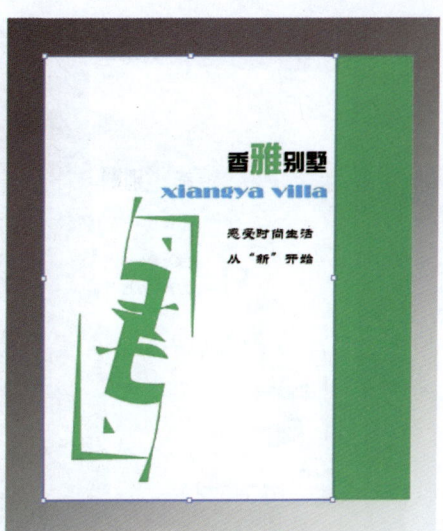

图 12-132　创建封套扭曲

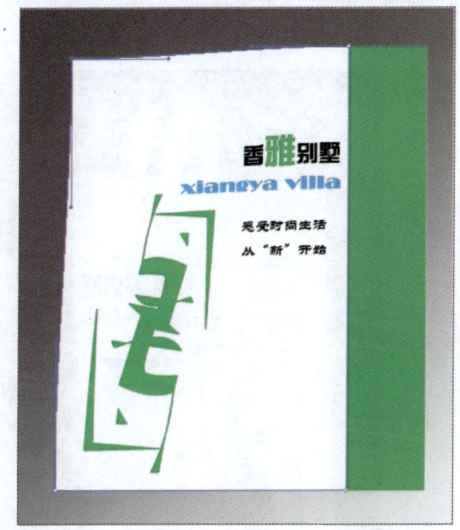

图 12-133　调整锚点

图 12-134　调整右上角的锚点

步骤 07　用与上同样的方法，调整其他各个锚点至合适位置，效果如图 12-135 所示。

步骤 08　用与上同样的方法，调整侧面图形各个锚点至合适的位置，效果如图 12-136 所示。

▶ 专家指点

　　包装作为实现商品价值和使用价值的手段，在生产、流通、销售和消费过程中，发挥着极其重要的作用。包装的功能是保护商品、传达商品信息、方便使用、方便运输、促进销售、提高产品附加值。

步骤 09　单击"文件"|"打开"命令，打开一幅素材图像（素材\第 12 章\手提图形.ai），将打开的素材图像复制粘贴至当前工作窗口中，调整位置和大小，效果如图 12-137 所示。

步骤 10　将导入素材图形进行复制移动图形，调整图层的叠放顺序，效果如图 12-138 所示。

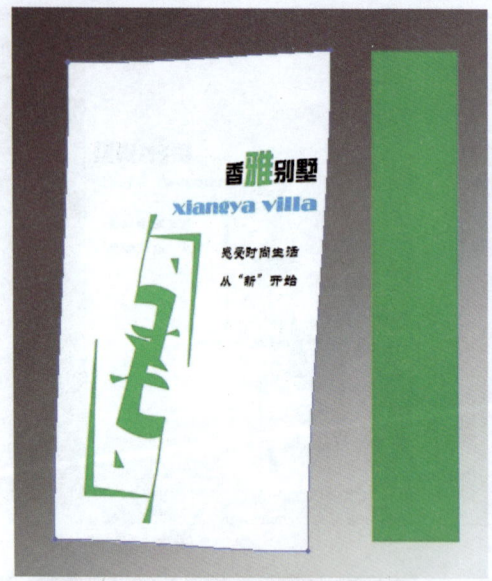

图 12-135　调整其他的锚点

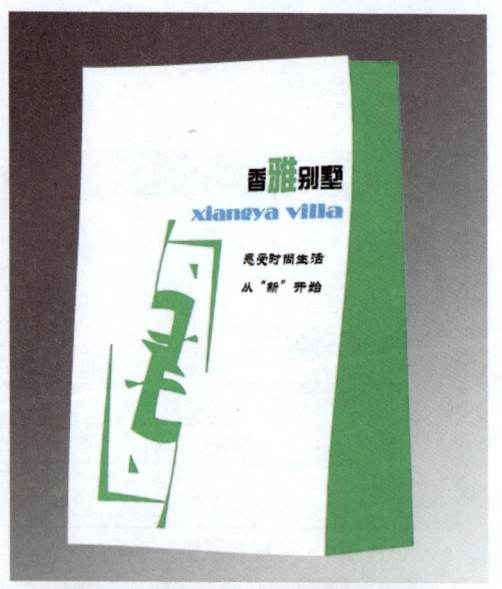

图 12-136　调整侧面图形

图 12-137　添加素材图像

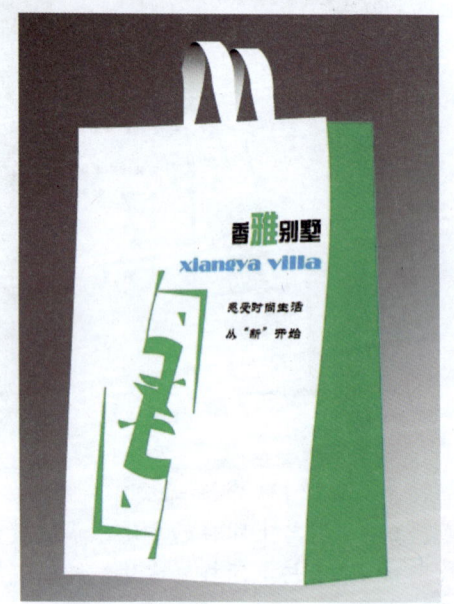

图 12-138　复制并移动图形

本章小结

　　本章主要学习了制作企业 VI、卡片效果、海报效果以及包装效果的方法，讲解了 4 种商业广告图形的设计技巧，主要包括使用一系列的工具、命令、控制面板等，创建广告效果的整体内容，再进行局部修饰，使制作的商业广告更加符合用户的需求。通过本章的学习，希望读者学完以后可以举一反三，制作出更多专业、漂亮的商业广告效果。